2012—2013

纺织科学技术
学科发展报告

REPORT ON ADVANCES IN
TEXTILE SCIENCE AND TECHNOLOGY

中国科学技术协会 主编
中国纺织工程学会 编著

中国科学技术出版社
·北 京·

图书在版编目（CIP）数据

2012—2013 纺织科学技术学科发展报告 / 中国科学技术协会主编；中国纺织工程学会编著．—北京：中国科学技术出版社，2014.2
（中国科协学科发展研究系列报告）
ISBN 978-7-5046-6551-5

Ⅰ．①2… Ⅱ．①中… ②中… Ⅲ．①纺织工业-学科发展-研究报告-中国-2012—2013 Ⅳ．①TS1-12

中国版本图书馆 CIP 数据核字（2014）第 010780 号

策划编辑	吕建华 赵 晖
责任编辑	王 菡 赵 晖
责任校对	赵丽英
责任印制	王 沛
装帧设计	中文天地

出　　版	中国科学技术出版社
发　　行	科学普及出版社发行部
地　　址	北京市海淀区中关村南大街 16 号
邮　　编	100081
发行电话	010-62103354
传　　真	010-62179148
网　　址	http://www.cspbooks.com.cn

开　　本	787mm × 1092mm　1/16
字　　数	279 千字
印　　张	14
版　　次	2014 年 4 月第 1 版
印　　次	2014 年 4 月第 1 次印刷
印　　刷	北京市凯鑫彩色印刷有限公司
书　　号	ISBN 978-7-5046-6551-5/TS·67
定　　价	50.00 元

2012—2013
纺织科学技术学科发展报告

REPORT ON ADVANCES IN
TEXTILE SCIENCE AND TECHNOLOGY

首席科学家 姚　穆　高卫东

专　家　组

组　长　张怀良

副组长　王竹林　龚进礼　尹耐冬

成　员　（按姓氏笔画排序）

王祥荣　王鸿博　刘　军　孙润军　李　俊
肖长发　陈旭炜　范雪荣　郁崇文　胡发祥
胡京平　施楣梧　祝成炎　钱晓明　梁惠娥
蒋高明　谢　琴　谢春萍

学术秘书 郭建伟

序

科技自主创新不仅是我国经济社会发展的核心支撑，也是实现中国梦的动力源泉。要在科技自主创新中赢得先机，科学选择科技发展的重点领域和方向、夯实科学发展的学科基础至关重要。

中国科协立足科学共同体自身优势，动员组织所属全国学会持续开展学科发展研究，自2006年至2012年，共有104个全国学会开展了188次学科发展研究，编辑出版系列学科发展报告155卷，力图集成全国科技界的智慧，通过把握我国相关学科在研究规模、发展态势、学术影响、代表性成果、国际合作等方面的最新进展和发展趋势，为有关决策部门正确安排科技创新战略布局、制定科技创新路线图提供参考。同时因涉及学科众多、内容丰富、信息权威，系列学科发展报告不仅得到我国科技界的关注，得到有关政府部门的重视，也逐步被世界科学界和主要研究机构所关注，显现出持久的学术影响力。

2012年，中国科协组织30个全国学会，分别就本学科或研究领域的发展状况进行系统研究，编写了30卷系列学科发展报告（2012—2013）以及1卷学科发展报告综合卷。从本次出版的学科发展报告可以看出，当前的学科发展更加重视基础理论研究进展和高新技术、创新技术在产业中的应用，更加关注科研体制创新、管理方式创新以及学科人才队伍建设、基础条件建设。学科发展对于提升自主创新能力、营造科技创新环境、激发科技创新活力正在发挥出越来越重要的作用。

此次学科发展研究顺利完成，得益于有关全国学会的高度重视和精心组织，得益于首席科学家的潜心谋划、亲力亲为，得益于各学科研究团队的认真研究、群策群力。在此次学科发展报告付梓之际，我谨向所有参与工作的专家学者表示衷心感谢，对他们严谨的科学态度和甘于奉献的敬业精神致以崇高的敬意！

是为序。

2014年2月5日

前　言

为了全面了解和掌握纺织科学技术学科发展最新进展，提升我国纺织科技的原始创新能力，促进纺织科学技术学科与相关学科的交叉融合，在中国科学技术协会组织领导下，中国纺织工程学会承担了“纺织科学技术学科发展”的研究及其报告的编撰工作，这也是我学会继2006年、2008年、2010年之后第四次承担这一连续性研究项目。

中国纺织工程学会组织了以中国工程院院士姚穆和江南大学高卫东教授为首席科学家的专家撰写组，下设9个专题小组，在收集资料、调查研究和充分掌握信息的基础上，经过多次开会研讨和修改，并征求了行业内多位专家的意见，最终形成本报告。

纺织工业作为基础性消费品产业，在全面建设小康社会的事业中，始终处于支柱性地位，不仅在国计民生中发挥重要作用，而且在国际合作与竞争中具有显著的优势。近年来，纺织工业在规模与结构、科技与品牌、质量与效益、国内与国际市场开拓等方面取得了巨大的发展和进步，服装、家用纺织品和产业用纺织品这三大最终产品和国内外市场协调发展，企业组织、产业集群、区域布局等结构有较大改善。与此同时，我国纺织工业在国际产业结构中的规模进一步扩大，核心竞争力进一步增强。《2012—2013纺织科学技术学科发展报告》包括综合报告和纤维材料、纺纱工程、机织工程、针织工程、纺织化学品、染整工程、非织造材料与工程、产业用纺织品、服装设计与工程等9个专题报告，总结了近两年来纺织科学技术进步的成果，分析了我国纺织科学技术学科的发展现状、国内外差距，并就发展目标与方针政策提出建议。

在编撰过程中，我们力图站在学科前沿和国家战略需求的高度，比较分析纺织科学技术学科的国内外研究动态、前沿和发展趋势；对近两年来产生的主要新观点、新理论、新方法和新技术进展及成果进行了评述；对未来发展的优先问题、重要的科技问题和发展对策提出了建议。冀望为国家相关部门及从事纺织科学技术学科研究的专家学者提供参考。

在此，谨向所有参与研究、编写、修改、提出宝贵意见的各位专家和领导表示诚挚的谢意！并向所引用资料的作者表示感谢！

由于研究内容广泛，本报告的研究深度和水平有待进一步提高，可能还存在一些疏漏，有关信息也不够完整、准确，敬请广大读者批评指正。

中国纺织工程学会
2013年12月

目　录

综合报告

专题报告

ABSTRACTS IN ENGLISH

Comprehensive Report

Reports on Special Topics

综合报告

纺织科学技术学科的现状与发展

一、引言

（一）我国纺织工业的地位

纺织工业是我国国民经济传统支柱产业、重要的民生产业、国际竞争优势明显的产业，也是战略新兴产业的组成部分和民族文化传承的重要载体。我国已经是名副其实的纺织生产大国、消费大国和出口大国。

2012 年全国规模以上纺织企业实现工业总产值 57800 多亿元，同比增长 12.29%。我国纺织纤维加工的总量占全球的比重接近 55%，纺织品和服装出口贸易额占全球的比重超过 35%。我国作为世界纺织大国的地位继续得到巩固和提升，产业规模不断增大，产品质量显著提升，技术进步加快。

我国的化学纤维、纱和布产量均居全球第一。根据国家统计局数据，我国化纤产量 2012 年达到 3800 万 t，同比增长 12.1%；2012 年的纱产量为 2984 万 t，同比增长 9.8%，布产量为 840.8 亿 m，同比增长 3.3%。值得一提的是近年来我国产业用纺织品行业发展迅速，应用范围不断扩展，已经在交通运输、节能环保、医药卫生等领域发挥重要作用，2012 年规模以上产业实现工业总产值 2126 亿元，同比增幅全行业最高，达到 18.48%。

（二）近年来纺织科技进步概况

1. 纺织工业科技进步成效

（1）纤维材料技术进步成效显著

纤维材料生产技术和装备的开发应用能力显著提升。以大容量、高品质、低物耗能耗、差别化、低投入为特征，具有自主知识产权的年产 40 万 t 差别化聚酯长丝成套技术、大容量聚酰胺 6 聚合及细旦锦纶 6 生产关键技术及装备在行业中获得应用。

高新技术纤维材料产业化继续取得突破。碳纤维、芳纶、聚四氟乙烯纤维、聚酰亚胺纤维、聚乳酸纤维等初步实现了稳定生产，玻璃纤维、特种功能纤维和涤纶工业丝的水平也有了长足的进步，为各类新型产业用纺织品的开发提供了不可或缺的条件。

（2）纺织加工技术和产品开发取得明显进步

先进的技术装备提升纺织生产加工水平，随着清－梳联、自动络筒机、集体落纱的细纱长车、细－络联、粗－细－络联等为主的棉纺设备技术突破，自动化程度和劳动生产率显著提高，劳动用工大幅减少，劳动生产率显著提升。

通过对传统的环锭细纱机进行改进以提高成纱质量，实现优质化纱线生产的各种新型细纱生产技术不断涌现，并逐步开始推广应用，使得纱线产品种类更加丰富，成纱综合质量显著提升，例如低扭矩环锭纺纱生产技术、高效短流程嵌入式复合纺纱技术、集聚纺技术等。

（3）纺织工业节能减排、绿色环保工作取得明显进展

绿色环保新技术实现突破并在行业重点推广应用。为推动我国棉纺织行业实现绿色环保上浆，为浆纱工序“不用PVA”夯实浆料质量基础，目前我国纺织行业使用的PVA数量正在减少；印染行业推广采用小浴比染色技术以达到节约用水、蒸汽和染化料的目的。

资源回收新技术实现突破并在行业重点推广应用。化纤行业将废气、蒸汽、废水中的热能通过热交换装置进行回收再利用。印染行业利用碱液回收设备对废碱液进行浓缩回收再利用，还推广使用废水分质、分流及膜法深度处理技术，通过不同预处理后，达到膜法处理要求，经膜法深度处理后，可回用于生产。

（4）纺织工业两化融合发展取得显著成绩

纺织行业两化融合发展水平正在由局部应用阶段向综合集成阶段过渡的时期。生产过程信息化、物流过程信息化和管理决策信息化是企业信息化的三大板块。目前，规模以上纺织企业实现了进销存、办公自动化、配棉管理等局部应用，企业主要业务之间信息化应用的综合集成水平正在提高。纺织原料和纺织服装产品电子商务和营销信息化正在普及。在规模以上企业服装CAD普及率达到100%，服装CAM成为国内服装企业技术改造和生产装备升级重点之一，预计到2015年全行业普及率将达15%，服装柔性制造系统（FMS）在我国应用速度明显加快，总量接近2000条流水线。

2. 纺织科学技术获奖成果

（1）荣获国家级奖项的项目

近两年荣获国家级的与纺织类相关项目如表1～表4所示。

表1　2011年获国家技术发明奖二等奖项目

项目名称	完成单位
黄麻纤维精细化与纺织染整关键技术及产业化	东华大学等
耐高温相变材料微胶囊、高储热量储热调温纤维及其制备技术	天津工业大学等

表 2　2011 年获国家科学技术进步奖二等奖项目

项目名称	完成单位
汉麻秆芯超细粉体改性聚氨酯涂层材料关键技术及产业化	辽宁恒星精细化工有限公司等
高品质熔体直纺超细旦涤纶长丝关键技术开发	东华大学等
棉冷轧堆染色关键技术的研究与产业化	华纺股份有限公司等

表 3　2012 年获国家技术发明奖二等奖项目

项目名称	完成单位
高性能聚偏氟乙烯中空纤维膜材料制备及在污水资源化应用中的关键技术	天津工业大学等
棉织物染整前处理关键酶制剂的发酵生产和应用技术	江南大学

表 4　2012 年获国家科学技术进步奖二等奖项目

项目名称	完成单位
碳 / 碳复合材料工艺技术装备及应用	上海大学
竹浆纤维及其制品加工关键技术和产业化应用	东华大学等
大容量聚酰胺 6 聚合及细旦锦纶 6 纤维生产关键技术及装备	北京三联虹普新合纤技术服务股份有限公司

（2）荣获中国纺织工业联合会科学技术奖的项目

“纺织之光”2011 年度中国纺织工业联合会科学技术奖授奖项目共 146 项，其中一等奖 10 项，二等奖 39 项，三等奖 72 项。

“纺织之光”2012 年度中国纺织工业联合会科学技术奖授奖项目共 171 项，其中一等奖 13 项，二等奖 53 项，三等奖 105 项。

3. 获得全国表彰的科技人员

（1）中国青年科技奖

为更好地贯彻“尊重知识、尊重人才”的方针，造就一批进入世界科技前沿的学术和技术带头人，中共中央组织部、国家人力资源与社会保障部、中国科学技术协会共同组织评审两年一次的“中国青年科技奖”。2011 年纺织领域的丁彩玲、郭玉海获得第十二届中国青年科技奖，这些受表彰的科技工作者是我国青年科技创新、创业、创优人才的杰出代表。

（2）全国优秀科技工作者

继 2010 年中国纺织工程学会推荐的李嘉禄、汪少朋、俞建勇、蒋高明获得全国优秀科技工作者之后，2012 年中国纺织工程学会推荐的朱美芳、施楣梧、周华堂、邵建中获得全国优秀科技工作者。这些受表彰的科技工作者在各自的研究领域中取得了卓越的成绩。

（3）中国纺织学术大奖及学术带头人、技术带头人

为了鼓励更多优秀人才投身到纺织业发展中来，自 2011 年起中国纺织工程学会开展中国纺织学术带头人的评选，并在当年的学术年会上宣布评选结果。东华大学俞建勇教授获得“2011 中国纺织学术大奖”，程博闻、胡金莲、蒋高明、邵建中、施楣梧、王锐、周华堂、朱美芳获得“2011 中国纺织学术带头人”的荣誉称号。武汉纺织大学徐卫林教授获得“2012 中国纺织学术大奖”，黄翔、李翼、宋西全、孙玉山、王桦、王华平、张兴祥获得“2012 中国纺织学术带头人”荣誉称号。中国人民解放军总后勤部军需装备研究所施楣梧教授级高级工程师获得“2013 中国纺织学术大奖”，陈建勇、胡祖明、黄庆、李建新、孙以泽获得“2013 中国纺织学术带头人”荣誉称号。丁彩玲、刘琳、刘延武、蒲宗耀、张国良、张庆获得“2013 中国纺织技术带头人”荣誉称号。

（三）纺织学术交流

1. 中国纺织学术年会

由中国纺织工程学会主办的 2011 中国纺织学术年会于 2011 年 10 月 21 日在上海松江召开。来自美国、英国、日本、澳大利亚和中国香港、中国台湾的纺织界专家、众多国内高等院校的师生、国内外知名企业代表也前来参加本次年会，参会人数达到 520 多人。在会上，中国纺织工业联合会副会长、中国纺织工程学会理事长孙瑞哲以“产业发展与学术力量的系统对接”为题进行了主题发言。中国工程院院士姚穆作了“新时期纺织科技工作面临的艰巨任务”报告。此外，东华大学朱美芳教授及香港理工大学陶肖明教授分别以“聚合物基纳米杂化纤维的设计与构筑”和“纺织科学技术的发展和现代人类文明”为题进行了深入的探讨。大会以“材料科学与现代纺织”为主题，分别设置了“纤维材料”“复合材料及技术纺织品”和“现代纺织加工技术”三个分会场进行学术交流。

由中国纺织工程学会主办、中国纺织服装品牌创业园协办的 2012 中国纺织学术年会于 2012 年 10 月 23 日在上海松江隆重召开。本届学术年会以“学术引领，协同创新”为主题。来自美国、日本、中国香港和中国台湾的纺织界专家和国内众多高等院校的师生，以及来自海内外的知名纺织企业代表共同参加了本届学术年会，参会人数达 500 多人。中国纺织工业联合会会长王天凯为大会致辞。中国纺织工业联合会副会长、中国纺织工程学会理事长孙瑞哲作了“加快学术研究的协同创新，重塑学术精神的价值内核”的主题报告。中国工程院院士周翔就“纺织工业与降低温室气体排放”作了报告。来自美国加州大学戴维斯分校的潘宁教授围绕纺织材料的结构层次化与其性能之间联系进行了论述。东华大学的俞建勇教授则以“功能纳米纤维材料的可控制备及其在环境领域的应用”为题，详细介绍了通过静电纺丝技术制备纳米纤维。会议设置了纤维材料、技术纺织品和现代纺织加工技术等 3 个分会场进行学术交流。

2. 纺织科技新见解学术沙龙

自2012年以来，中国纺织工程学会已经主办了3期纺织科技新见解学术沙龙。首期纺织科技新见解学术沙龙于2012年2月26日在北京举办，以探讨阻燃纤维发展方向为主题。来自阻燃领域的专家、企业代表一致认为阻燃纤维应向中高性能、中低价位方向发展，才有利于产品的市场应用与推广。中国工程院院士季国标、周国泰、姚穆，中国阻燃学会主席欧育湘，总后勤部军需装备研究所教授级高工施楣梧作为本次沙龙领衔的科学家。沙龙由中国纺织工程学会主办，《纺织学报》编辑委员会承办。这期沙龙围绕现有本质阻燃纤维或经阻燃改性化学纤维的结构、性能、应用方法、问题和前景展开交流和讨论。

由中国纺织工程学会主办，《纺织学报》编辑委员会、江南大学纺织服装学院、江南大学经编技术教育部工程研究中心承办的，主题为经编技术的研究与应用的第二期纺织科技新见解学术沙龙，于2012年9月8日在江苏无锡召开。中国工程院孙晋良、蒋士成、姚穆院士和江南大学宗平生教授共同担任本期沙龙的领衔科学家。来自东华大学、天津工业大学、浙江理工大学、江南大学、常州市润源经编机械有限公司、广州市天海花边有限公司、苏州金辉化纤实业有限公司等高校和企业的65名代表就经编技术的研究与应用展开前沿交流。

由中国纺织工程学会主办，《纺织学报》编辑委员会、东华大学纺织学院、中国纺织工程学会棉纺织专业委员会共同承办的第3期纺织科技新见解学术沙龙，于2013年2月28日在东华大学召开。中国工程院姚穆院士、香港理工大学陶肖明讲座教授、总后军需装备研究所施楣梧教授级高级工程师、武汉纺织大学徐卫林教授、东华大学郁崇文教授共同担任本期沙龙的领衔科学家。来自香港理工大学、东华大学、江南大学、天津工业大学、西安工程大学、武汉纺织大学、中原工学院、五邑大学、嘉兴学院、浙江春江轻纺集团有限公司、湖北聚纤纺有限公司、鲁泰纺织股份有限公司、广东溢达纺织有限公司、南山纺织服饰有限公司、青岛即发盛宝纺织有限公司等高校和企业的代表就“环锭纺新技术及其应用”展开前沿交流。

3. 纺织类学术期刊

纺织类学术期刊是发表和交流纺织科技成果的主要媒介，目前一共有40余种学术期刊。分别是:《纺织学报》《毛纺科技》《纺织导报》《棉纺织技术》《印染助剂》《合成纤维》《合成纤维工业》《印染》《染整技术》《丝绸》《上海纺织科技》《产业用纺织品》《针织工业》《国际纺织导报》《中国纤检》《中国棉花》《纺织器材》《纺织高校基础科学学报》《北京服装学院学报（自然科学版）》《中国麻业科学》《轻工机械》《纺织教育》《纺织科学研究》《成都纺织高等专科学校学报》《南通纺织职业技术学院学报》《纺织科技进展》《山东纺织科技》《化纤与纺织技术》《福建轻纺》《浙江纺织服装职业技术学院学报》《现代纺织技术》《轻纺工业与技术》《非织造布》《天津纺织科技》《纺织标准与质量》《辽宁丝绸》

《四川丝绸》《黑龙江纺织》《江苏纺织》《现代丝绸科学与技术》《纺织机械》《江苏丝绸》《中国纺织》《河南纺织高等专科学校学报》《人造纤维》等。

（四）我国纺织教育与研发机构

1. 纺织专业与学位点设置情况

在本科生培养方面，全国共有81所高校设置了纺织类专业。在研究生培养方面，全国有5所高校具有纺织科学与工程一级学科博士学位授予权，分别为东华大学、天津工业大学、苏州大学、江南大学和浙江理工大学，同时这五所高校还设有纺织科学与工程一级学科博士后流动站。除上述五所高校外，还有15所高校具有纺织科学与工程一级学科硕士点，分别为西安工程大学、北京服装学院、武汉纺织大学、中原工学院、青岛大学、河北科技大学、大连工业大学、南通大学、上海工程技术大学、齐齐哈尔大学、安徽工程大学、陕西科技大学、五邑大学、吉林大学和四川大学。另外，全国还有25所高校具有纺织科学与工程一级学科下的二级学科硕士学位授予权。

2. 国家级研发平台设置情况

目前我国建有与纺织密切相关的国家级研发平台8个，其中国家重点实验室有2个，分别为生物源纤维制造技术国家重点实验室（依托单位：中国纺织科学研究院）和纤维材料改性国家重点实验室（依托单位：东华大学）；国家工程技术研究中心有5个，分别为国家合成纤维工程技术研究中心（依托单位：中国纺织科学研究院）、国家染整工程技术研究中心（依托单位：东华大学）、国家羊绒制品工程技术研究中心（依托单位：内蒙古鄂尔多斯羊绒集团有限责任公司）、国家毛纺新材料工程技术研究中心（依托单位：江苏阳光股份有限公司）、国家非织造材料工程技术研究中心（依托单位：海南欣龙无纺股份有限公司）；国家工程实验室1个，现代丝绸国家工程实验室（依托单位：苏州大学）。

二、国内纺织科学技术学科发展现状

（一）纤维材料工程学科的发展现状

1. 生物质纤维

（1）生物质原生纤维的品种改良、前处理与印染及其功能化

以棉、毛、麻、丝为代表的生物质原生纤维是我国的传统优势品种，对这类纤维的研究工作主要包括品种改良、纤维的前处理与印染、功能化三个方面。

2012年9月，国家发展和改革委员会批复新疆“十二五”优质棉基地项目可行性研

究报告，棉花品种改良对提高棉花产量和棉纤维性能至关重要，新疆农垦科学院及新疆农业大学提出育种上应从提高衣分、单株铃数和单铃重三个方面提高皮棉产量。在提高桑蚕茧丝质量方面，“天然彩色桑蚕茧丝关键技术研究及产业化”和“优质雄蚕丝开发及产业化应用”项目成果分别获2011年中国纺织工业联合会科学技术进步奖一等奖和二等奖。

对于生物质纤维的前处理与印染技术的研究又有新的进展，“黄麻纤维精细化与纺织染整关键技术及产业化”项目成果获得2011年国家技术发明奖二等奖，“棉冷轧堆染色关键技术的研究与产业化”项目成果获2011年国家科技进步奖二等奖，“纯棉纱线中深色无前处理染色技术与产业化”项目成果获2011年中国纺织工业联合会科学技术进步奖二等奖，国家自然科学基金委也于2011和2012年分别资助浙江理工大学和天津工业大学有关棉纤维项目的研究；在毛织物染整方面，东华大学、天津工业大学分别采用低温染色助剂、表面改性等方法，降低毛的染色温度，实现羊毛低温染色。“基于高聚物表面结构性能研究的功能性羊毛整理技术开发及产业化”项目成果获2011年中国纺织工业联合会科学技术进步奖二等奖；山东工业大学对蚕丝织物进行改性，提高其织物光降解、抗老化等性能，与之同时苏州大学采用阳离子改性剂对真丝织物进行阳离子改性，提高试样染色后的K/S值；国内近年来在罗布麻纤维等离子处理、红麻纤维的脱胶、亚麻纤维的抑菌性及染色性等基础研究做了较多的工作，2011年江南大学“提高与树脂复合性能的漆酶引发麻纤维高效接枝疏水化改性剂机理研究”和哈尔滨工业大学“亚麻纤维复合材料混凝土组合结构性能与设计方法研究”项目分别获得国家自然科学基金资助。

人们一直在对生物质原生纤维功能化处理进行研究，以期将生物质原生纤维产品优良的服用性能与特种功能性集于一体。东北林业大学采用电镀化学镀层的方法制备了导电棉纤维；西安工程大学将银纤维与毛纱混纺，赋予毛织物电磁屏蔽作用；天津工业大学将阻燃粘胶与羊毛混纺提高织物的阻燃性能。

（2）生物质再生纤维的绿色生产及其产品的功能化

以生物质工程技术为核心的绿色生物质纤维及材料的开发，成为引领纤维材料工业发展的新潮流。国内已经利用可再生资源开发了多种纤维，其中技术最成熟、用量最大的是再生纤维素纤维，包括粘胶纤维、高湿模量粘胶纤维、直接溶剂法纤维素纤维（Lyocell）、醋酯纤维、铜氨纤维等。用竹浆和麻浆生产的再生纤维是近年来我国自行研发成功的一种再生纤维素纤维。此外还有甲壳素纤维、海藻纤维等生物质再生纤维。

在基础研究方面，东华大学、江南大学、青岛大学、浙江大学、天津工业大学有关再生纤维素纤维的基础研究得到2011和2012年度国家自然基金的资助。青岛大学纤维新材料与现代纺织国家重点实验室开发的海藻纤维，具有国际先进水平、原创专利和知识产权。2012年年底，依托中国纺织科学研究院的生物源纤维制造技术国家重点实验室通过了由科技部组织的验收。

开发功能化再生纤维产品受到重视，2011年山东银鹰化纤有限公司开发出硅氮系新型阻燃粘胶纤维，同年底建成第一条生产线。新乡化纤股份有限公司研制出功能粘胶新品种——白竹炭纤维，具有防菌抑菌、发射远红外线、调节小环境温度和湿度的特点。浙江越隆集团旗下的绍兴蓝海纤维科技有限公司与武汉纺织大学合作共同开发“功能性海藻酸纤维的工业化生产关键技术”项目，于2012年年底通过省级科技成果鉴定。

新一代再生纤维素纤维生产技术取得突破。新一代再生纤维素纤维采用NMMO有机溶剂溶解和干湿法纺丝工艺制成，纺丝溶剂回收率达99%以上，对环境保护十分有利。由中国纺织科学研究院和新乡化纤股份有限公司共同承担的“千吨级Lyocell纤维产业化成套技术的研究和开发”项目，已建成了年产千吨级产业化示范线。

（3）生物质合成纤维的聚合纺丝技术取得突破

我国PTT、PLA（聚乳酸纤维）等生物质合成纤维已突破关键技术，部分产品产能世界领先。2011年和2012年，中国科学院理化技术研究、东华大学、同济大学的3个有关于生物质合成纤维项目得到国家自然科学基金的资助。

生物质PTT树脂是用玉米制成的生物质1,3-丙二醇（PDO）取代石油质PDO为原料而制成的。福建海天集团的PTT短纤维产能已达到3万t/a。吴江中鲈科技公司的3万t/a PTT聚合纤维已建成投产。

PLA纤维是以玉米、小麦等淀粉为原料，经发酵转化成乳酸再经聚合，纺丝而制成的生物质合成纤维。浙江海正集团与中国科学院长春应用化学研究所共同建成年产5000t可降解聚乳酸生产线。常熟市长江化纤有限公司年产4000t聚乳酸熔体直纺纤维厂开始生产，南通九鼎及云南富集的千吨级生产线正在建设或调试阶段，中粮集团计划要在吉林建立万吨级聚乳酸厂。

2. 常规合成纤维

（1）大容量熔体直纺技术

大容量熔体直纺技术具有流程短、能耗低、投资省、生产成本低、生产规模大等特点，是常规合成纤维生产的发展趋势。我国在涤纶和锦纶生产应用大容量熔体直纺技术已经处于国际先进水平，“高品质熔体直纺超细旦涤纶长丝关键技术开发”项目成果获2011年国家科技进步奖二等奖，“大容量聚酰胺6聚合及细旦锦纶6纤维生产关键技术及装备”获得2012年国家科技进步奖二等奖。

（2）产品的差别化技术

在合成纤维生产中差别化纤维所占比例反映了整个合成纤维生产技术的水平，与普通的常规合成化学纤维相比，差别化纤维的结构、形态等特性发生改变，可显著改善织物的服用性能。“十二五”国家科技支撑计划项目“超仿棉合成纤维及其纺织品产业化技术开发”旨在解决聚酯纤维亲水性差、静电大、易起球，染色性差等缺点，同时保留其弹性好、挺括、速干等优点。2012年12月，广东新会美达锦纶股份有限公司投资扩建3.9万t/a的聚己内酰胺差别化长丝项目。浙江杭州湾腈纶有限公司年产6万t差别化聚丙烯腈纤维生产线技改项目已列入宁波纺织工业调整和振兴行动计划重点项目。2012年安庆石化腈纶部研制出了0.8旦超细聚丙烯腈纤维新品种；吉林化纤集团有限责任公司研制出抗起球、高延伸、超细旦等聚丙烯腈纤维。

（3）产品的功能化技术

由中国纺织工业联合会负责组织实施和完成的国家科技支撑计划重点项目“新型功能聚酯纤维的研制和产业化”研制出了熔体直纺在线可控添加动态混合系统及专用添加母粒，形成了在线可控功能性聚酯纤维制备成套技术和可降解聚酯的合成技术。辽宁银珠化纺集团有限公司开发的抗菌聚酰胺纤维已被用作军服布料，该项技术获得国家专利金奖。“增塑熔融纺丝法制备聚丙烯腈基碳纤维原丝的研究”和“热致相分离法制备聚丙烯腈中空纤维膜及膜孔结构与成形机理研究”项目分别获得2011年和2012年国家自然科学基金资助。天津工业大学高能电子束辐照引发单体在聚丙烯纤维表面的接枝反应，使改性后的聚丙烯纤维具有萃取水中微量苯酚的功能。天津工业大学还以正构烷烃－聚合物相变材料和聚羟甲基丙烯酰胺/聚乙二醇互穿网络聚合物为芯层，聚丙烯为纤维的皮层，采用双组分熔融复合熔体纺丝技术制备了储热调温纤维。

3. 高性能纤维

（1）高强度碳纤维开发实现突破

碳纤维是首屈一指的高性能纤维，其力学性能优异、耐蚀性出类拔萃。提高我国碳纤维产品质量、缩小与国际先进水平的技术差距一直是高性能纤维领域的重中之重。“高性能纤维及复合材料制备关键技术”于2012年被列为国家“863”计划重大项目。2012年山东省自主创新专项对《T700级碳纤维产业化关键技术及千吨级生产线建设》项目立项支持。2012年6月，江苏航科复合材料科技有限公司建成国内首条25t，T800碳纤维生产线，在高性能碳纤维产业化方面实现了突破。2012年10月，由中国纺织科学研究院中纺精业公司承担的“碳纤维原丝用热辊技术开发”项目通过了由中国纺织机械器材工业协会组织召开成果鉴定会。哈尔滨工业大学提出了利用化学法在碳纤维上接枝碳纳米管的思想，从而实现了碳纤维和碳纳米管的化学结合。北京化工大学针对电化学氧化法、山东大学和南京工业大学针对液相氧化法、浙江理工大学针对硅溶胶改性技术对碳纤维进行了改性。来自东华大学、太原理工大学、华北电力大学、哈尔滨工业大学及厦门大学的5项有关碳纤维的基础研究得到2011年和2012年度国家自然科学基金的资助。2012年，上海大学完成的“碳/碳复合材料工艺技术装备及应用”项目成果获得国家科学技术进步奖二等奖。

（2）芳香族聚酰胺纤维生产实现了国产化

我国芳纶的生产和应用起步较晚，目前芳纶已被列入“国家鼓励发展的高新技术产品目录”和“十二五战略新兴产业发展规划”，未来发展步伐将会加快。2011年3月，中国石化仪征化纤股份有限公司千吨级对位芳纶项目工艺通过了中国石化集团公司组织的审查委员会审查。2011年5月烟台泰和新材料股份有限公司（烟台氨纶股份有限公司）生产出合格的对位型芳香族聚酰胺纤维。2012年3月，中国纺织工业联合会组织专家对苏州兆达特纤科技有限公司完成的“年产1000t对位芳纶产业化”项目进行了鉴定。2012年国内烟台泰和新材料股份有限公司新建3000t生产线，合计间位芳纶产能已达8000t，居世界第二位。“高性能芳纶纤维制备过程中的关键科学问题”和“高性能纤维等关键技术开发”项目分别被国家“973”计划和国家“863”计划立项。“聚间苯二甲酰间苯二胺纤维与耐高温绝缘纸制备关键技术及产业化”项目成果获得2010年度国家科学技术进步奖二等奖。“芳纶化学镀银的基础理论及其镀层特性研究”“高能辐照芳纶纤维结构演化及表面活化协同作用机制研究”“芳纶浆粕微纳米短纤维橡胶母粒的制备技术及其对橡胶增强机理的研究”等项目分别得到2011年和2012年国家自然科学基金资助。

（3）超高分子量聚乙烯纤维的应用领域不断扩大

2012年12月，中科院宁波材料所牵头的“超高分子量聚乙烯纤维制备与纤维级树脂研究”通过结题验收。华东师范大学、东华大学、天津工业大学、中国科学院上海应用物理研究所、中国科学院宁波材料技术与工程研究所、宁波大学的6项有关超高分子量聚乙烯纤维的基础研究得到2011年和2012年国家自然科学基金的资助。泰州申视塑料有限公司和常州大学共同完成的“高性能超高分子量聚乙烯钢骨架增强复合管及工艺装备技术”项目成果获得2012年度江苏省科学技术奖二等奖。

（4）其他高性能纤维的研发陆续取得突破

除了碳纤维、芳纶和超高分子量聚乙烯纤维三大高性能纤维之外，聚苯硫醚（PPS）纤维、聚酰亚胺纤维、聚四氟乙烯纤维等高性能纤维的研发也在同步进行。

“聚苯硫醚（PPS）纤维产业化成套技术开发与应用”项目成果获得2010年国家科学技术进步奖二等奖，“大直径耐高温聚苯硫醚单丝的纺制及其改性”项目成果获得2011年中国纺织工业联合会科学技术进步奖三等奖，“聚苯硫醚纺粘针刺及水刺非织造过滤材料成套技术”项目成果获得2012年中国纺织工业联合会科学技术奖二等奖。

中科院长春应用化学研究所在吉林省科技厅及国家“863”计划项目支持下，于2010年自主研发设计建成了年产300t聚酰亚胺纤维工业化装置，所得聚酰亚胺纤维综合性能达到国际先进水平，2012年年底形成年产3000t的生产能力。2012年，“聚酰亚胺纤维技术”和“聚酰亚胺纤维产品”通过了由中国环境科学学会组织的科技成果鉴定。东华大学、江西师范大学、东华大学、东华理工大学、北京科技大学等5项目有关聚酰亚胺的研究获得2011年和2012年国家自然科学基金资助。

“膜裂法聚四氟乙烯纤维工业化生产技术与应用研究”项目成果获得2012年度桑麻纺织科技奖一等奖。“100%聚四氟乙烯纤维针刺过滤毡的制作工艺”项目成果获得2011年中国纺织工业联合会科学技术奖二等奖。“聚四氟乙烯薄膜复合异型纤维/棉混纺嵌入式防静电面料产品的开发”项目成果获得2012年中国纺织工业联合会科学技术奖三等奖。

4. 功能纤维

功能纤维、差别化纤维和高性能纤维的发展是纺织工业的技术创新、向高科技产业的重要基础。近年来我国加强了对具有某种特殊功能的新型纤维的开发并相继取得成功。在功能纤维领域，“高性能聚偏氟乙烯中空纤维膜制备及在污水资源化应用中的关键技术”项目成果获得2012年国家技术发明奖二等奖。“水处理中空纤维膜材料集成技术及其应用研究”“中空纤维纳米级分离膜”项目成果分别获得2011年中国纺织工业联合会科学技术进步奖一等奖和三等奖；“反应挤出熔纺制备聚丙烯酸酯纤维中交联结构调控及成纤机理研究”和“共聚甲基丙烯酸酯纤维对油性有机化合物吸附模型的研究”得到2011年度国家自然科学基金资助。“功能吸附纤维的制备及其在工业有机废水处置中的关键技术”项目成果获得2012年中国纺织工业联合会科学技术奖一等奖。由北京巨龙博方科学技术研究院与河北吉藁化纤有限责任公司共同开发的智能调温粘胶纤维（空调纤维）通过了中国纺织工业联合会组织的专家鉴定；“耐高温相变材料微胶囊、高储热量储热调温纤维及其制备技术”项目成果获得2011年国家技术发明奖二等奖。

（二）纺纱工程学科的发展现状

1. 纺纱过程基础理论研究取得进展

纺纱工程领域在2011年和2012年先后出版了《罗拉牵伸原理》和《梳理的基本理论》两本专著。《罗拉牵伸原理》从纤维运动的本质对牵伸过程做了全面的分析，特别对摩擦力与纤维运动的关系、牵伸区中摩擦力界及其分布以及演化为控制力和引导力分布的实际理念做了系统深入的探讨。《梳理的基本理论》主要探讨梳理过程中纤维的运动和作用力、针面上纤维负荷量的变化及其与产品质量的关系，并且将盖板梳理与罗拉梳理统一阐述，提出了以切向运动为主的新理论系统。2012年出版了《现代棉纺牵伸的理论与实践》，介绍了现代棉纺牵伸的基本理论及实践发展，提炼出牵伸过程的基本规律，可为现代大牵伸装置的设计和提高产品质量及工艺应用提供借鉴。

气流在纺织领域的应用非常广泛，而高速气流的应用更是为许多新工艺的产生与发展奠定了基础。东华大学的“纤维/高速气流两相流体动力学及其应用基础研究”研究团队，围绕纺纱科学中纤维/气流两相流体动力学进行了长期的相关基础研究，并采用高速摄像技术进行了实验验证，理论研究结果进行了工程应用，相关成果获得2012年中国纺织工业联合会科学技术奖一等奖。

2. 环锭纺纱技术创新方兴未艾

（1）集聚纺技术推广应用步伐加快

国产网格圈型集聚纺技术日趋成熟，比传统环锭纺纱可减少3mm毛羽70%以上，单纱强度提高10%以上，与国际先进水平相当。此外，集聚纺纱的生产应用范围正在向多品种拓展，集聚纺技术在国内的使用规模逐渐扩大，到2012年已超过1000万锭，普及率接近10%。江南大学最新研发了一种新的集聚纺纱技术——全聚纺，该技术采用了一种新型窄槽式负压空心罗拉集聚系统，采用直径为50mm且表面开有条形窄槽的空心钢质大罗拉替代了细纱机的前罗拉，整体优化设计了吸风集聚系统及其配套组件，全面提高吸风系统集聚负压利用效率，使得集聚区长度增加，消除非控制区，实现了真正意义的“全程集聚”。

（2）低扭矩纺纱技术

低扭矩纱生产技术是在传统环锭细纱机前罗拉和导纱钩之间安装假捻器等装置，通过假捻改善纺纱三角区纤维的受力分布，得到扭矩平衡的单纱。纱线残余扭矩减少可使织物手感柔软，显著降低针织物歪斜度。从纱条纤维内部结构看，低扭矩纱中大部分纤维的轨迹并不是同轴螺旋线，而是一个非同轴异形螺旋线，这使纱的内部结构更加紧密，纤维间的抱合力进一步增强，纱线断裂强力得以提高。

（3）聚纤纺技术

湖北聚纤纺有限公司发明的聚纤纺技术是一种细纱机的牵伸新技术，系统提出了“负压集聚、稳定握持和梯次牵伸”的新型牵伸技术。其对细纱机牵伸区内附加摩擦力界的提供方式、附加摩擦力界纵向分布强度及浮游区位置进行了重新设计，将现有细纱的前区牵伸中原有的纤维运动控制装置——上、下胶圈等取消，代之以类似集聚网格圈式的气流吸风口和压力棒，利用集束气流和压力棒的曲率表面，共同组成了对主牵伸区中纤维须条的柔性、稳定控制。由于该方法是利用气流对须条的集束作用，形成均匀、联系、稳定的摩擦力界，实现了对纤维的柔和、非积极控制，因而更有利于纤维在牵伸过程中的规律运动，改善了牵伸后的纱条条干均匀度、粗细节和毛羽等指标。

（4）柔洁纺纱技术

由武汉纺织大学与际华 3542 公司完成的“普适性柔顺光洁纺纱技术及其应用”项目于 2012 年 2 月底通过中国纺织工业联合会的鉴定，通过对传统环锭细纱机进行改造，可有效降低纱线毛羽，采用装置具有结构简单、性价比高的优势。柔洁纺纱的原理是利用纤维在高温高湿下变得柔软的特性，其通过在环锭细纱机的每一个牵伸机构的前罗拉钳口处加装一个热湿处理装置，对从前罗拉钳口输出进入加捻三角区的在线加捻须条进行在线热湿处理，实现须条在更低模量、更低刚度性能时进行柔性加捻成纱，致使纤维头端在加捻扭转力作用下更易于转移和缠绕，有效消除成纱毛羽，同时降低环锭纱线的残余扭矩和残余应力，提高了成纱的柔软度。该原理技术已经转让给经纬纺织机械股份公司，由纺机企业进行商业化的设备改进和生产，预计近期即将有成型的细纱机投向市场。

3. 纺纱生产的自动化、连续化技术

我国新型粗－细－络联和自动落纱系统在不断完善。如经纬纺机研发的高质、高效、低耗的粗－细－络联纺纱系统，此系统由 JWF1418A 型自动落纱粗纱机、JWF1520 型细纱机、JWF9562 型粗细联输送系统和 SMARO–I 细络联型自动络筒机联合组成。实现了粗纱、细纱、络筒三个工序的自动化连接。同时，国产细纱机可配集体落纱、粗－细联、细－络联等功能模块。国产粗－细联、细－络联系统的控制精度和稳定性进一步提高，并开始进入规模化生产应用阶段，为纺纱厂实现纺纱工序的连续化和减员增效提供保障。

（三）机织工程学科的发展现状

1. 环保、节能、高效经纱上浆技术

机织工程在经纱上浆工序“少用不用无 PVA”已取得阶段性成果，使用含 PVA 浆料的占比大幅下降。鲁泰纺织股份有限公司，东华大学，武汉纺织大学，常州市润力助剂有限公司联合研发的“新型改性淀粉浆料生产与替代 PVA 应用关键技术”项目，获得了 2012 年中国纺织工业联合会科学技术进步奖二等奖。该项目开发了环保接枝改性淀粉浆料，研发了无 PVA 上浆等技术，创立了淀粉改性清洁反应技术体系，提高了上浆环保性，符合节能减排的要求。江南大学近年来对变性淀粉浆料相关性能进行了大量研究，研究各类变性淀粉变性度等指标对于浆料黏附性、浆膜性能、反应效率等多方面的影响，提出各类变性淀粉最佳工艺配置。

由天华企业发展（苏州）有限公司和西安工程大学合作研发成功的半糊化上浆工艺技术，于 2013 年 3 月通过了中国纺织工业联合会组织的鉴定。半糊化上浆工艺以原淀粉、高性能变性淀粉为主浆料，在煮浆过程中，只有部分淀粉浆料在糊化器中完全糊化，其余的淀粉颗粒处于不可逆的大量吸水状态，体积膨胀。上浆时，已经糊化了的浆液浸透到纱线内部，其余未糊化浆液均匀地黏附在纤维和纱线表面，在遇到高温烘筒后淀粉颗粒破裂而被覆到纱线表面，形成完整的浆膜，并与浸透到纱线内部的浆液相连接，使浆膜附着牢固。半糊化上浆新工艺节约能源（调浆温度 65℃、浆槽不加温），使用原淀粉上浆可节约上浆成本，且无 PVA 上浆，半糊化上浆工艺技术有助于环保和节能减排。

恒天重工股份有限公司、江苏联发纺织股份有限公司、武汉同力机电有限公司合作的“GA311 型三浆槽浆纱机”项目获得中国纺织工业联合会 2012 年科学技术进步奖三等奖。该机型在解决异经纤维上浆和不同色纱的串色等问题上有明显优势，由于色织色纱的上浆，一般是经纱先经过染色，整经后上浆，由于不同颜色的经纱在同一个浆槽上浆，很容易串色。三浆槽的使用，可以将不同颜色的经纱分开，分别在不同的浆槽上浆，保证差别化经纱的上浆质量。该项上浆技术是近几年色织行业兴起的一门新的上浆工艺。

2. 织机的高速化技术

近两年国产剑杆织机在稳定提速，并付诸实际应用上做了大量工作。以公称筘幅 190cm 为例，剑杆织机实际应用车速已达 520 ~ 580r/min。广东丰凯公司的“伺服驱动节能挠性剑杆织机”项目获得中国纺织工业联合会 2012 年科学技术进步奖二等奖。剑杆织机的生产制造水平已经达到国际先进水平，大量出口发展中国家。

喷气织机生产水平进一步缩小与进口织机的差距，已经占据国内市场的 1/3 份额，且因其较高的性价比实现了部分出口。近两年国产喷气织机的制造水平得到了飞速发展，主要体现为织机的高速化、宽幅化。目前，部分国产织机实际应用车速已达 650 ~ 700r/min，

最大幅宽已经到达 340 ~ 400cm，入纬率可达 2100 ~ 2400m/min 以上。国内咸阳经纬公司新推出的 G-1752 机型，筘幅为 3.6m，是国内首家采用共轭凸轮打纬机构的新机型，通过对共轭凸轮加速度曲线进行优化，在窄幅织机上采用适应高速的共轭凸轮曲线，减少振动；在宽幅织机上采用停顿时间更长的运动曲线，有利于宽幅引纬和高速化。无锡丝普兰喷气织机采用副喷嘴一拖二方式，同时将通过对引纬流场进行系统研究，优化主、副喷嘴安装及电磁阀控制工艺，通过织机控制系统在当前引纬过程中自动实时调整主喷嘴、串联主喷嘴和辅助喷嘴喷射时间，有效地降低气耗。

喷水织机常规大批量投产的速度已提高到 800r/min 以上，有的甚至可达 900 ~ 1200r/min。通过采用多臂织机和双喷、自由选色使产品丰富多彩，从单一的常规纤维织造向差别化纤维的开发、仿真丝丝绸和仿毛织物发展，从薄型织物向厚重织物发展，门幅逐渐趋宽，由原来的 3.6m 增加到 4.2m，选色方面达到了双泵三喷自由选纬。

3. 喷气织机的节能降耗技术

喷气织机是耗能大户，尤以气耗占较大比例，实践表明，主、辅喷嘴引纬中的耗气量约是总耗气量的 90%，其中辅喷嘴耗气量约占总耗气量的 75% 左右，因此降低气耗是喷气织机生产商十分注重的问题。喷气织机节能技术可以通过精确控制引纬过程，优化辅助喷嘴设计形态，合理电磁阀配置以及多气包供气等多种方式进行，许多科研院校以及企业都在其中投入大量的研发精力。

无锡丝普兰喷气织机在国内首创在全系列采用副喷嘴一拖二方式，同时将通过对引纬流场进行系统研究，优化主、副喷嘴安装及电磁阀控制工艺，通过织机控制系统在当前引纬过程中自动实时调整主喷嘴、串联主喷嘴和辅助喷嘴喷射时间，因此能有效地降低气耗。

4. 机织产品 CAD 技术

复杂纱线模拟，重结构、多层结构复杂组织模拟，高度逼真织物模拟，动静态织物模拟，虚拟场景模拟等成为目前机织 CAD 研究的主要方向。武汉纺织大学的“基于黎曼流形的织物建模与仿真研究”，获得了 2011 年国家自然科学基金的立项。由苏州大学、上海和鹰机电科技股份有限公司、际华三五零二职业装有限公司、湖南东方时装有限公司共同合作完成的项目“面向敏捷制造的服装 CAT/CAD/CAM 装备集成技术研究及产业化”获 2011 年度中国纺织工业联合会科学技术进步奖二等奖。

（四）针织工程学科的发展现状

1. 针织机械进一步高速化

高速高效是针织工程的一大特点，针织机械高速化仍然是针织技术进步的重要目标。经编机上广泛应用碳纤维增强材料（CFRP），用作梳栉、针床和沉降片床等，可以使梳栉质量减轻25%，刚性得到提高，从而使经编机转速步上新台阶。国内经编机械制造企业加大了对机械运动性能和控制技术的研究，机件运动惯量小、刚度高，提高了经编机运行的平稳性，使各类经编机转速大幅提高。国产特里科经编机的速度已经达到3000r/min。全电脑提花经编机采用碳纤维多梳栉，速度可达900r/min。双轴向经编机普遍使用了伺服控制系统，机器的工作幅宽最宽达到6220mm，最高编织速度达到1200r/min。高速双针床经编机的最高编织速度超过1000r/min。

在圆纬机上，沉降片双向运动技术中采用了握持式、立式沉降片或斜向运动沉降片，突破了沉降片水平运动的模式，实现了在水平和竖直2个方向的运动，减少了握持片和沉降片工作时的动程，以便于飞花的清除，同时加大了坯布密度的调整范围，大幅提高了织机的运动速度。高速单面多针道机最高转速可达73r/min，对应的机号为E22. 筒径为610mm、路数为96，其相当于2.33m/s的针筒圆周线速度，是当今机速最高的单面圆纬机之一。

2. 针织提花技术实现了产品的多样性

针织数字提花技术通过提花数据输入接口、机上修改花型和压电陶瓷电子选针器或电磁电子选针器进行单针选针，实现成圈、集圈、浮线三工位编织，可靠性高、选针速度快、寿命长、更换花型简单方便。

伺服驱动的电子横移装置广泛用于多梳拉舍尔经编机的花梳和地梳横移，并进一步向高速经编机、双针床经编机、贾卡经编机等少梳栉经编机普及。伺服驱动技术与现代经编对生产设备的高速度、高精度、高效率需求相适应，在经编生产中得到了更为广泛的应用。为了提高经编机的横移提花能力和变换品种的便利性，近年来推广使用旋转型和直线型伺服电机控制导纱梳的横移运动。多轴向经编装备的数字化技术的核心技术在于多轴向铺纬技术。在铺纬生产过程中，铺纬装置在伺服电机的驱动下，在幅宽范围内往复运动，将纬纱按照要求铺放在两侧的传送链上，传送链通过伺服电机带动的一套传动系统带动向前传动，将纬纱推送到编织区编织成织物。国内开发的采用伺服电机铺纬的多轴向经编机，速度达到1000r/min。

提花技术另一进展是在同一针织设备上采用多种提花技术，实现复合提花功能，这使得可编织多种变化花色组织，扩大了织物的编织范围，实现了更强的市场竞争力。电脑大圆机实现了多种花色功能复合的特点，经编机将横移提花与贾卡提花相结合，用在少梳经编机和多梳经编机上。

近年来国内电脑横机行业进入了创新发展阶段，开始着手高端电脑横机的研发及生产，在技术创新上稳步前进。慈星公司的开放式机头，独立传动的嵌花导纱器，多达32把的嵌花导纱器。金龙、中捷等嵌花横机，对导纱器的控制程序进行了改进，在每一个编织行程可以带动更多的导纱器工作，节省了工作时间，色纱数都可以达到32色。国产电脑横机中，变针距主要集中在3-5-7针和5-7针设备上，可以用来编织接近于3针到7针的产品，其技术已经趋于成熟。

3. 针织物无缝成型技术具有明显优势

无缝针织内衣和服装具有输出工艺流程短，款式新颖时尚的特点，近年已在国内流行。我国已经在无缝针织内衣机械领域取得突破，尤其在有头机的技术上日趋成熟，多个无缝内衣机生产厂家推出了带哈夫针盘的有头机型。双针床贾卡提花无缝经编机也已研发成功并推向市场。经编和圆纬编的无缝成形技术不仅可使针织服装在颈、腰、臀等部位无需接缝，集舒适、贴体、时尚、变化于一身，而且可以根据不同身体部位产生不同的压力分区，穿着舒适更益于身体健康。双针床经编无缝成形编织技术在编织门幅的可变性、组织结构的多样化和防脱散性及生产高效等方面具有优越性，其产品已在服用、产业用等领域得到广泛应用。

4. 针织 CAD 技术得到广泛应用

经编针织物 CAD 系统可以实现花型设计、工艺设计、工艺计算、织物仿真、产品展示和数据输出等模块组成。江南大学研制开发的经编针织物设计系统 WKCAD4.3 能够适用于所有经编针织物设计的软件，为经编技术研究与产品开发提供了强有力的技术支持。

纬编针织物 CAD 系统可实现花型设计、组织定义、动作设计、在线检查和文件兼容等功能。该系统能够进行各类纬编针织物的花形设计、工艺参数设计、二维及三维仿真和花型数据的输出等。其设计功能模块包括普通多针道纬编针织物设计、双面提花、提花毛圈、提花割圈绒等提花织物设计以及无缝内衣织物的设计。纬编针织物设计系统采用了可见即可得的动态工艺单设计模式，采用了多种仿真技术实现不同类型织物的真实感模拟，可输出完整的工艺单、设计图和原料配置等。

横编针织物 CAD 系统不仅可以用来设计针织花型和织物，自动生成编织程序，进行织物结构模拟和编织模拟以及进行模特预穿衣，还可以将生成的针织程序输入到机器的控制箱中，实现编织过程中各装置根据程序要求自动变换工作状态。横编 CAD 软件利用针织符号进行设计，减少了设计人员直接将花型图标分解成机器的横移、移圈、编织和脱圈等动作指令的繁杂工作量，提升了设计效率和设计质量。

（五）染整工程学科的发展现状

1. 前处理技术在节能降耗和减少排放上取得进展

对织物进行前处理可除去织物上各类杂质，并使织物洁白、柔软，具有良好的润湿性。为了实现节能降耗和减少排放，双氧水低温漂白技术、生物酶前处理加工技术是近年研究的重点。

东华大学研究了金属配合物对双氧水漂白的活化作用及应用效果，配合物作为催化剂应用于双氧水温堆漂白工艺中，不仅降低了漂白过程的温度及 pH，而且获得了良好的漂白效果。河南工程学院采用乙酰胍为漂白活化剂，在 60 ~ 80℃条件下对棉和涤棉织物进行漂白，该技术获2012年中国纺织工业联合会科学技术进步奖三等奖。

江南大学、武汉生物工程学院等考察温度对酶精练催化效率的影响，研究了不同温度下棉织物对碱性纤维素酶的吸附量、蜡质熔点及蜡质含量对纤维素酶去除棉籽壳效率的影响，认为蜡质的去除对碱性纤维素酶的催化效率影响较大，开发耐高温的精练酶将有助于提高酶精练工艺的处理效果。东华大学采用果胶酶与纤维素酶对竹原纤维针织物进行复合精练，2种酶的交互作用明显提高精练效果。华纺股份有限公司、东华大学采用复合酶冷堆＋低温氧漂工艺对棉织物进行低温前处理，得出了最佳工艺条件。

有关生物酶结合常压等离子体、超声波等技术对织物进行前处理的研究有所增加。东华大学、陕西科技大学采用常压低温等离子体射流预处理结合碱性果胶酶对棉针织物进行精练，优化了常压低温等离子体射流预处理工艺和无助剂果胶酶处理工艺。西安工程大学研究等离子体预处理后织物在超声波作用下采用生物酶退浆处理的工艺，获取了等离子体联合超声波、生物酶处理工艺中超声波的最佳工艺参数。

2. 低盐、低碱、低温染色技术

丽源（湖北）科技有限公司在开发了含氟染料的基础上，对活性染料小浴比、低盐和低碱染色工艺进行了研究，开发了低盐低碱节能减排染色技术，项目成果获得2012年中国纺织工业联合会科学技术奖。浙江省现代纺织工业研究院、东华大学、绍兴金球纺织整理有限公司开发了无盐染色清洁生产关键技术，项目成果获得2012年中国纺织工业联合会科学技术奖三等奖。

天津工业大学采用纳米SiO_2溶胶对羊毛进行改性处理，提高羊毛纤维的表面亲水性。东华大学研究了用双氧水/甲酸对羊毛进行预处理，使羊毛染色的温度由传统的沸染降低到70℃，达到低温染色的目的。浙江工业职业技术学院采用超声波技术，配合使用低温助染剂对羊绒纤维进行低温染色研究，使染色温度降为60～70℃。

3. 有利于环保的低尿素印花加工技术

浙江理工大学开发出天然纤维织物低尿素活性染料印花技术，对于真丝绸和棉织物印花，替代尿素分别达到75%和30%，明显降低印染废水氨氮含量。亨斯迈纺织染化（中国）有限公司推出了印特奇PF系列新型活性染料和印特牢FW-2新型固色剂组成的新型活性印花系统，系统不但得色量高、印花色浆的稳定性好，而且色浆中不使用造成水质富营养化的尿素，减少了氨氮的排放，实现环保绿色印花加工。

4. 微胶囊和泡沫整理加工技术得到应用

上海瑞现实业有限公司和东华大学采用原位聚合法制备了茉莉香精微胶囊，运用浸轧–焙烘工艺对棉织物进行芳香整理，整理后织物的断裂强力和硬挺度有一定的提高，游离甲醛含量达到内衣释放标准。大连工业大学采用界面聚合法制备出一种新型的聚脲相变微胶囊，再将其制成蓄热调温功能整理剂，并应用于棉织物的后整理中，制备的功能纺织品具有良好的透气性、硬挺度以及一定的蓄热调温功效。天津工业大学以环糊精为壁材，芦荟蒽醌类化合物为芯材制备微胶囊，并将其整理到棉织物上，使织物具有良好的抗菌、抗紫外线性能。

天津工业大学采用泡沫整理技术对棉织物进行抗紫外线整理，泡沫整理的织物具有良好的服用性能、抗紫外线性能越好。鲁丰织染有限公司等单位对泡沫整理机进行了系统研究，开发了轻薄面料的泡沫整理技术，项目成果获得 2012 年中国纺织工业联合会科学技术进步奖二等奖。

5. 自动控制技术在印染加工中应用得到加强

山东康平纳集团有限公司与机械科学研究总院联合开发了筒子纱数字化自动染色成套技术与装备。突破了中央控制系统单元、元明粉纯碱自动称量、自动调湿、自动染色、自动脱水、微波烘干等 10 余项关键技术。项目成果获得 2012 年中国纺织工业联合会科学技术进步奖一等奖。

杭州开源电脑技术有限公司结合染整工艺，运用计算机科学、人工智能、精密测量、自动检测与控制、自动识别等技术，建立以染整专家系统为核心的印染企业生产执行信息平台，项目成果获得 2012 年中国纺织工业联合会科学技术进步奖一等奖。

（六）纺织化学品学科的发展现状

1. 环保型纺织浆料的研发

纺织浆料开发经纱上浆效果好由鲁泰纺织股份有限公司、东华大学、武汉纺织大学、常州市润力助剂有限公司等单位共同承担的国家科技支撑计划“棉型织物节水减排印染新技术”子项目“新型改性淀粉浆料生产与替代 PVA 应用关键技术”，开发了环保接枝变性淀粉浆料，研发了无 PVA 上浆等技术，创立了淀粉变性清洁反应技术体系，项目已于 2011 年 11 月 29 日在鲁泰纺织股份有限公司通过了由中国纺织工业联合会组织的验收和鉴定，并获 2012 年度中国纺织工业联合会科学技术奖二等奖。

江南大学制备了一系列不同取代度的马来酸酯淀粉，提高对涤纶及棉纤维的黏附性，改善退浆性，同时还以木薯淀粉为原料，三偏磷酸钠（STMP）为交联剂，制备了一系列不同交联度的交联淀粉。安徽工程大学将辛烯基琥珀酸酐与淀粉进行酯化反应制备了辛烯基琥珀酸淀粉酯浆料。

忻州师范学院以玉米淀粉为原料，采用温水浸出法提取了支链淀粉，并以醋酸酐为酯化剂，采用干法制备了醋酸酯支链淀粉，取代度为 0.024，同时还采用温水浸出法从玉米淀粉中提取直链淀粉，以磷酸二氢钠、磷酸氢二钠和尿素采用干法制备了氨基甲酸酯取代度为 0.018 的磷酸 – 氨基甲酸酯直链淀粉浆料。

安徽工程大学通过淀粉浆膜的断裂强度、断裂伸长率和浆液的黏附性评价了羟基增塑剂正戊醇、正丁醇、1，2 – 丙二醇、乙二醇、甘油、1，1，1 – 三羟甲基丙烷、季戊四醇、木糖醇及山梨醇对淀粉浆料的增塑作用。西安工程大学研究了甘油、尿素、柠檬酸氢二铵等增塑剂对淀粉浆膜吸湿率、断裂强力、断裂伸长率、耐屈曲性及浆液黏附性等的影响。四川大学研究了用阿拉伯胶对玉米淀粉浆料进行共混改性。江南大学合成了水性聚氨酯，研究了对淀粉浆液、浆膜和黏附性的影响。河南大学以田菁胶为原料，先用次氯酸钠氧化降黏，然后以过硫酸钠为引发剂、丙烯酸为接枝单体，制备了改性田菁胶接枝丙烯酸浆料，用于经纱上浆。

2. 纺织染料

国家工业和信息化部发布的染／颜料中间体加氢还原等清洁生产制备技术、染料膜过滤及原浆干燥清洁生产制备技术、有机溶剂替代水介质清洁生产制备技术、低浓酸含盐废水循环利用技术等染料行业清洁生产技术在行业推广取得实效。2011 年科技部将“染料废水处理及回收利用新技术开发”课题列入国家科技支撑计划项目。该课题属国家科技支撑计划项目“染料及中间体清洁制备与应用关键技术开发”课题之一。课题针对染料及中间体制备与应用过程废水污染控制难题，开展络合—液膜组合萃取、新型电分解、生物流化床、膜处理回用等技术工程放大研究，通过示范工程建设，形成具有自主知识产权的染料废水处理及回收利用新技术，将为染料工业的节能减排、产业转型升级提供技术支撑。

广州中孚伊曼染料有限公司量产了 HA 型低碱活性染料，染料上染率高、纯碱用量少，可减少染整生产中的水洗次数，降低污水处理难度。浙江吉华集团有限公司和大连理工大学精细化工国家重点实验室提出低盐染色活性染料的研究，开发对染色时用盐量敏感性小的活性染料。上海染料化工八厂研究出国产液体活性染料的开发和应用。东华大学报道了一种偶氮类活性染料的合成及表征。纺织用荧光染料引起了染料开发的重视，2012 年大连理工大学“荧光染料”项目获得国家自然科学基金资助。

3. 印染助剂

江南大学“棉织物前处理关键酶制剂的发酵生产和应用技术”项目在研制和分离棉织物前处理所需的碱性果胶酶、过氧化氢酶、PVA 酶和角质酶上取得了突破，所开发的酶制剂具有良好的耐高温和耐碱等特性，将上述酶制剂按一定比例复配，可以得到高效的生物酶前处理制剂，该技术实现了棉织物全酶法清洁处理，项目成果获得了 2012 年国家技术发明奖。

河南工程学院“双氧水低温漂白体系新技术的研究”中以乙酰胍（ACG）替代四乙酰乙二胺（TAED）和壬酰羟苯磺酸盐（NOBS）为双氧水的活化剂，将棉织物的漂白温度降低到了 60 ~ 80℃，有效降低了传统漂白的能耗，项目成果获得了 2012 年度中国纺织工业联合会科学技术进步奖。东华大学利用耐双氧水碱性果胶酶和角质酶，结合多种常用纺织加工助剂间的复配增效作用，设计合成并筛选、复配出了在 70 ~ 80℃范围内可发挥最佳活化效能的双氧水低温漂白催化剂。烟台源明化工有限公司开发的斯林素 W-100，可以代替五水偏硅酸钠应用于粉状多功能前处理剂产品中，避免了纺织品“擦伤”等问题，实现了清洁前处理过程。

天津联宽精细化工有限公司开发羊毛低温染色的助剂，在不破坏鳞片层和损伤纤维的前提下，通过增强酸性染料分子的渗透力，降低了染料的上染温度，提高了染料的上染率和颜色牢度，实现羊毛的低温染色。青岛大学开发的活性染料固色剂，具有良好的增容和分散作用。张家港市德宝化工有限公司开发的低聚物去处剂，能够快速去处涤纶表面的低聚物。武汉纺织大学以 D4 及乙烯基硅烷偶联剂为改性单体，通过乳液聚合制备了环保型有机硅改性聚丙烯酸酯黏合剂，该项目 2012 年获中国纺织工业联合会科学技术进步奖。

浙江理工大学通过对无 APEO 乳化体系和无甲醛自交联体系等的探索，制备了一种无 APEO 和无甲醛的自交联型丙烯酸酯印花黏合剂。厦门大学采用加入含氟单体（甲基丙烯酸三氟乙酯）进行乳液共聚的方法改善其性能，提高了黏合剂成膜后的疏水性能和耐候性。杭州喜得宝集团有限公司、浙江华泰丝绸有限公司、浙江理工大学等研究开发了适合在丝绸及含丝多元纤维交织或混纺轻薄型织物涂料印花应用的黏合剂、增稠剂、交联剂及涂料专用的柔软剂和湿摩擦牢度增进剂，开发出适用于高档真丝及含丝多元纤维轻薄型织物全涂料直接印花技术以及环保型高色牢度涂料拔印花技术，获得 2011 年中国纺织工业联合会科学技术进步奖。

西安工程大学等通过对水性聚氨酯进行改性或封端处理，制备了无甲醛新型的抗皱整理剂。东华大学开发的氧化硅凝胶分散液可在织物表面形成疏水性氧化硅气凝胶薄膜，利用荷叶效应的原理，实现了棉织物无氟的超疏水化改性。上海大学使用溶胀剂 DMSO 对芳香族聚酰胺纤维（芳纶）织物进行预处理，明显提高导湿排汗整理的效果。上海工程技术大学，将 CMCS-Pd 络合物溶液作为活化液制备了以涤纶为基材的电磁屏蔽织物，该织物具有良好的电磁屏蔽性能。

（七）非织造材料与工程学科的发展现状

1. 非织造材料基础理论研究得到重视

非织造的基础理论研究主要涉及对非织造材料中纤维直径、孔径分布、缠结程度、吸声效果、拉伸行为和非织造加工工艺等理论模型的建立。东华大学采用分形理论研究纤维聚集体的孔结构，通过分析纤维聚集体的扫描电镜照片，用盒维数参数来表征纤维聚集体的孔结构，建立了一个预测有效导热率的分形模型。东华大学另一项研究是建立了静电纺纳米纤维膜中空气的体积分数与加工参数之间关系的理论模型。江南大学研究人员基于 Zwikker 和 Kosten 理论，推导了双层非织造材料吸声理论模型。

2. 静电纺丝技术和纳米纤维应用研究

非织造及其相关领域获得国家自然科学基金支持的大多数项目涉及静电纺。在静电纺丝方法方面，天津工业大学成功开发全封闭式离心静电纺丝技术、螺纹静电纺丝技术、“火山口”状泰勒锥静电纺丝技术等，东华大学开发出气泡静电纺丝技术、溶液溅射式静电纺丝技术，吉林大学开发成功静电梭纺丝技术，苏州大学研究了盘式旋转电极静电纺丝技术等。

在静电纺纳米纤维的应用研究方面，北京永康乐业科技发展有限公司的多针头静电纺丝规模化技术已经成功应用于生物医疗领域纳米纤维材料的制备。东华大学研究人员构建了静电纺聚乙烯亚胺（PEI）/ 聚乙烯醇（PVA）复合纳米纤维膜修饰的 QCM 基甲醛传感器，实现了对 10ppm 甲醛气体的快速检测。浙江理工大学研究人员研发了静电纺制备 TiO_2 光阳极在染料敏化太阳能电池中的应用；吉林大学研究发现利用静电纺丝技术制备的纳米银 / 碳纳米纤维复合烧伤创面敷料具有较好抗菌能力。

3. 开发非织造专用纤维和黏合材料

随着我国非织造产业的高速发展，非织造专用纤维材料的研究与开发已成为促进非织造新技术和新产品发展的重要因素之一。近几年来，非织造行业开发了一批具有一定水平的非织造材料专用纤维原料，这些新型纤维材料为医用卫生非织造材料、耐高温耐腐蚀非织造材料、高档合成革基布等非织造产品的开发提供了保障和支持。仪征化纤根据水刺非织造加工和针刺非织造加工对纤维性能的要求，开发出系列水刺和针刺非织造专用纤维原料。中国石化上海石油化工股份有限公司通过添加抗菌剂开发出了用于纤维及非织造布生产的抗菌聚丙烯专用料，为功能性非织造材料开发提供了基础原料。恒星精细化工有限公司以甲基丙烯酸酯、苯乙烯为主要原料，通过乳液聚合合成水性土工布专用黏合剂。宝洁（中国）公司开发了一种卫生用非织造材料的专用黏合剂。

4. 双组分纺粘、纺粘 / 熔喷复合技术受到重视

双组分纺粘技术结合了传统的纺粘法和复合纤维生产的特点，其生产速度提高，成本降低，产品性能优异，在技术上和经济上的优势越来越被业界所重视，近年来双组分纺粘非织造布有较大的发展。上海合成纤维研究所、绍兴利达集团、大连华纶工程公司、大连华阳工程公司等开展了双组分纺粘关键技术和 PET 纺粘核心技术研究。上海市纺织科学研究院研发和产业化的国家发改委科技项目“双组分复合纺粘法非织造布工艺和设备”，已建设成一个年产 3000t 的示范生产线和生产基地。

宏大研究院有限公司承担了项目“多头纺熔复合非织造布设备及工艺技术”，研究了纺粘、熔喷以及纺粘 / 熔喷复合非织造集成技术等，建成了 3.2m 幅宽的 SMXS 非织造布设备，产品面向“三抗”手术衣、隔离服等高端医用产品，2012 年获得中国纺织工业联合会科学技术进步奖二等奖。

（八）产业用纺织品学科的现状与发展

1. 生物医用材料的研究

生物医用材料属于产业用纺织品的高端产品，我国起步较晚。近年来苏州大学、苏

州苏豪生物材料科技有限公司承担并完成项目“生物医用柞蚕丝素蛋白材料的关键技术研发”，攻克了中性盐与超声波集成处理的柞蚕纤维溶解技术，获得了高分子量、高生物活性的柞蚕丝素蛋白，2012年获得中国纺织工业联合会科学技术奖二等奖。天津工业大学“高性能复合膜”创新团队试制出高强度、透气不透水的疏水性聚丙烯中空纤维微孔膜，为进一步实施人工肺器件的中空纤维膜组件奠定了基础。

海斯摩尔生物科技股份有限公司最近开发出了一种以壳聚糖为原料生产的天然抑菌纤维，用该纤维生产的止血棉、纱布、绷带、敷料贴等，可以快速止血，促进伤口愈合。杭州诺邦无纺布有限公司最近开发了一种木浆复合水刺面料，可有效阻隔手术中血液、脓液、细菌、微生物对医护人员的渗透及二次感染。

2. 过滤与分离用纺织品的研发

长春高琦聚酰亚胺材料有限公司致力于耐高温聚酰亚胺纤维——轶纶的研究，轶纶在高温条件下性能稳定，具有良好的力学性能、对粉尘的优异过滤性能以及良好的化学稳定性。2012年8月，项目通过了中国环境会主持的PI-轶纶技术和产品鉴定，鉴定认为，聚酰亚胺纤维（PI-轶纶）技术及产品填补了国内聚酰亚胺纤维生产和产品的空白。2012年至今，该公司通过改进纤维的性能和合作开发新型滤料产品来应对PM2.5问题。

东北大学和部分企业近年来相继开发了表面超细纤维梯度滤料，特别是超细纤维“海岛纤维”“纳米纤维”和超细玻纤和改性玻纤来控制大气中的微细粒子和PM2.5。

苏州大学等单位承担完成项目“功能吸附纤维的制备及其在工业有机废水处置中的关键技术”，攻克了含大分子交联结构的有机物吸附功能纤维制备关键技术，开发了系列有机物吸附功能纤维及其非织造布产品，该技术获得2012年中国纺织工业联合会科学技术进步奖一等奖。

天津工业大学融合智能材料与膜分离技术，以聚偏氟乙烯（PVDF）为基膜材料，采用碱处理方法将温敏N-异丙基丙烯酰胺（NIPAAm）单体与PVDF接枝共聚，并通过干/湿法纺丝工艺制备了孔径可由温度调节的PVDF中空纤维智能膜，获2012年中国纺织工业联合会科技进步奖二等奖。江南大学将不同质量比的聚乙烯醇（PVA）、壳聚糖（CS）和硝酸钇溶于醋酸溶液中，然后利用静电纺丝的方法进行纺丝，得到壳聚糖/聚乙烯醇/钇纳米纤维膜，可用于对环境中的六价铬Cr（VI）进行有效吸附。

3. 土工与建筑用纺织品的研发

广东茂名石化研究院研发出高密度聚乙烯土工膜专用料，采用已烯共聚，具有极好的抗开裂性、熔体强度和加工性能，可用垃圾填埋场防渗漏工程、高铁滑动层、隧道机场的基础防水树脂材料，通过了国家化学建筑材料测试中心标准认证测试。

安徽皖维高新材料股份有限公司承担项目“混凝土用改性高强高模聚乙烯醇（PVA）纤维的研发及产业化”，在原有聚乙烯醇生产工艺的基础上，对聚合工艺过程中的物料停留时间、溶剂配比、引发剂用量、聚合温度等进行优化和调整，研制出具有较窄分子量分布、较少支链和高立体规整度的聚乙烯醇，2012 年获得中国纺织工业联合会科学技术进步奖三等奖。

山东宏祥化纤集团有限公司研发成功两类高技术土工合成材料，分别是“自主排气（DJPZ）新型防水土工材料”和“隧道用耐高温耐腐蚀土工材料”，对地铁、隧道等高要求工程中的防渗、排水重要意义。

4. 安全与防护用纺织品的研发

苏州兆达特纤科技有限公司组织实施“年产 1000 吨对位芳纶纤维高技术产业化工程项目”，项目被列入国家“863”计划重点项目和国家高技术产业发展项目计划，2012 年 3 月通过了中国纺织工业联合会的科技成果鉴定。产品先后成功应用于军用搜爆、排爆服、新型装甲武器防弹材料的国产化；同时大量应用于光缆、通讯、电子、橡胶制品、高性能复合材料、生命防护等领域。

烟台泰和新材料股份有限公司利用其在间位芳纶、对位芳纶的技术优势，开发了芳纶基导电纤维，并混纺做成了芳纶阻燃耐高温特种防护面料。

浙江石金玄武岩纤维有限公司研究与开发的玄武岩纤维，可与芳纶混纺，用于制作消防隔热服的里层面料，公司拥有世界最先进的全电熔炉玄武岩熔融拉丝生产技术，可以控制生产单丝直径 5.7 μm 的连续玄武岩纤维，先后承担完成 9 个国家级研究课题。

5. 结构增强用纺织品的研发

常州市宏发纵横新材料科技股份有限公司采用玻纤、碳纤、芳纶、高强 / 高模涤纶等高性能纤维生产增强织物、结构件、热塑板材，承担了国家“863”计划“碳纤维织物制备与应用关键技术研究”课题。

江南大学、南京海拓复合材料有限责任公司、南京航空航天大学共同承担并完成项目“三维机织多层增强材料的成套生产技术研发”，开发的系列增强结构复合材料已成功应用于风力发电叶片、轨道交通等领域，该项目于 2011 年获得中国纺织工业联合会科学技术进步奖三等奖。

东华大学、中材科技股份有限公司等单位承担并完成项目“航天器用半刚性电池帆板玻璃纤维经编网格材料开发”，该项目研制的玻璃纤维经编网格材料作为半刚性电池帆板的关键创新材料已成功应用于我国“天宫一号”航天器，该项目获 2012 年中国纺织工业联合会科学技术进步奖二等奖。

（九）服装设计与工程学科的发展现状

1. 高新技术在服装业的应用研究

服装产业科技创新主要表现在服装新材料、服装技术与工程、服装制备、服装信息技术等方面。三维人体测量技术对基础人体数据库的建立、服装号型研究、虚拟服装展示、服装合体度、电子商务、大规模量身定制生产等方面有着重要作用。东华大学、苏州大学、江南大学、浙江理工大学等院校与企业合作开展了相关研究和应用，积累了一些切实有效的经验和方法。服装 CAD 技术在更加人性化、智能化、标准化的同时，正在由二维技术向三维、超维技术发展，CAD 技术还与网络技术的结合，向网络化、服务化、云端化发展。国产机电一体化自动裁剪技术已经较成熟、性能稳定，裁剪厚度可以适应单层面料和大厚度要求，服装 CAM 普及率快速提高。

缝制设备技术向着光、电、液、声、磁、激光、遥控、传感等多学科交叉的方向发展，自动化、智能化、专业化、高速化等是缝制设备产品的总体发展趋势，自动缝制单元可自动完成多道工序的缝制、降低缝制工位数量、减少缝制工操作人数。我国整烫设备技术发展较快，在整烫设备领域取得了跨越式发展，新产品的开发和机电一体化自主创新在不断增强。自动化立体仓库是现代物流系统中迅速发展的一个重要部分，能够提高服装企业仓库的响应速度、配送效率。

2. 面向服装业的 CAT/CAD/CAM 装备集成技术

苏州大学等单位针对服装行业小批量、多品种的个性定制趋势，将客户信息采集、款式设计、衣片裁剪等工序在其单元体自动化基础上集成，实现了从客户信息采集到客户衣片裁剪完成的全自动化，即综合了 CAT（计算机辅助测量）人体尺寸到 CAD（计算机辅助设计）样板重建、CAM（计算机辅助制造）样片裁剪的全流程自动化技术，该项目获得 2011 年中国纺织工业联合会科学技术进步奖二等奖。东华大学服装人体工学研究中心建立了适合于中国人体型特征的原型，完成了电子化量身定做关键技术研究，服装 MTM 快速反应系统等项目研究。

3. 以 RFID 为信息载体的服装物流管理

无线射频技术（RFID）是物联网技术的核心，作为电子识别标签已经在一些大中型服装企业应用。以 RFID 为信息载体，从服装裁片、缝制加工、熨烫管理、仓储配送一直到市场销售、洗涤维护均可实现信息化管理。未来 RFID 技术将大量应用于服装企业生产、仓储和物流配送等领域。未来服装行业企业信息化建设的重点和关键，是信息化系统的行业化开发应用、信息化技术集成应用和信息化建设与先进管理模式结合发展。

4. 重视民族服饰文化的研究和传承

近年来江南大学通过建立民间服饰传习馆，以汉族民间服饰为收藏研究对象，具有“民族文化”与“时尚艺术”特色，集科学研究、人才培养、社会服务、开发创新与产业为一体。承担了国家社科基金项目“汉族民间服饰文化遗产保护及其数字化传承创新研究”等国家级项目和教育部社科基金规划项目“近代民间服饰文化遗产中传统工艺复原与传承”部级课题。2013 年教育部公布的第六届高等学校科学研究优秀成果奖（人文社会科学）获奖名单中，研究成果“近代汉族民间服饰全集”和“从一元到二元——近代中国服装的传承经脉”分别获得三等奖。

三、国内外纺织科学技术研究进展比较

（一）纤维材料工程学科国内外研究进展比较

我国化学纤维工业在“十二五”期间将对生物质纤维及生化原料进行重点研究，利用生物技术提升产业水平，改造传统再生纤维生产工艺，推广纤维材料绿色加工和新工艺、集成化技术。将重点发展新溶剂发纤维素纤维，聚乳酸、海藻、甲壳素、聚羟基脂肪酸等生物质纤维和生物法多元醇、糖醛、生物乙烯等单体原料及纤维。在国际上，美国能源部和美国农业部赞助“2020 年植物 / 农作物可再生性资源技术发展计划”，日本富士通公司以植物原料蓖麻为原料，研发出新的生物聚合体，本田汽车公司研制出以植物为基材的汽车内饰用织物，法国罗地亚公司以蓖麻为原料制成了聚酰胺 610 纤维，杜邦公司开展了生物技术合成己二腈。美国农业集团卡吉尔公司利用制造生物柴油生产过程中的副产品 - 甘油来制备丙二醇。杜邦公司采用玉米淀粉制备了丙二醇。法国 METabolic，Explorer 公司开发了利用粗甘油生物法制取 PDO 技术用于合成 PTT。

近年来世界聚酯纤维直接纺丝技术得到较快发展，德国吉玛、纽马格等公司先后开发了单线生产能力 150、200、300t/d 的熔体直纺聚酯短纤维。我国聚酯纤维单线产能 150t/d 的国产化技术已得到成功应用，但单线产能 200t/d 以上的装备系列仍在攻关中。国内高速卷绕头的卷绕速度已从过去的 3000m/min 提高到 6000m/min，而国外已达到 8000m/min。此外，我国涤纶长丝的差别化率约为 60%，而美国、日本、欧洲已转向高仿真、多功能复合方向发展，差别化率达到 80% 以上。我国《化纤“十二五”发展规划》提出，到 2015 年我国聚酯纤维差别化率将提高到 67%，要实现这一目标，聚酯纤维企业需加大研发力度，不断开发差别化、多功能性纤维产品，提升企业核心竞争力。

我国目前聚丙烯腈纤维生产能力接近 90 万 t，国内常规聚丙烯腈纤维产品已经饱和，而复合、超细旦、异型、抗菌、阻燃、多功能性及环保型等差别化和功能化纤维品种每年需大量进口。我国腈纶的差别化率不足 20%，只为发达国家差别化率的一半。

在碳纤维方面，日、美垄断并控制了高性能碳纤维的核心技术和产业，日本已占有世界碳纤维产量的 60% ~ 70%，美国则为世界碳纤维最大的消费国。经过多年的努力，我国已能规模化生产相当于日本东丽公司 T300 级别的碳纤维产品，在 T700 和 T800 级别碳纤维工程化方面也取得突破，国内有数十家企业涉足生产碳纤维，已建成的碳纤维生产线年生产能力达到万吨左右。

在芳香族聚酰胺纤维方面，间位芳香族聚酰胺纤维（芳纶 1313）的产能、产量增长迅速，已居世界第二，应用领域也在不断拓宽；多家企业在进行对位型芳香族聚酰胺纤维

（芳纶 1414）的产业化攻关，目前千吨级生产线已经建成；性能优良的共聚型芳香族聚酰胺纤维（芳纶Ⅲ），总产能已突破百吨，性能指标接近国外同类纤维水平。

我国超高分子量聚乙烯纤维生产能力已超过世界总生产能力的 1/2。此外，聚苯硫醚（PPS）纤维及树脂的产能已跃居世界首位；自主开发的千吨级芳砜纶纤维正进一步扩大应用和提高效能水平；无机耐高温玄武岩纤维，总产能已突破 2000t，性能水平不断提升；聚酰亚胺纤维的开发也进入产业化攻坚阶段。

（二）纺纱工程学科国内外研究进展比较

国外纺纱新技术新设备、主要体现在纺纱生产的短流程、高速度、高产量、高质量、高度自动化、连续化、模块化、生产管理高科技化、用工少、能耗低等方面。国外的研究主要是对纺纱设备进行机、电和人工智能相结合的研究与应用，这一方面是基于国外在机、电及整体基础工业领域强大基础，也得益于国外在基础研究方面的领先，村田公司的喷气涡流纺、立达公司和欧瑞康赐来福的喷气涡流纺和转杯纺技术装备的研发过程，就是一个持续创新的过程，因而使其能牢牢占据世界喷气涡流纺和转杯纺的高端。

我国具有世界上最大的纱线产业，经过多年的调整升级，在吸收新技术成果和提高创新能力等方面具备了良好的基础，纺纱企业国际化水平不断提高，国内纺纱技术的科技创新很活跃，如低扭矩环锭纺纱、全聚纺、柔洁纺、聚纤纺等具有自主知识产权的新技术不断涌现。在棉纺大发展的同时，精梳毛纺占领了国际高端，独创出毛半精纺技术，苎麻纺纱的新工艺和新装备研制项目也在密锣紧鼓地进行，亚麻、大麻在湿法纺纱继续发展的同时，干法纺纱已占一席之地，绢纺也有了新发展。

在新型高精度、自动化、连续化纺纱设备的制造供应上，中国已占领一定的高端：自动换筒、粗纱自动落纱、细纱自动落纱、清梳联、条并卷、粗细联、细络联等设备迅猛发展；三倍捻、四倍捻等倍捻机技术也逐步实现；生产各种线、绳、缆的大型加捻、退捻、编织设备顺利运转。许多纺纱机器都由计算机控制管理，并广泛推广设备高速高效、低振动、节能降耗、降噪等技术。

国内外纱线标准的现状。国内纱线标准体系以原料或工艺划分的产品标准为主，是根据产品的原料、品种以及生产工艺制定的产品标准和试验方法标准，它基本上满足了生产企业的要求。ISO 或国外的国家层面上的纱线标准，主要内容是基础类标准，重在统一术语，统一试验方法，统一评定手段，使各方提供的数据具有可比性和通用性，形成的是以基础标准为主体，再加上以最终用途产品配套的相关产品标准的标准体系，在产品标准中仅规定产品的性能指标和引用的试验方法标准。为此，我国在《纺织工业“十二五”发展规划》的主要政策和保障措施中，提出了“加强纺织行业标准制定修订工作，基本解决标准缺失和滞后问题，提升标准的整体水平。促进产业链上下游之间的标准协调配套，加大采用国际标准的力度，加快通用基础标准和方法标准等与国际接轨，支持行业标准化组织参与国际标准的制定修订，扩大在国际标准化领域的话语权”的要求。

（三）机织工程学科国内外研究进展比较

在机织工程领域，我国与国外的差距主要表现自动化装备技术和织机的高速化方面，主要包括自动络筒机、全自动整经机和全自动穿经。

瑞士欧瑞康公司推出了赐来福 Autoconer X5 自动络筒机不仅具有筒子质量复现性高及纱线质量优异等优势，更能为下道工序提供量身订制的表现出众、能源利用率高的络筒工艺。日本村田公司最新机型的自动络筒机 Process Coner II QPRO，成功地实现了提高纱线质量和高速退绕的同时，也实现了大幅节能的目标。QPRO 进一步充实了机械性能，同时也实现了高生产性和高品质，增加了操作性和节能等纺织工厂不可或缺的性能。意大利萨维奥公司推出的 POLAR/I DirectLinkSystem 细络联，已达到 2000 锭，可以识别纱管上不合格的纱，实现所有纱管都是循环直至络筒纱卷满卷为止，通过清纱器检测疵点。

德国卡尔迈耶公司和 Benninger（贝宁格）公司合作生产的第一台最新型全自动分条整经机 Nov-O-Matic，是当今分条整经技术的最高水平，体现了全自动、人性化、高速、高效、高质的特点。俄罗斯莫斯科州立纺织大学学者对整经过程中的定长装置进行了改进，使得经纱定长装置的测量准确程度小于 ±0.3 ~ 0.5m。

瑞士 Staubli 公司新的全自动穿经机 SAFIR，其具有许多新技术，每分钟可穿 200 根经纱，可适应许多种织机穿多片经纱综框吊综元件并可在穿经之前检查经纱粗细及颜色。

意大利的 SMIT（斯密特）公司开发了 ONE 剑杆织机，能够适应各种类型的纬纱和织物，品种适应性广泛。比利时的 Picanol（必佳乐）公司研发的 GTXplus4-R190 剑杆织机采用双后梁设计，固定后梁可以承载大部分的经纱张力，适于厚重织物的织造，也可以将固定后梁取下，满足织造轻薄织物或低弹性经纱的织物。德国 Dornier（多尼尔）公司研发 PTS4/SC 和 PTS16/JG 刚性剑杆织机，适用于各类产业用纺织品及各类高档精细复杂面料的生产。

国外喷气织机在机构优化、适应高速运转、引纬控制技术精确化、降低能耗及提高织造效率、织物品质和织机控制系统等方面均有所研究。德国多尼尔公司研发的新一代 A1 型喷气织机，可配凸轮开口装置、12000 针的提花机、多达 16 页综框的多臂机以外，还可配纱罗装置，机器幅宽从 150 ~ 540cm，该机型适用范围极广，包括天然或人造的短纤纱、长丝及短纤与长丝的混纺纱，可以织造产业用布、薄纱、安全气囊和传输带，以及汽车和飞机的座椅装饰布，服装用的精纺毛料、棉提花贡缎、功能性面料和运动类面料，以及装饰用家纺织物，以及不同幅宽的与餐巾配套的桌布、窗帘布。必佳乐公司研发的 OMNIplus 系列喷气织机，采用多孔辅助喷嘴，提高对纬纱的牵引力，辅喷电磁阀的位置更靠近辅助喷嘴，以降低耗气量 15% 左右，系统自带的“空气管家”监测和管理耗气量，可以自动检测各个气路通道，车速可达 1800r/min，能够实现变车速织造，瞬间织造车速可达 2000r/min。日本津田驹公司研发了 ZAX9100-190-2C-S4 型喷气织机。该织机具有轻快顺畅的经纱开口动作、高度平衡合理的打纬机构，实现了低压引纬。

英国诺丁汉大学设计开发了织物几何结构模拟软件 TexGen，可准确模拟任何一种纱线的结构，包括模拟纱线粗细不匀等现象，能够在局部改变纱线横截面的形状和尺寸等，并可进一步准确模拟织物的几何结构。美国奥本大学的学者将虚拟现实技术应用到机织物三维仿真技术之中，并可以在虚拟现实环境下，研究各类工艺参数的变化对织物结构的影响。

（四）针织工程学科国内外研究进展比较

在圆纬编技术方面，超细及细针距代表了针织装备高端精细加工织造的技术水平，国外在超细针距技术方面进一步发展。意大利圣东尼的单面圆纬机机号达到 E80，双面圆纬机机号亦以达到 E60。在圆纬编提花技术上，德国迈耶·西和德乐公司已推出了机号 E36 的电脑提花单面圆机和电脑提花双面圆机。在圆纬编的无缝成形技术上，意大利圣东尼公司在单面无缝机方面，除了传统的有头机型和无头机型之外，推出了带头移圈功能的单面机。在圆纬机的快速调整技术方面，德国迈耶·西、德乐、意大利比洛德利和日本福原公司将双面圆机的导纱器安装在一个单独的金属环上，只要调整金属环，导纱器便可整体进行调整，方便快速编织不同组织或密度。格罗茨－贝克特的织针局部镀铬技术，主要应用于沉降片纱线滑动部分，有效延长了织针在生产高性能纱线时的寿命。国产针织圆纬机与国外同类设备的差距已经缩短。现在很多国产针织圆纬机在机械功效性和质量稳定性方面已有了长足提高。圆纬机生产技术日趋成熟，在福建、浙江一带已经形成了较大规模的纬编大圆机生产基地，国产大圆机正逐步取代进口大圆机。这类圆机筒径大、路数多，生产高效，可以加工宽幅织物，为家纺床品、窗帘等提供高档面料。目前国内圆纬编与国外技术的主要差距表现在超细针距技术和数字提花技术两个方面。虽然国产单面圆机也可达到近 50 针 /25.4mm，但由于材料、制造和装配精度等方面的原因，在技术水平上与国际领先技术相比仍存在着较大的差距。国产电脑提花大圆机在高低毛圈提花、针床针筒双向提花技术和移圈技术方面还有待进一步研发。

在横编的嵌花技术方面，日本岛精公司展出的型号 MACH2SIG123-SV 的机器，最多可配置 40 把嵌花导纱器，用于嵌花的色纱纱嘴达到 37 ～ 38 把，编织效率和花色性得到明显提高；德国斯托尔公司的 31 色嵌花电脑横机，采用分离式驱动的机头，让出了导纱空间，导纱器安放在上部直接进入，缩短了纱路，减少了张力波动。在全成型技术方面，岛精新开发的“X”系列横机拥有 4 片针床和固定线圈压脚，可以生产出线条优美且非常合身的全成形服装。在电脑横机的超细针距和高质、高速生产方面，岛精公司的 SWG®-FIRST®154S21 突破了超细针的极限，机号达到了 21 针 /25.4mm，特制的 Slide Needle 全成型针 TM 可用于编织超细的织物，从而实现了以前达不到的手感；岛精公司在 MACH2X 上配备了 R2CARRIAGE® 急速回转机头 TM 系统，加快了每行的机头回转速度，提高了生产效率。国内在电脑横机高端技术方面与国外相比，仍有不少差距，如嵌花、全成型、纱线张力控制、单级选针和制造技术等方面还需攻克或完善。国内厂家的少数机型，虽然也能生产简单的全成形织可穿产品，但是在编织效率、产品质量和花型结构等方面，与国外先进水平相比还有较大差距。国产电脑横机要真正在世界高端领域占据一席之地，需要进一步加强电脑横机、硬件和软件的技术研发实力。

近年来，国内经编机械制造企业加大了对机械动态性能、机件材质和数控技术的研究，不仅提高了各类经编机的转速，提高了经编机运行的平稳性，而且可以生产几乎所有的经编机机型，在经编数字提花技术方面的研究和应用达到甚至超过国际先进水平，但是在高速、高机号和高性能纤维轴向织物特别是碳纤维的加工技术方面与国外相比仍存在较大的差距。压电陶瓷贾卡技术和伺服控制技术的落后也在一定程度上制约了国产提花经编机的速度提高。近年来我国也成功地开发出了经编机用压电陶瓷贾卡针块，并达到实用地步，适应机速可达 1200r/min，价格仅为国外的 1/4。目前已广泛使用到单针床和双针床的少梳和多梳栉拉舍尔经编机上。但国产贾卡针块的稳定性和寿命有待于进一步提高。我国在电子横移方面已经进行了一些研究，取得了一些成果，机器速度达到国外同类机型的 80% ~ 85%，还需要进行深入研究。碳纤维多轴向经编织物的加工尚依赖国外机型，国产碳纤维多轴向经编机的研发正在进行之中，突破碳纤维多轴向经编织物加工中的“防爆技术”“展纤技术”以及“动态张力控制”等技术难点之后，可望于近期推出国内首台碳纤维多轴向经编机。

（五）染整工程学科国内外研究进展比较

综合近年来国外印染加工技术的发展方向与我国的研究方向基本一致，主要也是有关低能耗、低污染的生态加工技术的开发，但国外的研究水平相对较高，电子技术、智能化技术和多功能化已被引入纺织领域，此外，不同领域的合作开发、高科技的引入以及成套技术的开发方面值得我们学习和借鉴。

在织物前处理技术方面，棉面料低温短时间精练漂白技术“I-OR 法”在使用过氧化氢的同时，使用特殊助剂，在低温（75℃）、低碱性（pH=10）、短时间（30min）的条件下，就能发挥漂白效果。德国纺织研究中心开发了一种棉机织物退浆的新方法，将葡萄糖淀粉酶，α－淀粉酶和螯合剂在 pH=2 的条件下对棉织物进行退浆，同时去除了棉织物上的淀粉浆料和矿物盐。沙特阿拉伯国王大学推出了一种简单且成本低廉的棉织物漂白方法，在过氧化氢漂白棉织物的过程中，使用硫脲激活过氧化氢快速产生羟基自由基对织物进行漂白，增加了过氧化氢漂白棉织物的白度而且织物的白度更加持久，同时棉织物也具有满意的拉伸断裂强度。

在染色技术方面，美国 Colorzen 公司推出了棉环保染色技术，能显著减少对化学品用量，减少水、能源和所需时间的棉染色技术。美国棉花公司将生物酶技术应用于棉织物前处理、染色和后整理过程中，反应条件温和，效率高且产品质量好。东京都立工业技术学院为提高分子量超级高的聚乙烯纤维的染色亲和力，采用辐射引发方法，将甲基丙烯酸酯、丙烯酸和苯乙烯单体成功的聚合并接枝到聚乙烯纤维表面，提高了聚乙烯纤维的染色亲和力。

在印花技术方面，日本京都市产业技术研究所与日本长濑产业公司研发了转印印染系统“零排放数字印染系统”，并成功实现了该系统实用机的商品化。日本 Nagase 公司和 Ihe Kyoto 工业技术研究院联合研发了一种新型的喷墨打印系统，基于静电直接打印，无需对打印织物进行预处理就能获得较好的打印效果，是一种清洁高效的生产技术，应用前景广阔。2012 年中国国际纺织品印花展览会上，日本爱普生公司宣布对大幅面打印机产品线进行第三次革新，以“活的色彩 DS”热转印墨水以及 Epson Sure ColorF 系列打印机为组合，隆重推出“微喷印花 TM”工艺，以满足客户对于印花质量和效率越来越高的要求。2012 年韩国 INKECO 公司推出纺织直喷活性墨水，这种新技术一方面可降低印染对环境的破坏程度；另一方面也可提升印花质量，避免了传统喷墨印花墨水中的脱盐问题。伊朗颜色科学技术研究所开发了一种棉织物单相喷墨打印墨水，通过在墨水中加入有机盐，省去了传统打印过程中的织物预处理工序。

在功能整理技术方面，日本泷定大阪公司与 Aroma 公司合作开发的通过将天然精油封入微胶囊、将胶囊附着在纤维表面的 Aromaterial 面料产品已被用于女装品牌及高尔夫服饰品牌。英国 Perachem 公司和瑞士 Clariant 公司针对棉织物耐久性整理，联合开发了环境友好型含活性磷基和氮基的阻燃剂。荷兰 TANATEX 公司开发出新一代异氰酸酯基交联剂 ACRAFIX®PCI（吡唑封端的交联剂异氰酸酯基），不含催化剂、助溶剂及肟封端（oxime-blocked），在制备涂层时表现出优越的固化时间和储存稳定性。美国北卡罗来纳州立大学开发了一种具有高拒水性的尼龙 / 棉混纺织物，可以拒表面张力为 25dyn/cm 以上的液体。美国 Celgard，LLC 公司研发了一种提高合成材料（如聚烯烃类）染色及耐久性整理的改性技术。美国佐治亚大学将石墨烯化学结合到棉织物上，并在其表面形成石墨烯薄膜，从而制备出具有高导电性的纤维素纤维。

（六）纺织化学品学科国内外研究进展比较

近两年国外对纺织浆料研究的报道不多，主要集中在对淀粉进行改性以提高淀粉浆料的性能及开发高性能、易生物降解的浆料以取代难以生物降解的聚乙烯醇浆料等方面。美国 Nebraska-Lincoln 大学材料和纳米科学中心的 Lihong Chen 等报道了小麦谷朊粉可作为环境友好的上浆材料并能够取代不易生物降解的聚乙烯醇浆料。由于目前国际上纺织染料的生产主要在中国，所以近年来国外对染料的研究报道也不多。亨斯迈纺织染化有限公司介绍了一种新型的印花活性染料 Printspe（印特奇）PF 系列染料，2013 年该公司推出高日晒牢度的浅色系染料 AVITERA 浅红 SE。

在前处理助剂研发方面，丹麦 Novozymes 提出了新的牛仔服水洗加工技术，可将牛仔服装的洗旧处理与前道的退浆工艺结合在一起，获得与传统工艺相当甚至更好的磨旧效果。德国纺织研究中心将葡萄糖淀粉酶，α-淀粉酶和螯合剂在 pH=2 的条件下对棉织物进行退浆，同时去除了棉织物上的淀粉浆料和矿物盐，实现了去矿物盐和退浆工艺一浴法整理，为纺织工业节省了时间和成本。PetraForte 等人将葡萄糖和氧气直接用葡萄糖氧化酶催化产生过氧化氢用于棉织物的漂白。杜邦公司近年来用生物酶完成对纺织品的前处理过程。朗盛公司的 Baylase EVO 是一种新型生物酶制剂——果胶酶，能用于移除纤维壁中含有天然棉蜡的果胶。

在染色助剂方面，瑞士 Ciba 公司的 EFKA 系列是一种改性聚氨酯分散剂，对无机颜料和有机颜料具有良好的分散能力，黏度低、适用于各种溶剂型涂料，而且能提高颜料的光泽和艳映性。德国拜耳公司生产的 Baylan NT 是一种聚氧乙烯醚结构分散剂能显著的提高染料的上染速率和表观活化能。日本三洋公司的 Samfix414、Samfix70 在使用时只要在醋酸浴中就能够得到络合物阳离子提高色牢度。

在印花助剂方面，国外无尿素或低尿素印花加工工艺的研究很受重视，如亨斯迈纺织染化有限公司推出了印特奇 PF 系列新型活性染料和印特牢 FW-2 新型固色剂组成的新型活性印花体系，减少了氨氮的排放。涂料印花增稠剂方面，瑞士 CHT 公司开发的以天然油为基础物质合成增稠剂 Tubivis Eco400 和 Tubivis Eco650，具有加工简单、膨胀快速、无堵塞网版、无烟雾、按规定剂量配置无需调整黏度等特点。

在后整理助剂方面，国外注重产品的生态和环保，在防水拒油和抗污整理剂的开发领域中，不含全氟辛烷基磺酰化物（PFOS）和全氟辛酸（PFOA）的新型含氟整理剂。在抗菌剂产品方面，生态和环保型抗菌剂是当前纺织品抗菌领域研究的热点。英国 Perachem 公司和瑞士 Clariant 公司针对棉织物耐久性整理，联合开发了环境友好型含活性磷基和氮基的阻燃剂。耐氯漂提升剂方面，德国司马化工公司的环保型耐氯牢度提升剂 Zetesal PCL 能够使锦纶和锦纶混纺织物的耐氯色牢度提高 1 ~ 2 级，适用于锦纶染色和印花织物的浸轧或浸渍工艺。

（七）非织造材料与工程学科国内外研究进展比较

近年来国内外研究主要集中在医疗卫生、过滤、土工建筑、汽车用材料、擦拭布、吸音材料等领域，国外在过滤材料、土工建筑材料、包装材料、油毡基布、家用装饰、衬布、吸音隔热材料等领域的研究均比国内活跃。基于静电纺纳米纤维在环境工程（如空调和汽车尾气等的过滤材料）、生物医学（如组织工程支架、神经修复和皮肤再生等）、防护服装（如病毒防护服和口罩等）、军事与反恐安全（如检测毒气或毒剂的高灵敏传感器）等领域显示了潜在的应用前景，已成为国内外非织造领域研究的热点。

国内外对废弃聚酯瓶片和废弃聚酯纤维等的化学和物理法回收，熔融纺丝以及非织造加工方面进行了大量的研究，国外大型的纤维和化学公司对此均有研究；国内物理法回收废弃 PET，生产再生 PET 纤维和非织造布方面起步比国外晚。国内外对 PLA、PTT 等资源可再生、环境友好型纤维和非织造材料的开发也是当前研究的热点。

非织造设备的研究主要集中在国外的跨国公司，我国对非织造设备的研究虽然现在仍以对国外设备的仿造，或对原有设备的改造为主，但国家、企业和科研院所已开始重视对具有自主知识产权的非织造设备的开发。

各国对非织造材料的应用，特别是在产业用领域的应用研究较多，我国“十二五”国家科技支撑计划重点项目“高性能功能化产业用纺织品关键技术及产业化”，主要目的是突破高效熔喷驻极体和医疗用三抗纺粘 / 熔喷 / 纺粘（SMXS）纺熔集成关键技术，突破高滤效、低阻力、长寿命、耐高温过滤材料关键技术。

（八）产业用纺织品学科国内外研究进展比较

在医疗卫生用纺织品方面，瑞士 Jacob，Holm 公司 2011—2012 年重点开发了特轻水刺非织造产品，最轻可达 $15g/m^2$，用于揩拭巾以外的更广泛领域，主要包括婴童和成人尿布，妇女卫生用品等，用较轻薄的水刺非织造材料包缠吸液芯材。美国 Avossi 公司最近开发出一种全覆盖、一次性听诊器套，商品名称为 StethoMitt，可以保护医疗人员与患者免受感染的影响。

在过滤用纺织品方面，Hollingsworth & Vose 公司展示了两种新的过滤介质材料：Nano Wave 空气净化系统袋式过滤材料和 Inviscint 液压过滤材料。Nano Wave 具有较长的可持续性和高流通效率。该过滤介质采用单种聚合物生产，通过黏度设计，可以增强滤袋的易加工性，生产精准的滤袋产品。Inviscint 液压过滤器介质可在极低压力差情况下具备最大功效，最高减少 50% 的压力差，该介质材料是作为下一代新产品设计，用于建筑、农业和工业设备。美国 PGI 公司公开了一个新的技术平台，用于生产含有亚微米纤维的非织造布，改进医疗保健、工业、过滤和新生市场用途产品的性能。包含 PGI 专有的 Arium 技术亚微米纤维的非织造材料，具有更高的比表面积、生物安全性和可控制孔隙率，从而优化了产品性能。美国诺信公司主推发泡技术。美国诺信公司主推的发泡系统能够通过分配固体或发泡的聚酰胺、PSA 或其他高性能原料，来减少加工成本，提高产品性能，从而使产品更高效。日本三菱丽阳株式会社开发出了供膜生物反应器系统用的中空纤维膜产品“Sterapore”，能够节省空间、节能。

在土工和建筑用纺织品方面，美国天佳土工合成材料公司开发出一种取得专利的机织土工布，当因路基土壤冻胀，发生不均匀沉降时，可以将这种土工布用于土壤稳定与基层加固的用途。美国 RKWUS 公司推出两种新产品：Aptra Elements & Roof Top Guard Craftsman，为在屋面衬垫和建筑方面有不同实力的公司设计了不同的材料。Aptra Elements 是一种含金属的、高反射率的屋顶衬垫材料。Roof Top Guard Craftsman 是一种屋顶衬垫材料重量减少了 40%，安装更容易。英国 Fiberweb 公司 2011 年推出了 Climat 屋顶用材料，在双面都带有胶粘带，以便实现屋顶装配时的密封。全球领先的德国巴斯夫股份公司在 2012 年展示了其针对窗户隔热研制的新型 Elasturan 聚氨酯基材。它可通过隔断铝制窗框中的热桥来降低热损耗，有效阻止室外气候条件对建筑内部的影响，从而帮助保持室内温度，减少采暖或制冷所需的能耗。通过消除热传递，Elasturan 可控制水蒸气和湿气在建筑物内外的流动，进一步降低冷凝风险。

在防护用纺织品方面，美国莱斯大学的研究人员于 2012 年研制出一种新型聚氨酯纳米材料，它不仅能阻挡子弹的射击，还能进行自我修复。美国 Under Armour 公司推出的 Coldblack 是一种纺织后整理技术，可使得深色织物能反射太阳光线而不是吸收太阳光线，提供对太阳热与紫外线的双重防止。

在结构增强用纺织品方面，维斯塔斯公司使用碳纤维复合材料来制造风力系统的叶片，这种叶片比玻璃纤维复合材料叶片体积更小，刚度更高，重量更轻。歌美飒公司也在其最先进的涡轮机中使用碳纤维 / 环氧预浸料。丹麦 LM 风电公司为欧洲海上风电市场生产出 73.5m 长叶片，以 E 玻璃纤维和聚酯树脂为原料，采用真空辅助树脂传递模塑法灌注成型。瑞士帝斯曼复材树脂公司 Synolite1790-G-3 聚酯树脂极适合于风轮叶片的灌注成型，对玻璃纤维增强材料的浸透性很好。美国的拜耳材料科学公司研制了用于风轮叶片的聚氨酯基复合材料技术，在制造长叶片时比环氧树脂大大提高了疲劳性能和断裂韧性，同时具有优异的操作性能。

（九）服装设计与工程学科国内外研究进展比较

在可持续发展服装方面，英国伦敦时装学院设计师 S.Helen 以及谢菲尔德大学化学家 R.Tony 探索如何使服装或者织物成为催化表面，使服装美观，净化空气，体现环保价值。伦敦中央圣马丁设计学院的 P.Kay 教授研究团队使用废弃的或者可重复使用的面料。在智能服装方面，美国明尼苏达大学 L.E.Dunne 博士研究智能服装和可穿着传感器技术。韩国研究自然彩色有机棉服装机械性能、触感及其颜色改变对人体感知的影响等。

在功能防护服装方面，加拿大阿尔伯特大学防护装备研究中心在性能测评、防护机理和新材料开发等方面研究处于国际领先，包括在各种灾害环境下研究热防护织物的防护性能的差异。美国北卡罗来纳州立大学 B.Roger 教授领导的纺织服装舒适及防护研究中心（T-PACC），从纤维到服装层面全面地研究防护服装的性能，着力于防护服装性能检测技术和设备的开发。美国康奈尔大学 S.K.Obendorf 教授着力于研究防护服装用于减少农药对农业、园艺和草地护理工人皮肤的损伤。J.T.Fan 教授研究团队通过设备测量、计算机模拟、仿生学、纳米技术和神经心理学等手段着力于探索“服装 - 人体 - 环境”间的相互作用。

韩国的服装产业高端技术发展劲头强劲，以服装 CAD 系统技术为例，其典型代表 CNI 技术开发研究所、韩国产业资源部的生产技术研究所、韩国梨花女子大学、首尔国立大学等共同研发的 TexPro 纺织及服装工业设计软件系统。韩国军方利用 3D 虚拟形象系统技术，为士兵量身定做军装。

在服装人体工效学及服装结构设计方面，美国康奈尔大学 S.P.Ashdown 团队基于人体测量数据建立目标消费群体的服装号型系统，建立客户合体性样板自动化生成系统。密苏里大学 Sohn 博士运用视觉分析法提高服装合体性，基于 3D 技术研发人体测量方法和制版技术。北卡罗来纳大学——格林斯博罗分校 Carrico 教授运用创造性的思维集中解决悬垂性和制版方面的问题。韩国在人体测量及服装版型方面的研究涉及 3D 版型制作技术、3D

人体扫描分析、功能性服装版型制作、国际化服装号型系统等。英国拉夫堡大学环境工效学研究中心研究人体全身出汗分布，为运动服研发提供依据，该中心 2012 年与 Adidas 公司合作研制了自行车用热裤，以提高运动机能。

在服装市场营销与产品开发方面，美国爱荷华州立大学 D.Mary 教授近期主要研究消费者行为学与生活仪态的关系。F.Ann 主要致力于研究“体验型消费”（Experiential Marketing）在服装零售和旅游业中对消费者的影响，美学与品牌运营。北卡罗来纳州立大学的 L.C.Nancy 近期主要研究纺织服装产业从生产、分销、销售等环节的市场营销策略，包括其他相关库存管理问题等。Trevor J.Little 近期主要研究如何能开发出一个新产品不断被研发的“设计流”。M.W.Suh 近期主要的研究重点是量化方法对纺织品生产和管理的贡献，数据与概率学模型在纺织品生产和制造领域的运用等。S.E.Byun 重点研究消费者对于“限量营销策略”的反应，对于销售员引导消费欲望的研究，“快时尚”在销售管理，库存管理与调配方面决定因素等。美国堪萨斯州立大学 K.Y.H.Connell 主要研究成果是探索消费者的环保意识与服装购买。俄勒冈大学的 Burns，L.Davis 的研究重心在于消费者在纺织和服装消费行为中的社会责任感研究以及与多国学者合作的跨国消费者行为研究等。

四、纺织科学技术发展趋势及展望

（一）纤维材料工程学科发展趋势及展望

我国到“十二五”规划末，各类高性能纤维材料、生物质纤维材料、超仿真功能化差别化纤维及环保型绿色纤维素纤维等进入世界发达国家行列；高新技术纤维材料重点品种实现产业化生产，基本能满足包括国防工业急需的新型材料，民用高端领域基本需求，初步建成世界化学纤维生产和高新技术研发基地。

纤维材料工程学科的科技创新重点为：采用先进技术改造和提升常规纤维品种的生产工艺、装备及自动化水平，实现常规纤维品种生产装备的高效化、柔性化，常规产品的优质化，加快发展高仿真、多功能复合等差别化纤维，加强化学纤维生产与下游产品应用的联合开发，不断提高产品附加值；充分利用农作物废弃物、竹、麻、速生林及海洋生物资源等开发型生物质纤维材料，改造传统再生纤维生产工艺，突破纤维素衍生物和生物质聚酯熔融纺丝、海洋生物高分子高效纺丝及其纤维高性能化的关键技术等；加强自主创新和集成创新，突破重大技术装备研制、重点工程设计、关键装备技术的瓶颈，形成拥有自主知识产权、先进实用的核心技术，促进高新技术纤维及其原料等产业的发展；加强节能减排技术、新装备的产业化的研发与应用，加大对化学纤维行业废水和废气的治理、回收等技术应用与设施建设力度，加快淘汰和替代高能耗、高污染、低效率的落后生产工艺和设备。

（二）纺纱工程学科发展趋势及展望

未来几年纺纱工程在把我国从纺纱大国发展成纺纱强国的进程中，必须走创新发展之路，即建立与扩大专业基础理论研究队伍并做到产、学、研相结合，在吸取国外先进技术经验的基础上，根据我国国情不断地研发纺纱技术与设备，走我国自己发展纺纱工业技术创新的道路。要把纺纱机械、器材的创新发展放到重要位置，将其与纺纱加工企业的发展紧密结合起来。

棉纺领域要加强嵌入式纺纱、多组分纤维复合混纺、新结构纱线加工等技术的研发，推广原料精细管理和计算机自动配棉，提升纺纱过程质量控制和分析技术，重点推广集聚纺、低扭矩环锭纺、喷气涡流纺等新型纺纱等工艺技术，到 2015 年棉纺集聚纺纱达到 2000 万锭。毛纺领域要重点推广复合纺、赛络纺、嵌入纺等新型毛纺技术，到 2015 年复合纺、赛络纺、嵌入纺等新型毛纺技术推广应用比例达到 60% 以上，半精纺毛纺加工技术的应用规模达到 120 万锭。麻纺领域要重点推广苎麻生物脱胶技术，改变苎麻脱胶落后的机械设备。突破嵌入式纺纱、苎麻采用牵切纺及其他工艺技术，将其纤维长度加工成适应毛型或棉型设备纺纱，从而可以采用先进的毛纺和棉纺设备纺纱，推广麻类纤维与多种纤维混纺生产高档针织品的工艺技术。绢纺领域要加快绢纺新工艺及其成套设备的完善和扩大应用。

《纺织工业“十二五”发展规划》把发展高端纺织装备制造业列入重点发展四大领域之一。到 2015 年棉纺行业的主流工艺、技术和装备要达到国际先进水平，如高效能金属针布和重新设计回转盖板系统梳棉机下一步提高产量的主攻方向。纺纱的连续化、自动化和智能化是今后发展的方向。目前，在清梳联、粗细络联的基础上，已有梳棉和并条工序联合的雏形出现，以后整个纺纱可望将全部联为一体，从而减少各工序间的落纱和搬运，不仅提高生产效率，还可大大减少用工。纱线产业必须采用自动化程度高、用工少、节能、降耗的新型设备。在由东部地区向中、西部梯度转移的同时还应进行产品结构的调整，将高档、特高档产品从发达国家引入我国，而低档、低中档产品向劳动力成本低的国家转移。多采用新型纤维资源纺纱，结合新的设计思路和新的后续加工技术，开发、生产具有高性能、新功能的纺织品，在服用、家纺、产业用纺织品的各领域，占领新的市场，走进新的时代。

（三）机织工程学科的发展趋势及展望

机织产业已逐渐成为技术与资金密集型的产业，企业机织技术的先进性决定了其产品的技术水平和市场竞争力。只有进一步加大机织技术的创新与研发，才能使我国的机织产业具有强劲的国际竞争力、实现产业的可持续发展，国产纺机设备织造技术已经取得了跨越式发展，但与欧洲老牌纺机生产企业相比，国产设备仍存在许多差距。在生产速度、产品适应性、运行效率、能耗、自动化智能化水平等方面，我国机织技术需要进一步提升，需要有扎实的织造工艺理论与技术研究作为基础。如PVA浆料替代品的研发，节能环保上浆方式研究，喷气织机流场分布，喷气织机节能降耗工艺的研究等。

我国在特种结构、特种厚度、特宽门幅等机织物方面仍存在较大的差距，应加大特种机织物织造设备的攻关、工艺技术及配套技术的研究，特别是各类无梭织机品种适应性的提升，逐步缩小与国际先进水平的差距。在加强相关设计理论、数字化实现方法等方面研究的基础上，加大机织CAD设计系统的研制。加强与CAD密切相关基础理论的研究，包括织物力学性能，热学性能等微观物理变化对织物外观形态影响，实现我国机织产品设计水平的整体提升。

（四）针织工程学科的发展趋势及展望

针织生产技术的高效优质化是永恒的主题，对各种类型的针织装备从成圈运动曲线设计、传动机构设计与制造、碳纤维成圈机件加工、高机号针织机用织针制造等关键技术开展研究，建立整机动态模型，优化机器性能，实现针织装备的生产高速化和精密化；研究集成控制的快速响应性，突破电子控制对高速限制的技术瓶颈；运用神经网络学习，采用主动补偿方式智能地进行张力补偿，实现整个生产过程中的纱线退绕、卷绕和织物卷绕的恒张力控制，同时研究针织装备停车时的速度变化的控制方式，实现可控制式的停车定位，解决停车横条这一世界性难题，实现针织产品的高效优质生产。

针织生产技术的智能化是必然方向，在针织生产过程的各个环节中应用人工智能技术进行工程设计、工艺设计、生产调度和故障诊断，也可以将神经网络和模糊控制理论等先进的计算机智能技术应用于产品配方、生产调度等，实现生产过程的智能化。将针织机作为网络终端，基于在线实时数据采集技术和传感器技术，对针织生产过程中的断纱、布面疵点和纱线张力实施实时监控、产品质量智能监控和针织生产的网络化管理。另外，通过对自动接纱、自动落布、自动入库等技术的研究，实现针织生产的连续化，有利于针织企业节能减排、降本增效。应用现代控制技术中的可编程逻辑计算机技术、新型驱动技术中的伺服控制和变频调速电动机技术、工业网络通信技术中的现场总线技术，集多个数字化控制模块于一体，全面实现针织设备的机电一体化，生产过程网络监控等多项功能，组成一个开放的、模块化、实用性强、易于维护和重新配置的柔性针织生产系统。

针织生产及产品的绿色化是主流趋势。促进再生、可降解、可循环、对环境友好的生物质原料在针织品中的应用；推广节能技术，研发节能设备、装置、工艺；采用可再生能源，达到碳中和目的；推广节水技术：减少湿处理加工过程，在产品生产过程中，减少水耗，提高水质，促进回用；采用连续化、自动化、高效化技术工艺和装备，缩短工艺流程，提高劳动生产率；提高能源、资源效率，实现资源低耗损或零耗损，并将纺织产品生产中影响环境的化学品用量降到最低，为消费者提供绿色针织产品。

（五）染整工程学科的发展趋势及展望

未来几年染整学科的技术发展应该注重吸收各个领域科技发展的新成果，加强与材料、化工、生物、电子、机械等各领域的技术合作，提升整个学科的技术水平。

进一步加强低温前处理技术的研究，促进低温前处理技术的开发和推广，形成比较完整的加工体系。主要包括高效的生物酶低温前处理技术、双氧水低温漂白技术、等离子体技术、超声波技术、激光技术和紫外线辐射技术等在纺织品退浆、煮练、漂白、净洗等加工中的应用研究。

进一步开发和完善短流程、低能耗染色印花加工技术，主要包括：开发和完善活性染料节能减排染色技术、完善和推广涂料染色新技术、深入发展生态印花技术及特种印花技术。与之同时，研究高性能纤维、生物质纤维、超仿真化学纤维、功能性高附加值纤维、多组分纤维面料的染整加工技术以及纺织品特殊功能整理技术，使纺织产品向多功能化、智能化方向发展。

加强研究高效环保印染装备及其配套工艺技术，重点开发成套设备和工艺技术。推广气流染色机等低浴比染色设备和技术的应用，减少水资源的使用和废水排放。加强信息化建设及数控技术在印染行业的应用。与之同时进一步研究高新技术在反之亦然领域的应用，研究纳米技术、溶胶－凝胶技术、辐射加工技术、机器人技术、电子技术、激光、3D 打印技术等在印染领域的应用，重点研究产业化应用的可行性以及应用工艺技术，提升纺织印染加工和产品的技术含量和档次，开发高附加值的纺织品。

加快实现加工过程中危害化学品的零排放，重点在利用现代生物技术开发利用多功能的微生物色素，解决天然染料在纺织品染色中重复性和稳定性差及色牢度低的共性的关键技术问题；研究采用电化学、点击化学等可持续绿色有机化学方法合成新型染料和功能整理剂，实现绿色染整过程；进一步研究高效废水处理技术在印染废水处理中的应用。

（六）纺织化学品学科的发展趋势及展望

在纺织浆料方面，如何开发高性能浆料减少甚至完全取代难以生物降解的 PVA 浆料，将是长期的研究课题。由于淀粉具有可资源再生、生物降解性好、价格低廉等特点，因此，变性淀粉浆料仍然是开发重点，提高变性淀粉浆料性能途径包括：开发深度变性的淀粉浆料、多重变性淀粉浆料和复合变性淀粉浆料。但淀粉浆料由于其特殊的物理和化学结构，使得进一步提高其上浆性能受到一定的制约，选择其他的天然高分子材料如纤维素、瓜尔胶等进行变性处理，并与变性淀粉复配使用，提高淀粉浆料的使用效果。进一步开发与淀粉浆料配伍性好的聚丙烯酸（酯）类浆料，对于改善淀粉浆料的上浆性能，减少 PVA 浆料的用量具有重大的意义。研究回收再利用 PVA 浆料的方法，以解决其上浆性能优异和生物降解性（环保性）差之间的矛盾。

染料重点发展类别集中在用于纤维素纤维、聚酯纤维、聚酰胺纤维和羊毛染色与印花的分散、活性、酸性 3 大类染料上，染料发展重点特别着重于量大面广的活性染料和分散染料。

活性染料的发展集中在“五高五低二个一”。“五高”即具有高固着率、高色牢度、高提升性、高匀染性、高重现性；“五低”即低盐染色、低温染色、小浴比染色、短时染色、湿短蒸染色；“二个一”即一次成功染色、一浴一步法染色。分散染料的发展集中在“四高三低二个一”。“四高”即高洗涤牢度、高上染率、高耐晒牢度、高超细旦聚酯纤维及尼龙和氨纶等纤维染色性；“三低”即易洗涤、低沾污、小浴比、短时染色；“二个一”即一次成功染色、一浴一步法染色。

在印染助剂方面，未来发展的趋势将更加突出环保和高效纺织印染助剂的研究与开发，同时开发适应新的纺织纤维和纺织印染技术高效专用助剂；开发能够推动印染行业节能减排和清洁生产工艺的新型助剂。在纺织品后整理助剂方面，将继续以多功能、高效、环保和长效的整理助剂的开发为主，化学整理依旧是纺织品防皱免烫、防水透气、抗静电、抗菌、阻燃、手感柔软等功能整理的重要发展方向。

（七）非织造材料与工程学科的发展趋势及展望

在非织造材料与工程学科领域，原料的性质与特点研究是基础，加工工艺与装备研究是关键，结构性能与表征研究是核心，产品设计与应用研究是根本。展望非织造材料与工程学科今后几年发展趋势，本学科主要研究方向包括：①非织造成型工艺理论与材料结构性能，主要研究聚合物挤压、干法、湿法成型理论，工艺结构性能关系。②非织造关键技术与装备，主要研究非织造成型、加固、后加工关键技术与装备。③非织造产品设计与应用，主要研究非织造产品设计原理与方法，应用与效能评价。

非织造材料与工程学科的重点研究内容包括：非织造专用聚合物树脂、非织造专用纤维、非织造专用黏合剂、双组分或多组分纺粘、熔喷成型技术、复合加工技术、非织造新型成型技术和废弃非织造材料回用技术。

未来几年非织造材料重点应用领域包括：①医疗卫生用非织造材料，包括医用组织器官材料、高端医用防护产品和新型卫生用品；②过滤与分离用非织造材料，包括耐高温袋式除尘滤料、复合过滤材料、中空纤维及膜材料和医药、化工、食品、造纸等过滤用非织造材料；③土工与建筑用非织造材料，包括生态土工材料、高技术土工合成材料和新型建筑用非织造材料；④交通工具用非织造材料，包括车用仿皮面料和车用功能材料；⑤安全与防护用非织造材料，包括防弹防刺纺织品等。

（八）产业用纺织品学科的发展趋势及展望

未来几年产业用纺织品学科仍保持快速发展势头。医疗与卫生用纺织品方面的重点任务是：①加强人造皮肤、可吸收缝合线、疝气修复材料等组织器官替换材料，以及透析材料等生物医用纤维和制品的开发研究；②开发生产基于非织造布材料的医用材料，提高病毒阻隔过滤效率、抗菌吸水或阻水性能，提高材料柔软、透湿、透气等服用性能，满足急性传染病、高感染几率手术防护要求；开发基于长丝织物的耐洗涤、抗静电重复用手术衣；开发实验室专用防护服，推广具有耐久抗菌、抗污功能的医用床单、病员服；③采用生物可降解型、抗菌、超吸水等功能性纤维原料，提升婴儿尿布等产品的技术性能指标。

过滤与分离用纺织品方面的重点任务是：①研究耐高温、耐腐蚀、高吸附、长寿命袋式除尘材料，提高高性能纤维的可加工性能，减少加工过程对纤维功能的损伤；②加强中空纤维纺丝技术和膜技术研究，提高中空纤维膜通透量和抗污染性，研究生物材质中空纤维膜材料制备技术，突破中空纤维在体外过滤器中的应用；③提高单丝高密织造技术水平，开发推广具有分离精度高、抗菌、高导湿等性能的滤料。

土工与建筑用纺织品方面的重点任务是：①开发高强定伸长土工布，提高其持久耐磨性，加强防水卷材基布技术研究，提高其强力、热稳定性及使用寿命；②发展生物可降解天然纤维土工布、生态型垃圾填埋用复合土工布膜；③突破轻型建筑用永久性膜结构材料的产业化技术，提高膜结构材料强度、耐老化性能、自清洁性能；推进新型纤维增强防裂材料、内墙保温节能非织造布、隔声阻燃材料、建筑室外遮阳材料的产业化；提高防水防渗基材质量水平，扩大建筑难燃保温隔热材料的应用；④探讨带有光纤传感器和相关监控系统的智能土工织物开发，开发防渗、排水土工合成材料，提高非织造布、排水板、膜等多种材料的系统性复合加工工程技术。

交通工具用纺织品方面的重点任务是：①研究车用座椅面料的纤维选择、面料设计织造及后整理技术和新型功能性合成革加工技术和绿色环保加工技术；②研究基布织造技术和宽幅涂层技术，开发新型篷盖材料；③突破安全气囊产业化技术，提高纤维强力、耐磨以及耐气候性能，扩大非织造布在车内过滤材料、缓冲消音装置、隔热填充材料中的应用。

安全与防护用纺织品方面的重点任务是：①提升聚乙烯纤维、芳纶等高性能纤维的应用技术，解决防核辐射、防弹防刺、生化纺织面料加工技术；②加强功能整理研究，开发多功能的防护面料，研制新型消防服等产品；③研发并推广消防专用材料。

结构增强用纺织品方面的重点任务是：①采用高强低缩纤维，开发强力高、变形小的工业输送带、传动带用骨架材料；②运用碳纤维、芳纶等高性能纤维，加强织物设计和织造成型技术开发，提高骨架与基材的结合性能。

（九）服装设计与工程学科的发展趋势及展望

今后几年服装设计与工程学科将加强服装号型及服装人体测量等方法、标准的研究，以及行业标准体系和标准战略等方面的标准研究工作。为促进生态安全标准的应用和发展，提高服装消费安全总体水平，需建设服装生态及安全标准体系。加快功能性服装检测及评价方法标准的研制，进一步完善功能性服装标准体系。服装 CAD、物品编码等相关交叉领域的标准化工作将得到更多关注和改善。

在品牌建设与品牌创新方面，服装行业整合国际化资源，以市场为导向，提升品牌的核心竞争力。开发中国特色的服装服饰文化，提升产业软实力。加强服装创意设计基础研究，推进工业制造与创意设计的融合。提高院校和企业对高级创意人才的培养能力，推动服装设计与文化创意产业结合。开展流行趋势的研究和发布工作，创造具有中国文化和社会特色的流行趋势研究体系，加深品牌文化形象，展现中国文化特色。

现代服装产业体系通过工业化与信息化融合，提高企业快速反应能力和产品质量；通过科技创新与文化创意的结合，提高文化软实力。通过利用先进网络技术，完成服装产品的制造和服务。互联网将成为各类服装的重要销售渠道，同时也将为服装原创设计品牌创立及成长提供空间。通过显微和高分辨率摄像等数字媒体新技术对服饰的织物结构、织造方法、色彩涂层、装饰与纹样等技艺进行数字化记录，并通过虚拟现实手段进行再造复现，形成相关的专业数据库，为服饰品牌文化内涵塑造和文化产业开发提供资源。

服装产业向高级定制和功能性服装的开发两个不同的方向发展。高级定制因人而异、量体裁衣，对设计师的时尚敏感度和技术人员的专业要求越来越高；功能性服装的开发除了对面料的研究以外，功能结构设计已经成为研究的重点。

将高科技产品运用到服装上，研究更多的可穿着技术并设计高性能服装捕捉人体的动作、生理指标、环境参数，并预判着装者的生理极限；同时对该类服装的合体性展开研究；从静态测试到动态模拟，不断逼真地模拟测试环境，实现真实环境下“人体 - 服装 - 环境”系统的交互作用预测；仿生物学服装材料的织造和功能服装研发将发挥更大价值、智能服装将使可穿戴技术更多应用于日常生活；多功能防护服装的研究以及服装动作灵活性、舒适性和防护性的平衡仍将是防护服装研究的热点问题；生物医学和动力学在功能服装中的应用愈发明显；可持续服装设计与产品研发、绿色服装、零浪费服装将进一步得到推动、逐渐走入市场。

参考文献

[1] 吴迪. 2012 年纺织行业信息化回顾［EB/OL］. http：//www.cncotton.cn/fzjw/fzdt/gnfz/fzwm/201301/t20130130_240564. html.

[2] 国家统计局. 2012 年棉花产量 648 万吨［EB/OL］. http：//www.chinacoop.gov.cn/HTML/2013/02/25/83733. html.

[3] 中国纺织网. 产业用纺织品成行业新亮点［EB/OL］. http：//www.ctn1986. com/sy/jryw/201302/07/t20130207_635759. html.

[4] 中国服饰新闻网. 2015 年我国服装 CAD 和 CAM 普及率将达 30%、15%［EB/OL］. http：//www.cfw.com.cn/html/Home/report/131049-1. html.

[5] 国家自然基金网站. 项目综合查询［EB/OL］. http：//159.226.244.22/portal/Proj_List.asp，2012.

[6] 张文赓. 罗拉牵伸原理［M］. 上海：东华大学出版社，2011.

[7] 张文赓，郁崇文. 梳理的基本原理［M］. 上海：东华大学出版社，2012.

[8] 唐文辉，朱鹏. 现代棉纺牵伸的理论与实践 [M]. 北京：中国纺织出版社，2012.

[9] 陈根才，章友鹤. 国内外环锭纺纱技术的发展与创新 [J]，纺织导报，2010 (3)：29-30.

[10] Qian Lin. Effect of fiber length distribution and fineness on theoretical unevenness of yarn [J]. Journal of the Textile Institute，2011，102 (3)：214-219.

[11] 谢春萍. 一种新型窄槽式负压空心罗拉全聚纺系统 [J]. 纺织学报，2013 (6)：137-141.

[12] 董奎勇. 纺纱机械设备的技术进步 [J]. 纺织导报，2011 (12)，60-73.

[13] Schnell M. Die Längste luftspinnmaschine der Welt [J]. Melliand Textilberichte，2012 (1)：24-27.

[14] 徐卫林，夏治刚，叶汶祥，等. 一种柔洁纺纱方法：中国，201110142094. 2 [P]. 2011.

[15] Márcio D. Lima. Biscrolling Nanotube Sheets and Functional Guests into Yarns [J]. Science，2011，331：51-55.

[16] Autocoro8 转杯纺纱技术的新纪元 [J]. 纺织导报，2011 (11)：73-74.

[17] 重山昌澄. 革新精纺机 [M]. 纤维机械学会誌，2012，65 (1)：51-55.

[18] 秦贞俊. 国际棉纺设备的技术进展 [J]. 棉纺织技术，2012，40 (9)：65-68.

[19] 刘荣清，徐佐良. ITMA2011 展出的非传统纺纱设备性能分析 [J]. 棉纺织技术，2012，40 (11)：64-68.

[20] 邵景峰. 清梳联网络化数据采集系统的开发 [J]. 棉纺织技术，2012，40 (1)：34-36.

[21] 杨敏. 络筒工序纱线质量在线监控系统研究 [J]. 棉纺织技术，2012，40 (10)：27-30.

[22] 周金冠. 新型精梳机在不断创新中发展 [J]. 棉纺织技术，2012，40 (1)：5-7.

[23] 李波. 新型改性淀粉浆料生产与替代 PVA 应用关键技术 [J]. 纺织导报，2012-01：100.

[24] 楚云荣，王绪山，刘宝图，等. PVA 替代品新型改性淀粉浆料的退浆实践 [J]. 纺织导报，2012 (7)：136-138.

[25] 赵兴，张兴祥. 聚乙烯醇纤维应用与研究进展 [J]. 天津纺织科技，2007 (1)：9-13.

[26] 洪海沧. 近期国内织造技术的进步与发展方向 [J]. 纺织导报，2011 (2)：44-49.

[27] 纺织服装周刊. 市场竞争促进国产无梭织机迅速发展 [EB/OL]. http：//dss.gov.cn/Article_Print. asp?ArticleID=258846.

[28] 袁春妹. 丝普兰公司着力国产喷气织机精心打造民族品牌 [J]. 纺织服装周刊，2008，18：34-35.

[29] 徐浩贻. 优化引纬工艺降低喷气织机能耗 [EB/OL]. http：//www.ctn1986.com/sy/hydt/201205/02/t20120502_547251.html.

[30] 马兴建，朱江波. 机织 CAD 技术的应用与发展 [J]. 纺织导报，2012 (7)：126-128.

[31] 宋广礼. 2012 中国国际纺织机械展览会暨 ITMA 亚洲展览会无缝内衣机述评 [J]. 针织工业，2012 (7)：8-9.

[32] 宋广礼，邓淑芳，张立鹏. 2012 中国国际纺织机械展览会暨 ITMA 亚洲展览会无缝内衣机述评 [J]. 针织工业，2012 (7)：10-16.

[33] 尹季盛，李哲，宋广礼. 第十五届上海纺织工业展会针织机械评述 [J]. 针织工业，2011 (7)：1-24.

[34] 丁玉苗. 针织机械与技术的最新进展 [J]. 纺织导报，2012 (9)：64-70.

[35] 张琦，蒋高明，张燕婷. 经编装备技术进展与产品开发 [J]. 纺织导报，2013 (5)：45-49.

[36] Zhang Y，Jiang G，Yao J，et al. Intelligent segmentation of jacquard warp-knitted fabric using a multiresolution Markov random field with adaptive weighting in the wavelet domain [J]. Textile Research Journal，2013.

[37] Ng M C F，Zhou J. Full-colour compound structure for digital jacquard fabric design [J]. Journal of the Textile Institute，2010，101 (1)：52-57.

[38] Jang Y J，Lee J S. Antimicrobial treatment properties of tencel jacquard fabrics treated with ginkgo biloba extract and silicon softener [J]. Fiber Polym，2010，11 (3)：422-430.

[39] Szmyt J，Mikołajczyk Z. Experimental identification of light barrier properties of decorative jacquard knitted fabrics [J]. Fibres & Textiles in Eastern Europe，2013，21 (2)：98.

[40] Wu Z，Zhao M. Jacquard partition design of warp knitted seamless upper outer garment based on pressure comfort [J]. Journal of Textile Research，2012 (2)：20.

[41] 王继征. 针织机械 迈向智能高效 [N]. 中国纺织报，2013 (18).

[42] Xia F L, Ge M Q. Motion rule of electronically pattern system on a high speed warp knitting machine [J]. Fibres & Textiles in Eastern Europe, 2009, 17(4)：64-67.

[43] Mikolajczyk Z. Optimisation of the knitting process on warp-knitting machines in the aspect of the properties of modified threads and the vibration frequency of the feeding system [J]. Fibres & Textiles in Eastern Europe, 2011, 19(6)：75-79.

[44] 蒋高明. 现代经编技术的最新进展 [J]. 纺织导报，2012 (7)：55-58.

[45] 任参，宋敏，张琳萍，等. 金属酞菁配合物在催化双氧水漂白棉型织物中的应用 [J]. 纺织学报，2012，33 (1)：81-86.

[46] 李静妍，宋敏，张琳萍，等. 希夫碱金属配合物在棉织物低温漂白中的应用 [J]. 东华大学学报：自然科学版，2012，38 (1)：55-59.

[47] 单宋玉，秦新波，张琳萍，等. 棉针织物的锰配合物低温催化漂白 [J]. 印染，2012，38 (5)：1-4.

[48] 杨丽，安钊慧，田俊莹. 纳米 SiO_2 溶胶改性羊毛织物低温染色性能的研究 [J]. 毛纺科技，2012，40 (4)：29-30.

[49] 周天池. 双氧水 / 甲酸预处理羊毛低温染色工艺研究 [J]. 毛纺科技，2012 (4)：25-28.

[50] 丁春燕，汪澜，方浩雁，等. 真丝绸低尿素活性染料印花技术研究 [J]. 丝绸，2010 (12)：7-10.

[51] 汪季娟，徐宁. 茉莉香精微胶囊的制备及其芳香织物的耐久性能研究 [J]. 染整技术，2012 (7)：1-6.

[52] 魏菊，刘向，于海飞. 蓄热调温石蜡相变微胶囊的制备及性能 [J]. 功能高分子学报，2010 (1)：73-76.

[53] 贺志鹏，吴赞敏，韩宇洋. 芦荟蒽醌化合物微胶囊的制备及其在纺织上的应用 [J]. 印染助剂，2012 (2)：39-41.

[54] 郑阳，张健飞. 抗紫外线泡沫整理工艺的优化 [J]. 印染，2012 (1)：32-34.

[55] 宋富佳. 康平纳开启筒子纱数字化自动染色新时代 [J]. 纺织导报，2012，12：95.

[56] 王苗，祝志峰. 马来酸酐酯化变性对淀粉浆料的影响 [J]. 纺织学报，2013，34 (5)：53-57.

[57] 郑浩，祝志峰. STMP 交联变性对淀粉浆料性能的影响 [J]. 纺织学报，2013，34 (2)：91-95.

[58] 张朝辉，许德生，李昂. 辛烯基琥珀酸淀粉酯浆料的制备研究 [J]. 安徽工程大学学报，2012，27 (1)：32-35.

[59] 闫怀义，李辉，续跃平. 醋酸酯支链淀粉的制备及其性能 [J]. 纺织学报，2012，33 (10)：84-91.

[60] 李伟，祝志峰. 羟基增塑剂的羟基数目对淀粉浆料增塑作用的影响 [J]. 东华大学学报：自然科学版，2012，38 (1)：21-25.

[61] 周丹，沈艳琴，钱现. 增塑剂对淀粉浆料性能的影响 [J]. 纺织科技进展，2012 (1)：17-18，91.

[62] 石点，温演庆，吴孟茹，等. 阿拉伯胶对玉米淀粉的共混改性 [J]. 产业用纺织品. 2012 (2)：28-31.

[63] 吕福菊，祝志峰. 水性聚氨酯对淀粉浆料的改性作用 [J]. 棉纺织技术，2012，40 (7)：412-415.

[64] 申鼎，薛蔓，崔元臣，等. 改性田菁胶接枝丙烯酸浆料的制备及浆纱效果 [J]. 棉纺织技术，2012，40 (10)：628-631.

[65] 刘慧娟，高琳，薛曼，等. 田菁胶的接枝改性及其纺织上浆应用 [J]. 纺织学报，2012，33 (1)：60-64.

[66] 陆宗明，沈瑾，杨军浩. 国产液体活性染料的开发和应用 [J]. 上海染料，2012，43 (4)：21-23.

[67] 周美芳，光善仪. 一种偶氮类活性染料的合成及表征 [J]. 当代化工，2012，41 (11)：1180-1181.

[68] 王宏，曹机良. 棉织物双氧水 / 乙酰胍低温活化漂白 [J]. 印染，2011，37 (7)：4-9.

[69] 鲁玉洁，尹冲，秦新波，等. TBCC/MnTACN 复配体系在双氧水低温漂白中的协同作用研究 [J]. 纺织学报，2012，33 (9)：82-89.

[70] 庄伟，徐丽慧，徐壁，等. 改性 SiO_2 水溶胶在棉织物超疏水整理中的应用 [J]. 纺织学报，2011，32 (9)：89-94.

[71] Song W F, Yu W D. Heat transfer through fibrous assemblies by fractal method [J]. J Therm Anal Calorim, 2012, 110 (2)：897-905.

[72] Qin X H, Xin D P. The study on the air volume fraction of electrospun nanofiber nonwoven mats [J]. Fibers Polym, 2010, 11 (4): 632–637.

[73] Sampson W W. Spatial varialility of void structure in thin stochastic fibrous materials [J]. Model Simul Mater Sc, 2012, 20: 015008.

[74] 王策，卢晓峰．有机纳米功能材料：高压静电纺丝技术与纳米纤维［M］．北京：科学出版社，2011.

[75] 王先锋．静电纺纤维膜的结构调控及其在甲醛传感器中的应用研究［D］．上海：东华大学，2011，11.

[76] 曹厚宝，杨俊杰，吴璐蓉，等．静电纺制备 TiO_2 光阳极在染料敏化太阳能电池中的应用［J］．高科技纤维与应用，2012，37（5）：45–50.

[77] 姜婷婷，王威，李振宇，等．聚吡咯 / 二氧化钛 /Au 纳米纤维在室温下检测低浓度氨气［C］// 中国化学会第 28 届学术年会第 4 分会场摘要集．成都：中国化学会，2012.

[78] 徐乃库，肖长发，封严，等．聚甲基丙烯酸酯系有机液体吸附功能纤维制备工艺及其性能研究进展［J］．功能材料，2012，20（43）：2735–2741.

[79] 吴建东．抗菌聚丙烯专用料的研制及应用［J］．石油化工技术与经济，2012，28（6）：31–35.

[80] 邹荣华，倪福夏．双组分纺粘法非织造布［J］．产业用纺织品，2006（3）：6–8.

[81] 中国纺织工业联合会科学技术奖励办公室．中国纺织工业联合会科学技术奖主要成果及完成单位简介，2012.

[82] 王虹，张哲．见证海斯摩尔的奇迹访北京华兴海慈生物科技有限公司总经理刘林［J］．纺织服装周刊，2013（32）：97.

[83] 韩竞．来自海洋的蔚蓝色涌动：海斯摩尔生物科技有限公司新纤维开发纪实［J］．非织造布，2012（5）：49–50.

[84] 王宁．长春高琦开发铁纶纤维多用途［J］．非织造布，2013（2）：71.

[85] 李黎．长春高琦顺利完成聚酰亚胺纤维技术鉴定［J］．非织造布，2012（4）：37–38.

[86] 陈泽芸，王荣武，张贤淼，殷保璞熔喷材料超细纤维直径的测量方法探讨［J］．东华大学学报：自然科学版，2012，38（3）：266–271.

[87] 韩晓建，黄争鸣，黄晨，等．Nylon6–TiO_2 杂化超细纤维的制备与表征［J］．复合材料学报，2011，28（4）：156–161.

[88] 李波．功能吸附纤维：环保新卫士［J］．纺织导报，2013（4）：100.

[89] 马肖，徐乃库，肖长发，等．反应挤出熔融纺丝法制备聚甲基丙烯酸酯吸附功能纤维及其性能研究［J］．功能材料，2013（2）：177–181.

[90] 项海，金丽霞，程向东，等．PVDF 中空纤维膜紫外接枝表面改性研究［J］．水处理技术，2013，39（7）：46–49.

[91] 孙武，王泉，王能才，等．国产 PVDF 中空纤维膜在炼油废水深度处理回用中的应用［J］．石油炼制与化工，2013（3）：79–82.

[92] 蒋岩岩，秦静雯，王鸿博．壳聚糖 / 聚乳酸复合纳米纤维的制备及抗菌性能研究［J］．材料导报，2012（18）：74–76.

[93] 朱天戈，刘畅，丁金海，等．高密度聚乙烯土工膜拉伸性能各试验方法标准的差异［J］．塑料，2011（5）：106–109.

[94] 韩竞．南水北调经验谈：访山东宏祥化纤集团有限公司董事长崔占明［J］．非织造布，2012（5）：44–45.

[95] 刘兆峰，曹煜彤，胡盼盼，等．对位芳纶产业化现状及其发展趋势［J］．高科技纤维与应用，2012（3）：1–4.

[96] 赵东瑾．让芳纶“中国造”扬起风帆：泰和新材芳纶项目打破国际垄断［J］．非织造布，2012（5）：46–47.

[97] 张曙光．泰和新材联手兰精开发防护服市场［J］．纺织服装周刊，2012（14）：27.

[98] 胡显奇．我国连续玄武岩纤维产业的特征及可持续发展［J］．高科技纤维与应用，2012（6）：19–24.

[99] 碳纤维多轴向经编织物［J］．军民两用技术与产品，2011（3）：31.

[100] 谈昆伦，刘黎明，刘千，等．缝合对复合材料力学性能的影响［J］．江苏纺织，2012（S1）：32–34.

[101] 王梦远，曹海建，钱坤，等. 三维机织夹芯复合材料的制备与压缩性能研究［J］. 材料导报，2013（Z1）：252-255.
[102] 曹海建，钱坤，魏取福，等. 三维整体中空复合材料压缩性能的有限元分析［J］. 复合材料学报，2011，28（1）：230-2234.
[103] 王山山，邵蔚. 当航天再次邂逅纺织讲述"天宫一号"玻璃翅膀背后的故事［J］. 纺织服装周刊，2011（47）：16-18.
[104] 韩竞. 陈南梁：走过30年科研路喜获2012年桑麻纺织科技奖一等奖、纺织之光科技进步奖三等奖［J］. 非织造布，2012（6）：24-25.
[105] 曹建，丁振华，沈新元. 新型生物质纤维的现状与发展趋势［J］. 中国纤检，2012（1）：82-86.
[106] 刘辅庭. 日本化纤业的现状和发展方向［J］. 合成纤维，2012（4）：27-29.
[107] 顾祥万. PET纤维产业现状及发展方向［J］. 聚酯工业，2012，25（6）：5-7.
[108] 端小平，郑俊林，王玉萍，等. 我国高性能纤维及其应用产业化现状和发展思路［J］. 高科技纤维与应用，2012，37（1）：8-13.
[109] 武红艳，超高分子量聚乙烯纤维的生产技术和市场分析［J］. 合成纤维工业，2012，36（5）：38-42.
[110] ES Abdel-Halima，Salem S Al-Deyaba，One-step bleaching process for cotton fabrics using activated hydrogen peroxide［J］. Carbohydrate Polymers，2013（92）：1844-1849.
[111] Leila Hercouet，Maric Giafferi，Liliane Gaillard，et al. Dyeing and/or bleaching composition comprising a polycondensate of ethylene oxide and propylene oxide［P］. US8403999B2，2013.
[112] Lihong Chen，Narendra Reddy，Yiqi Yang. Remediation of Environmental Pollution by Substituting Poly（vinylalcohol）with Biodegradable Warp Size from Wheat Gluten［J］. Environmental Science & Technology［J］. 2013，47（4）：4505-4511.
[113] Nam J，Branson D H，Ashdown S P，et al. Analysis of cross sectional ease values for fit analysis from 3D body scan data taken in working position［J］. International Journal of Human Ecology，2011，12（1）：87-99.
[114] Smith C J，Havenith G. Body mapping of sweating patterns in male athletes in mild exercise-induced hyperthermia［J］. European Journal of Applied Physiology，2011，111（7）：1391-1404.
[115] Faulkne S，FergusonN R A，Gerrett N，et al. Insulated athletic pants do not prevent muscle temperature decline following warm up nor benefit performance［J］. Medicine and Science in Sports and Exercise，2012，44：685-685.
[116] Lee H，Damhorst M，Campbell J，et al. Consumer satisfaction with a mass customized Internet apparel shopping site［J］. International Journal of Consumer Studies，2011，35（3）：316-329.

撰稿人：高卫东　王鸿博　潘如如　傅佳佳　刘建立　卢雨正

专题报告

纤维材料工程学科的现状与发展

一、引言

纤维材料是新材料技术的产业基础，与人民生活、经济发展和社会进步等方面密切相关。2012 年世界纤维产量接近 8000 万 t，其中化学纤维产量约为天然纤维的 3 倍。纵观纤维产业的发展历史，从天然纤维到粘胶纤维，进而到合成纤维，乃至近几十年来相继出现的各种高新技术纤维，表明纤维材料紧密伴随着人类文明社会的前进，而现代科学与技术的发展也离不开化学纤维工业的不断创新与进步。

经过几十年来的不断探索和努力，我国化学纤维工业持续快速发展，综合竞争力明显提高，有力推动和支撑了纺织工业和相关产业的发展。“十二五”时期是化学纤维行业和纤维材料领域加快转变经济发展方式和创新发展的攻坚时期，也是我国由纺织纤维材料大国变为强国的重要阶段。此外，中国纺织工业联合会积极协同国家有关部委、地方政府、企业、高等学校、研究院所等，先后组织多批国家专项和产业化示范工程，以点带面，拉动全局，在以碳纤维、芳纶、超高分子量聚乙烯纤维等品种为代表的高新技术纤维方面，经历了种子期、初创期，逐渐步入成长期，在高新技术纤维质量和产量提升方面取得了令人瞩目的成绩。

本专题报告旨在总结近两年来纤维材料工程学科在生物质纤维、常规合成纤维、高性能纤维及功能纤维等方面的新理论、新技术、新产品的发展状况，并结合国外的最新研究成果和发展趋势，进行国内外发展状况比较，提出本学科的发展方向和建议。

二、纤维材料工程学科发展现状

（一）生物质纤维

生物质纤维可以分为三大类：生物质原生纤维、生物质再生纤维、生物质合成纤维。全球石油资源日趋匮乏，以可再生生物资源为原料的生物质纤维快速发展，将成为引领纤维材料发展的新潮流。生物质纤维符合可持续发展战略，也符合我国“十二五”规划总体指导思想，依靠科技进步和自主创新，加快行业的技术改造和设备创新，通过科技进步实现行业结构调整，产业优化升级，增加高新技术产品比例，实现经济、环保、节能减排最大化，满足可持续发展战略的客观要求。

1. 生物质原生纤维

生物质原生纤维，俗称天然纤维，由自然界的天然动、植物纤维经物理方法加工而成的纤维，主要种类包括棉、麻、毛、丝。

（1）棉

据国家统计局数据，2012 年我国棉花产量 684 万 t，比上年增产 3.8%。中国棉花协会发布了 2013 年全国棉花生长情况调查及产量预测。预计 2013 年全国棉花总产量为 678 万 t，同比下降 8.6%。在棉纤维生产、加工方面，我国均居全球第一，但产品结构仍然以低档和中档产品为主，且面临产能过剩的局面，所以开发优质棉和生态化、功能化、高性能化的棉纤维制品以及加强相关的基础研究势在必行。安徽农业大学采用壳聚糖溶液对氧化棉纤维进行亚酰胺化功能改性，壳聚糖中的氨基与氧化棉纤维分子中醛基形成 C═N 双键，使壳聚糖分子通过共价键交联在棉纤维上，改性后的棉纤维具有良好的药物缓释效果。新疆农垦科学院及新疆农业大学对来自 12 个杂交棉品种进行了研究，提出育种应从提高衣分、单株铃数和单铃重三个方面提高棉产量。东北林业大学采用 NaOH 溶液及电镀化学镀层的方法，制备导电棉纤维，使棉纤维不仅具有 15 ～ 34 Ω/mm 的低电阻，同时还具有很好的亲水性。

2012 年 9 月，新疆“十二五”优质棉基地项目可行性研究报告已获国家发展改革委批复。10 月初，已落实首批优质棉基地建设项目中央预算内投资，标志着“十二五”优质棉基地规划正式启动。

由华纺股份有限公司、愉悦家纺有限公司、江苏申新染料化工股份有限公司和天津工业大学联合承担的《棉冷轧堆染色关键技术的研究与产业化》项目成果获 2011 年国家科技进步奖二等奖。此外，浙江理工大学和天津工业大学有关棉纤维的项目分别获得 2011 和 2012 年度国家自然科学基金资助。

（2）麻

“十二五”期间，我国麻纺织纤维使用量年均增长 8%，2015 年预期达到 125 万 t（含其他麻类纤维），2020 年预期达到 200 万 t。

围绕麻纤维产品开发与应用，国内在应用基础研究方面也做了较多工作，主要集中在罗布麻纤维等离子处理、红麻纤维的脱胶、麻纤维混纺、大麻针织面料、亚麻纤维的抑菌性及染色性等方面。2011 年江南大学“提高与树脂复合性能的漆酶引发麻纤维高效接枝疏水化改性剂机理研究”和哈尔滨工业大学“亚麻纤维复合材料混凝土组合结构性能与设计方法研究”项目分别获得国家自然科学基金资助。

（3）毛

据中国纺织报消息称，在内外环境的共同影响下，我国毛纺行业 2013 年一季度开局平稳，走势较好。但是这种良好的发展势头并没有延续，进入第二季度，种种内外不利因素困扰行业，毛纺行业产销增速再度放缓，特别是出口在二季度呈现负增长，情况不容乐观。

有关毛的产品开发和应用基础研究也有不少报道，如功能性、抗菌改性、表面改性、染色性能等方面的研究。西安工程大学将银纤维与毛纱混纺，赋予毛织物电屏蔽作用，并优化最合理的纤维配比和工艺参数，使得混纺织物的电屏蔽效果达到最佳。天津工业大学将阻燃粘胶与羊毛混纺制备机织物，当阻燃粘胶纤维 / 羊毛混纺比例达到 70/30 时，织物力学性能好，阻燃性好。东华大学、天津工业大学及浙江工业职业技术学院分别采用低温染色助剂、表面改性等方法，降低毛的染色温度，实现羊毛低温染色。内蒙古农业大学的科研团队对细毛羊和绒山羊进行被毛改良研究，将蜘蛛丝的优异特性用于改良羊毛和羊绒的品质。经过两年多的研究，世界首例蜘蛛牵丝细毛羊和绒山羊在内蒙古农业大学诞生。该项研究对培育高纺织性能的细羊毛和绒山羊新品种，提升羊毛、羊绒的经济价值具有重要的意义。

天津工业大学的“羊毛纤维微观结构特征对毛织物热湿传导性能的影响机制”项目获得 2012 年国家自然科学基金资助。由上海嘉麟杰纺织品股份有限公司承担的“羊毛针织面料低能耗低损伤生产技术及产业化”项目荣获 2012 年中国纺织工业联合会科学技术奖二等奖。

（4）丝

《茧丝绸行业“十二五”发展纲要》中指出，“十二五”期间蚕茧产量稳定在 65 万 t 左右，要推进产业结构调整和突破一批关键技术及装备，初步建立“产、学、研、用”相结合的行业技术创新和服务体系。东华大学采用静电纺丝技术分别将羟乙基壳聚糖、聚乙烯醇和蚕丝共混制备纳米纤维复合膜及丝素 /PLLA 纳米编织网，纳米纤维或编织网具有很好的生物相容性，在伤口包扎，医用领域上具有潜在的应用前景。山东工业大学对蚕丝织物进行改性，提高其织物光降解、抗老化等性能，使其在生物医药领域具有更广的应用范围。苏州大学对蚕丝涂料染色进行了研究，采用阳离子改性剂 S PD01 对蚕丝织物进行阳离子改性处理后，采用涂料染色，改性试样染色后的 k/s 值明显提高。

由苏州大学、鑫缘茧丝绸集团股份有限公司共同承担的“丝胶回收关键技术及其应用”荣获 2012 年中国纺织工业联合会科学技术奖一等奖。

2. 生物质再生纤维

生物质再生纤维，指以天然动植物为原料制备的化学纤维，如再生纤维素纤维、再生蛋白质纤维、海藻纤维、甲壳素纤维等。

“十二五”期间，再生纤维素行业发展的重点是竹浆纤维、麻浆纤维、高湿模量纤维等差别化纤维。新乡化纤股份有限公司研制出功能粘胶新品种（白竹碳纤维），可经纱线或面料染整成不同色泽，可制作成四季皆宜的面料及针织服装，具有防菌抑菌、发射远红外线、调节小环境温度和湿度的特点。再生纤维素行业未来将重点打造 2 ~ 3 个具有较高国际化水平的大型企业集团。其中，富丽达、三友化纤、山东海龙等行业“排头兵”跻身这一行列的可能性较大。此外，来自东华大学、江南大学、青岛大学、浙江大学、天津工业大学有关再生纤维素纤维的6项基础研究都得到2011年和2012年度国家自然科学基金资助。

Lyocell 纤维是一种新型再生纤维素纤维，生产过程对环境无任何危害，目前国际上 Lyocell 纤维的主要产地为奥地利兰精公司，现具有年产 15 万 t 的生产能力，预计 2015 年达到 21 万 t 规模。由中国纺织科学研究院和新乡化纤股份有限公司共同承担的“千万级 Lyocell 纤维产业化成套技术的研究和开发”项目，经过近 4 年攻关，建成了年产千万级 Lyocell 纤维产业化示范线，并实现了生产线的连续稳定运行，为我国万吨级 Lyocell 纤维产业化建设奠定了基础。

我国是世界第一大海藻养殖国家，海藻产量居世界首位，淡干海藻总产量达 120 万 t，仅海带养殖产量就有 80 万 t，海藻酸钠产量 3 万 t 左右。从海洋中提取海藻，再利用海藻制取海藻纤维，深水海底为纤维新材料的发展带来了新的希望。浙江越隆集团旗下的绍兴蓝海纤维科技有限公司与武汉纺织大学共同合作的“功能性海藻酸纤维的工业化生产关键技术”项目，于 2012 年 12 月通过省级科技成果鉴定。青岛大学纤维新材料与现代纺织国家重点实验室开发的海藻纤维，具有国际先进水平、原创专利和知识产权。目前，海藻纤维已经列为国家“863”项目。2013 年 3 月青岛大学与淄博纺企进行了海藻纤维产业化对接活动。由中国纺织科学研究院和泰州市榕兴抗黏敷料有限公司共同承担的“医用海藻盐纤维的研究及应用”项目荣获 2012 年中国纺织工业联合会科学技术奖二等奖。

3. 生物质合成纤维

生物质合成纤维，即来源于生物质的合成纤维，如采用生物合成技术制备的聚乳酸类纤维、聚丁二酸丁二醇酯纤维、聚对苯二甲酸丙二醇酯纤维等。生物基高分子材料是传统化学聚合技术和工业生物技术完美结合的产物，与传统合成高分子材料相比，生物基高分子材料具有原料可再生等特点，开发前景广阔。据统计，2011 年全球生物基原料生产的可降解和非降解聚合物超过 100 万 t，预计 2016 年可达 578 万 t 左右。

聚乳酸（PLA）纤维作为一种具有抗菌、阻燃、易染色、易降解、易吸收的新型绿色生态环保生物质纤维。东华大学、太原理工大学等对聚乳酸纤维制备中纺丝温度和拉伸倍数对聚乳酸纤维性能的影响进行了研究。合肥工业大学、南京林业大学、吉林大学等分别对聚乳酸 / 壳聚糖、聚乳酸 / 麦草、聚乳酸 / 明胶复合纤维进行了研究。重庆科技学院采用静电纺丝方法制备超细具有空隙率高、孔径 / 结构可调、生物相容性好的聚乳酸纤维，并通过体外细胞研究了聚乳酸纤维支架的细胞相容性。此外，生物质合成纤维的基础研究受到国家自然科学基金委的大力支持，2011 年和 2012 年共有来自中国科学院理化技术研究所、东华大学、同济大学的 3 个项目得到国家自然科学基金的资助。

近年来我国聚乳酸行业也取得了一定的进展，如浙江海正集团与中国科学院长春应用化学研究所共同建成年产 5000t 可降解聚乳酸生产线，已实现批量生产，所得产品各项性能指标已达到美国同类产品水平。国内另外两大聚乳酸生产企业即上海同杰良和深圳光华伟业也都在积极扩大产能。常熟市长江化纤有限公司年产 4000t 聚乳酸熔体直纺纤维厂开始生产，南通九鼎及云南富集的千万级生产线正在建设或调试阶段，中粮集团宣布要在吉林榆树建立万吨级聚乳酸厂。我国聚乳酸纤维的发展目标是，借鉴国内外最新聚合、纺丝及多领域应用技术，实现产业突破，形成万吨级产业化规模。

聚对苯二甲酸丙二醇酯（PTT）纤维具有弹性优良、模量较低、手感柔软、易染色等特点，是一种市场前景较好的聚酯纤维。其原料之一的1，3-丙二醇（PDO）可通过生物法制备，可摆脱聚酯产品及原料全部依赖于石油资源的状况。生物法PDO及PTT聚合最早由杜邦和Shell公司开发，福建海天集团是杜邦公司最早授权生产生物质PTT纤维的厂家之一，主要品种为PTT短纤维，已形成3万t/a的产能。吴江中鲈科技公司的3万t/a PTT聚合已建成投产。我国在PTT纤维纺丝、织造、染整方面已形成近7万t产能，纺丝和后加工设备实现国产化。“十二五”期间，我国PTT纤维的发展重点：突破生化法PTT及其纤维产业化成套装备、工程化技术及其制品的生产技术，形成年产12万~15万t的产业化产能。

2012年12月，依托中国纺织科学研究院的生物源纤维制造技术国家重点实验室通过了由科技部基础研究司组织的验收。专家组认为，生物源纤维制造技术国家重点实验室以实现天然生物资源及其生物技术产品在纤维材料及其纺织品中的大规模、高水平应用为目标。

（二）常规合成纤维

1. 聚酯纤维

2013年6月我国聚酯（PET）纤维产量1571.46万t，同比增长6.3%，占合成纤维总量的约87%，约占化学纤维总产量的78%。我国是全球聚酯纤维生产大国。国家《化纤“十二五”发展规划》提出，到2015年，将聚酯纤维差别化率进一步提高到67%，年均增长为6%。

利用熔体直纺技术在线添加技术可解决聚酯纤维结构单一、同质竞争的问题，该技术可将抗菌、抗静电、抗紫外线等多功能与纤维异形化、细旦和超细旦相结合，进行灵活的产品开发，增强产品市场竞争力。由中国纺织工业联合会负责组织实施和完成的国家科技支撑计划重点项目“新型功能聚酯纤维的研制和产业化”研制出了熔体直纺在线可控添加动态混合系统及专用添加母粒，形成了在线可控功能性聚酯纤维制备成套技术和可降解聚酯的合成技术，建立了生产示范基地10个，示范生产线11条，取得了良好的社会和经济效益。由东华大学和江苏恒力化纤有限公司联合承担的“高品质熔体直纺超细旦涤纶长丝关键技术开发”项目成果获2011年国家科技进步奖二等奖。

2010年年底，依托化学纤维产业技术创新战略联盟，国家科技部优先启动了“十二五”国家科技支撑计划项目“超仿棉合成纤维及其纺织品产业化技术开发”。开发超仿棉舒适性聚酯长丝的关键功能改性，目的旨在解决聚酯纤维亲水性差、静电累积能力强、易起球，染色性差等缺点，同时保留其弹性好、挺括、速干等优点。《纺织工业“十二五”科技进步纲要》中指出，超仿真纤维重点发展仿棉涤纶和仿毛纤维，通过分子结构改性、共混、异型、超细、复合等技术，提高纤维综合性能，超越天然纤维的可纺性、可染性、舒适性和阻燃性。预计到 2015 年，超仿真仿棉纺成纤维产量将达到 800 万 t 左右。

在合成纤维制备技术及关键装备等方面取得了很多成果。例如，东华大学机械学院完成的“全自动喷丝板微孔检测仪项目”获得 2012 年桑麻纺织科技奖二等奖。浙江古纤道新材料股份有限公司、浙江理工大学和扬州惠通化工技术有限公司的“年产 20 万 t 熔体直纺涤纶工业丝生产技术”、桐昆集团浙江恒通化纤有限公司和浙江理工大学的“年产 40 万 t 差别化聚酯长丝成套技术及系列新产品”、新凤鸣集团股份有限公司、东华大学和浙江理工大学的“大容量短流程熔体直纺涤纶长丝柔性生产关键技术及装备”等项目获得 2012 年中国纺织工业联合会科学技术奖一等奖。

2. 聚酰胺纤维

我国脂肪族聚酰胺纤维的产量自 2007 年超过传统生产强国美国后，跃居世界第一，并保持较快的增长势头。根据产业信息网数据显示，截至 2013 年 6 月，我国聚酰胺纤维产量累计 99.22 万 t，同比增长 13.3%。

由于国内聚己内酰胺产能不足，供应缺口较大以及相关产业的高增长、高回报，引发国内己内酰胺生产的高潮。“十二五”期间，我国多套新建或扩建己内酰胺生产装置将建成或投产，如中石化石家庄华子安有限公司、南京帝斯曼公司、浙江巨化集团、山东海力化工股份有限公司、浙江恒逸集团等相继扩建或新建的己内酰胺生产线使己内酰胺的产能大大提升，已可满足市场需求。

由于聚己内酰胺纤维价格要高于聚酯纤维等，聚酰胺纤维材料及其产品须定位在高端，才能保证企业的竞争力。因此，聚酰胺纤维工业“十二五”发展目标是通过技术创新，发展差别化聚酰胺纤维，将纤维差别化率由 2010 年的 45% 提高到 2015 年的 65% 以上。北京理工大学阻燃材料重点实验室对阻燃聚酰胺纤维进行了比较全面的研究，他们分别利用共聚方法、添加阻燃剂后共混纺丝等方法制备了阻燃聚酰胺纤维，得到了较好的成果。辽宁银珠化纺集团有限公司开发抗菌聚酰胺纤维已被用作军服布料，该项技术获得国家专利金奖。2012 年 12 月，广东新会美达锦纶股份有限公司决定由公司全资子公司常德美华尼龙有限公司投资扩建 3.9 万 t/a 的聚己内酰胺差别化长丝项目。

北京三联虹普新合纤技术服务有限公司和长乐力恒锦纶科技有限公司承担的“大容量聚酰胺 6 聚合及细旦锦纶 6 纤维生产关键技术及装备”项目成果获得 2012 年国家科技进步奖二等奖。

3. 聚丙烯腈纤维

聚丙烯腈纤维又称人造羊毛，具有较好的蓬松性、弹性、保暖性，但其回弹性、卷曲性与羊毛相比仍存在较大的差距。根据产业信息网数据显示，截至 2013 年 6 月，我国聚丙烯腈纤维产量为 34.56 万 t，同比下降 1.5%。

虽然“十一五”期间我国聚丙烯腈纤维行业总体水平有了较大进步，但与发达国家仍存在较大差距，如原料自给率低、装备工艺技术落后、企业规模较小、纤维差别化率较低以及行业环保压力大等。因此，聚丙烯腈纤维行业“十二五”整体发展思路及目标是调整优化产业结构、加大科研力度、开发推广环保型工艺技术、提高原料保障能力，加快聚丙烯腈纤维的国际市场竞争力。

近年来国内差别化聚丙烯腈纤维的开发也取得了一定的进展。例如，2012 年安庆石化腈纶部研制出的 0.8 旦超细聚丙烯腈纤维新品种，产量已超过 180t。2012 年大庆石化公司聚丙烯腈纤维产量超过 7 万 t，其中短纤维接近 6 万 t，新产品的差别化率达到 31%。此外，根据《宁波市纺织工业调整和振兴行动计划》，浙江杭州湾腈纶有限公司年产 6 万 t 差别化聚丙烯腈纤维生产线技改项目已列入宁波纺织工业调整和振兴行动计划重点项目，可形成年产 6 万 t 差别化聚丙烯腈纤维生产规模。

天津工业大学“热致相分离法制备聚丙烯腈中空纤维膜及膜孔结构与成形机理研究”和东华大学“增塑熔融纺丝法制备聚丙烯腈基碳纤维原丝的研究”项目分别获得 2012 年和 2011 年国家自然科学基金资助。

4. 聚丙烯纤维

根据产业信息网数据显示，截至 2013 年 6 月，我国聚丙烯纤维产量为 14.57 万 t，同比增长 –7.7%。聚丙烯纤维是化学纤维中密度最轻的品种，其优良的加工性能和物理机械性能使其在防护、包装、过滤、土工建筑、交通运输、医疗卫生、家用装饰和休闲用品等领域得到广泛应用。

天津工业大学选择丙烯酸十八酯单体，以高能电子束辐照引发单体在聚丙烯纤维表面的接枝反应，使改性后的聚丙烯纤维具有萃取水中微量苯酚的功能。天津工业大学还以正构烷烃 – 聚合物相变材料和聚羟甲基丙烯酰胺 / 聚乙二醇互穿网络聚合物为芯层，聚丙烯为纤维的皮层，采用双组分熔融复合熔体纺丝技术制备了储热调温纤维，所制备纤维的热焓可达到 36 ~ 40J/g，纤维的力学性能满足纺织服装的应用要求。

东华大学、江西东华机械有限责任公司和揭阳市粤海化纤有限公司联合承担的“高强聚丙烯工业丝生产关键技术与设备及产业化应用”项目获得 2011 年中国纺织工业联合会科学技术奖二等奖。

（三）高性能纤维

2010 年世界高强、高模纤维的产能为 14.5 万 t/a、耐热纤维为 3.9 万 t，其中日本高强、高模纤维和耐热纤维分别为 7.7 万 t 和 1.0 万 t，占世界的 47.6%。按照国家发展战略性新兴产业总体要求，依据《化纤行业“十二五”发展规划》，到 2015 年，我国各类高性能纤维将进入世界发达国家行列，高新技术纤维材料重点品种基本能够满足国防工业、民用高端领域的需求，在高性能纤维材料领域实现“从小国变大国”。

1. 碳纤维

碳纤维及其复合材料是伴随着航空航天及国防事业的快速发展而成长起来的新型材料，我国一直是碳纤维消费大国，消费量约占全世界消费量的 1/4。

2012 年山东省自主创新专项对“T700 级碳纤维产业化关键技术及千万级生产线建设”等项目立项支持。国家高技术研究发展计划（国家“863”计划）也对高性能纤维材料等关键技术开发立项支持，2012 年启动了“高性能纤维及复合材料制备关键技术（一期）重大项目”。

2012 年 6 月，江苏航科复合材料科技有限公司建成国内首条 25tT800 碳纤维生产线，在高性能碳纤维产业化方面实现了突破。2012 年 9 月，中复神鹰碳纤维公司自主开发的国际主流工艺干喷湿纺 SYT45（相当于 T700 级）高性能碳纤维首次在中国国际复合材料展上亮相，该公司每月向市场供应 50tSYT45 级碳纤维，到 2013 年每月供应量将增加到 150t 左右。

2012 年 10 月，由中国纺织科学研究院中纺精业公司承担的“碳纤维原丝用热辊技术开发”项目通过了由中国纺织机械器材工业协会组织召开的成果鉴定会，该项目研发的电感应加热型碳纤维用热辊控温精度高，减少了加热器的涡流和磁滞损耗，增大了丝束与热辊的接触面积，提升了国产碳纤维机电一体化设备的技术水平。

有关碳纤维材料应用基础研究方面的报道较多，主要集中在碳纤维原丝性能、制备工艺及碳纤维表面改性等方面。哈尔滨工业大学提出了利用化学法在碳纤维上接枝碳纳米管的思想，从而实现了碳纤维和碳纳米管的化学结合，可以有效调控碳纳米管的介质密度，使碳纤维材料的界面性能提高一倍以上，为解释多尺度复合材料的界面增强机理找到最为直接的证据。此外，北京化工大学针对电化学氧化法、山东大学和南京工业大学针对液相氧化法、浙江理工大学针对硅溶胶改性技术对碳纤维进行了改性，实现了碳纤维与树脂界面黏结性能的提高并对相关机理进行了研究。来自东华大学、太原理工大学、华北电力大学、哈尔滨工业大学及厦门大学的 5 项有关碳纤维的基础研究得到 2011 年和 2012 年度国家自然科学基金的资助。2012 年，上海大学完成的“碳 / 碳复合材料工艺技术装备及应用”项目成果获得国家科学技术进步奖二等奖。

2. 芳香族聚酰胺纤维

芳香族聚酰胺纤维是一类综合性能优异、技术含量和附加值高的特种纤维材料，主要品种有聚对苯二甲酰对苯二胺纤维、聚间苯二甲酰间苯二胺纤维、聚苯砜对苯二甲酰胺纤维等。

东华大学采用二次生长的方法，在芳砜纶织物表面制得氢氧化镁片状晶体，通过控制 pH 值并采用原位生长的方法，使氢氧化铝包裹已生长了片状氢氧化镁晶体的芳砜纶织物，从而成功制得氢氧化铝 / 氧化镁 / 芳砜纶复合阻燃材料。东华大学设计了多级多倍连续拉伸工艺对芳砜纶水洗丝进行热拉伸，研究了 350 ~ 390℃热拉伸温度对纤维结构和性能的影响。随拉伸温度的升高，纤维的结晶结构趋于完善，结晶度、取向度和晶粒尺寸随之增大，但纤维密度变化不显著。

我国对位型芳香族聚酰胺纤维的研发始于20世纪80年代，先后有多家单位进行研制。2012年3月，中国纺织工业联合会组织专家对苏州兆达特纤科技有限公司完成的“年产1000t对位芳纶产业化”项目进行了鉴定。

间位型芳香族聚酰胺纤维（间位芳纶）具有阻燃绝缘、质轻强度高、防腐环保等优良特性，在防护服、耐高温、电气绝缘、蜂窝复合材料等方面有广泛的用途。2012年国内烟台泰和新材料股份有限公司新建3000t生产线，合计间位芳纶产能已达8000t，居世界第二位，加之上海圣欧公司和广东彩艳公司等，国内间位芳纶的总产能达到1.1万t左右，预计未来间位芳纶的需求将以10% ~ 15%的增速发展。

四川辉腾科技有限公司《50t/a杂环芳香族共聚酰胺纤维（芳纶Ⅲ）工业化生产技术》项目成果获得2012年度自贡市科学技术进步奖一等奖。

3. 超高分子量聚乙烯纤维

超高分子量聚乙烯（UHMWPE）纤维是继碳纤维、芳香族聚酰胺纤维后的又一种有机高性能纤维，具有高强、高模、质轻等突出特性，在航空航天、交通运输、运动器材、防护用品等方面用途广泛。

我国的超高分子量聚乙烯纤维发展较快，目前已建成包括干法纺丝路线的多条产业化生产线，年产能已达6500t，产量达到3000t，纤维产品大量出口。2012年12月，中国科学院宁波材料技术与工程研究所牵头、中科院化学所和中科院上海有机化学所参与的中科院重要方向项目“超高分子量聚乙烯纤维制备与纤维级树脂研究”通过结题验收。

华东师范大学、东华大学、天津工业大学、中国科学院上海应用物理研究所、中国科学院宁波材料技术与工程研究所、宁波大学的6项有关超高分子量聚乙烯纤维的基础研究得到2011年和2012年国家自然科学基金的资助。

泰州申视塑料有限公司和常州大学共同完成的“高性能超高分子量聚乙烯钢骨架增强复合管及工艺装备技术”项目成果获得2012年度江苏省科学技术奖二等奖。

4. 聚苯硫醚纤维

聚苯硫醚（PPS）纤维又称聚对苯硫醚纤维、聚苯撑硫醚纤维，具有优异的阻燃性、耐热性、耐化学腐蚀性和力学性能等，可在酸、碱、高温等恶劣环境下长时间使用，成为热电厂、垃圾焚烧炉以及水泥厂高温袋式除尘装置的首选材料。

佛山市斯乐普特种材料有限公司、大连华阳化纤工程技术有限公司完成的“聚苯硫醚纺粘针刺及水刺非织造过滤材料成套技术”项目成果获得2012年中国纺织工业联合会科学技术奖二等奖。

5. 聚酰亚胺纤维

聚酰亚胺（PI）纤维是指大分子链中含芳酰亚胺环的一类纤维，可根据需要，设计不同的化学结构，纤维具有突出的耐热及优异的力学性能、电性能、耐辐射性能、耐溶剂性能等，可用作高温粉尘滤材、电绝缘材料、耐高温阻燃防护服、降落伞、蜂窝结构及热封材料、抗辐射材料、纤维复合材料等。

浙江大学以实验室自制二胺和均苯四甲酸酐为原料在N–甲基吡咯烷酮中合成了聚酰亚胺溶液，采用一步干湿纺丝法制得聚酰亚胺初生纤维，热处理获得了性能较好的聚酰亚胺纤维。哈尔滨理工大学以不同质量分数的聚酰亚胺溶液为纺丝液，采用静电纺丝技术制备出聚酰亚胺无纺布，并对无纺布中纤维直径大小和分布情况进行了表征。东华大学、江西师范大学、东华大学、华东理工大学、北京科技大学等5项有关聚酰亚胺的研究获得2011年和2012年国家自然科学基金资助。

中科院长春应用化学研究所是国内最早从事聚酰亚胺研究的单位之一，该所在吉林省科技厅及国家“863”计划项目支持下，于2010年自主研发设计建成了年产300t工业化装置，所得聚酰亚胺纤维综合性能达到国际先进水平，2012年年底形成年产3000t的生产能力。2012年4月，江苏奥神新材料有限责任公司采用拥有自主知识产权的干法纺丝及一体化生产技术也成功试制出聚酰亚胺纤维和聚酰亚胺纤维成套生产设备。2012年8月，深圳惠程电气股份有限公司控股子公司长春高琦聚酰亚胺材料有限公司完成的“聚酰亚胺纤维技术”及由长春高琦聚酰亚胺材料有限公司、合肥水泥研究院、徐州中联水泥有限公司共同完成的“聚酰亚胺纤维产品”项目成果通过了由中国环境科学学会组织的科技成果鉴定，项目开发的聚酰亚胺纤维技术及产品填补了国内聚酰亚胺纤维生产和产品空白。

6. 聚对苯撑苯并双噁唑纤维

聚对苯撑苯并双噁唑（PBO）纤维是目前综合性能最好的一种有机纤维，其突出的特点是强度大、模量高，抗冲击性好，分解温度达到650℃，是所有有机纤维中耐热温度最高的，除可作为耐热和电绝缘材料外，在航空航天、交通、石油化工等方面也有着很好的应用前景。

东洋纺是目前国外唯一商业化生产PBO纤维的公司。自20世纪90年代始，我国华东理工大学、东华大学、上海交通大学、哈尔滨玻璃钢研究所等分别对PBO的合成、纺丝成形、纤维增强复合材料及其应用等进行了有成效的小试研究，哈尔滨工业大学在国家“863”计划、总装备部预研项目、中国航天科工集团项目支持下，经过近十年的研究，建立了PBO纺丝线，制备出抗张强度5.0 ~ 5.5GPa、模量240GPa的高强度、高模量PBO纤维。

7. 聚四氟乙烯纤维

聚四氟乙烯（PTFE）具有高度的化学稳定性和突出的耐化学腐蚀能力，耐热、耐寒及耐磨，还具有不黏着、不吸水，不燃烧等特点。我国在聚四氟乙烯纤维研制方面取得很大进展，目前纤维的产能达到700t/a左右，约占世界聚四氟乙烯纤维总产量的1/3。

浙江蓝天海纺织服饰科技有限公司和绍兴中纺院江南分院有限公司“聚四氟乙烯薄膜

复合异型纤维 / 棉混纺嵌入式防静电面料产品的开发”项目成果获得2012年中国纺织工业联合会科学技术奖三等奖；解放军总后勤部军需装备研究所“膜裂法聚四氟乙烯纤维工业化生产技术与应用研究”项目成果获得2012年度桑麻纺织科技奖一等奖。

8. 高强度聚乙烯醇纤维

高强度聚乙烯醇（PVA）纤维是聚乙烯醇纤维产品系列中的新品种，具有高强、高模、低伸以及良好的分散性、耐碱性、与水泥的亲和性好等特点，是水泥和塑料制品较理想的增强材料。此外，高强度PVA纤维还具有较稳定的高温性能，作为帘子线取代人造纤维用于橡胶基复合材料。

安徽皖维高新材料股份有限公司完成的“混凝土用改性高强高模聚乙烯醇（PVA）纤维的研发及产业化”项目成果获得2012年中国纺织工业联合会科学技术奖三等奖。

9. 无机及金属纤维

无机纤维是以矿物质为原料、经过加热熔融或压延等物理或化学方法制成的纤维，主要品种包括玻璃纤维、石英纤维、硼纤维、玄武岩纤维、陶瓷纤维等。金属纤维是由金属及其合金拉制成的丝状物。无机及金属纤维不仅具有良好的耐热性、耐湿性、耐腐蚀性、抗霉性，而且还具有高强、高模、导电、导热、导磁、不燃等特性，在很多方面获得应用。

（1）玄武岩纤维

玄武岩纤维是以天然玄武岩矿石为原料于1450 ~ 1500℃熔融后通过铂铑合金漏板高速拉制而成的纤维。玄武岩纤维具有耐高温、隔音、隔热、抗振、耐酸碱、阻燃、防爆、化学惰性和生态友好等特性，可广泛用于国民经济许多领域。连续玄武岩纤维的生产难度较大。2011年全世界连续玄武岩纤维产量约6500t，其中，我国2500t、俄罗斯1500t、乌克兰1000t，其他如韩国、奥地利、比利时等共1500t。

2012年11月，东南大学城市工程科学技术研究院和浙江石金玄武岩纤维有限公司共同努力，成功突破了连续玄武岩纤维800孔漏板拉丝技术，实现了稳定性生产。预计未来5年，我国连续玄武岩纤维总产量年均递增速度将达50%左右，到2020年连续玄武岩纤维总产量将占全球的70%以上。

应用基础研究主要集中在玄武岩纤维结构与力学性能、纤维制品过滤性能、纤维增强复合材料力学性能等方面。华南理工大学“地聚物基玄武岩纤维布加固钢筋混凝土柱的加固效果及耐火性能研究”、东南大学“玄武岩纤维筋连续配筋水泥混凝土路面开裂和冲断机理与控制指标研究”、哈尔滨工程大学“稀土改性玄武岩纤维增强树脂基复合材料的界面强韧化机制与相关性能研究”等项目分别得到2011年和2012年国家自然科学基金资助。

（2）陶瓷纤维

陶瓷纤维是一种纤维状轻质耐火材料，具有重量轻、耐高温、导热率低、比热小及耐机械振动等特点，对其研究与开发越加受到重视。

西南科技大学制备了碳化硅陶瓷纤维并对异形截面碳化硅陶瓷纤维的制备工艺和性能

进行了较全面的介绍。国防科技大学以低活性含硅聚硼氮烷为先躯体，经熔融纺丝，BCl3脱硅不熔化处理以及在氨气气氛中高温裂解制备了氮化硼陶瓷纤维，但仍含有硅元素，研究表明，氮化硼纤维直径为11μm，断面致密无孔，室温下抗拉强度为0.45GPa。武汉科技大学研究了800℃、1000℃、1200℃下热处理2h后的物相组成（空气和埋炭气氛）及表面形貌（埋炭气氛）。综合考虑纤维的性质表现，埋炭气氛下，热处理温度在1200℃以下时，纤维的析晶程度较低。

（四）功能纤维

1. 中空纤维分离膜

中空纤维膜是重要的功能纤维品种，其比表面积大、填充密度高，中空纤维膜组器体积小、易操作等。膜分离技术具有分离能耗低、效益高、不产生二次污染等特点，是资源、能源和环境等领域的共性技术，已成为工业节水和废水资源化等方面最受关注的核心技术。《高性能膜材料科技发展“十二五”专项规划》中提出，今后几年我国将着力突破海水淡化用高性能反渗透膜、高性能分离膜材料、离子交换膜材料等关键技术，以此推动膜材料在水资源、石油化工等相关行业的应用。在水资源领域，我国将重点突破海水淡化用高性能反渗透膜、水质净化用纳滤膜和废水处理用膜生物反应器专用膜材料的规模化制备技术，大力发展国产高性能分离膜材料。

有关中空纤维膜的研究报道主要集中在热致相分离法制膜技术、膜亲/疏水改性、膜对臭氧环境的耐受性等方面。“高性能聚偏氟乙烯中空纤维膜制备及在污水资源化应用中的关键技术”项目成果获得2012年国家技术发明奖二等奖。

2. 蓄热调温纤维

蓄热调温纤维是一种自动感知外界环境温度变化而智能调节温度的高技术纤维，纤维织物可吸收、储存、重新分配和释放热量。目前开发的蓄热调温纤维多采用微胶囊技术或复合纺丝技术，将相变转移材料封装在纤维内部。

由北京巨龙博方科学技术研究院与河北吉藁化纤有限责任公司共同开发的智能调温粘胶纤维（空调纤维）通过了中国纺织工业联合会组织的专家鉴定，该纤维品种的年生产能力达到1000t。广东省韶关市盈保纤维科技（仁化）有限公司投资2390万元，建设年产1500t双组分储热调温纤维等工程项目。

“耐高温相变材料微胶囊、高储热量储热调温纤维及其制备技术”项目成果获得2011年国家技术发明奖二等奖。

3. 吸附功能纤维

吸附功能纤维是指在一定时间内可吸收自重数倍乃至数百倍低分子有机物或水的一类功能纤维。

由苏州大学、天津工业大学、苏州天立蓝环保科技有限公司、邯郸恒永防护洁净用品有限公司等合作完成的“功能吸附纤维的制备及其在工业有机废水处置中的关键技术”项目成果获得2012年中国纺织工业联合会科学技术奖一等奖。

三、纤维材料工程学科国内外研究进展比较

我国化学纤维的产量已接近世界总产量的70%，是名副其实的化学纤维生产大国。根据《化纤行业“十二五”发展规划》，以产业结构优化升级为主攻方向，着力提高自主创新能力，大力推进高性能纤维、生物质纤维以及生化原料的研发和产业化，全面提高化学纤维工业的综合竞争力，努力创造一个可持续发展的环境，已是国内化学纤维行业发展的必然选择。

（一）生物质纤维

美国能源部和美国农业部赞助的“2020年植物/农作物可再生性资源技术发展计划”，提出了2020年从可再生植物衍生物中获取10%的基本化学原料。日本计算机厂商富士通公司以蓖麻为原料，研发出新的生物聚合体，本田汽车公司研制出以植物为基材的汽车内饰用织物。法国罗地亚公司以蓖麻为原料制成了聚酰胺610纤维。杜邦公司开展了生物技术合成己二腈，再转化为锦纶6和锦纶66的单体己内酰胺和己二酸的研究。

以植物/农作物为原料，运用生物技术制备成纤聚合物的单体，是目前生物质纤维的主要研究课题之一。其中，聚对苯二甲酸丙二醇酯（PTT）纤维是一种市场前景看好的聚酯纤维。其原料之一的1，3-丙二醇（PDO）可通过生物法制备，可摆脱聚酯产品及原料全部依赖于石油资源的状况。美国农业集团卡吉尔公司下属一家新公司，利用生物柴油生产过程中的副产品-甘油来制备丙二醇。杜邦公司已在用玉米淀粉制备丙二醇技术方面取得重大突破。近年来法国METabolicExplorer公司开发了利用粗甘油生物法制备PDO技术，用于合成PTT。

在生物基1，3-丙二醇国产化方面，清华大学进行了由甘油发酵生产丙二醇的研究，长春大成集团开发了利用生物发酵技术从淀粉中制备混合多元醇的工艺，建成年产20万t多元醇化生产线。抚顺石油研究院和上海石化合作，利用生物柴油的副产品甘油，制备生物基1，3-丙二醇，200t/a的中试已取得成功，年产3000t的产业化装置正在建设中，预期2015年前可向市场提供部分生物基纺丝级PTT。

“十二五”期间，化学纤维工业将对生物质纤维及生化原料进行重点研究，引导行业利用生物技术提升产业水平，改造传统再生纤维生产工艺，推广纤维材料绿色加工和新工艺、集成化技术。将重点发展新溶剂法纤维素纤维，聚乳酸、海藻、甲壳素、聚羟基脂肪酸等生物质纤维和生物法多元醇、糖醛、生物乙烯等单体原料及纤维。

（二）常规合成纤维

亚洲已成为世界聚酯纤维的主要产区，其产量超过全球总量的90%。据英国TecnonOrbiChem公司预测，到2020年，亚洲聚酯纤维产量将占世界总产量的97%。近年来世界聚酯纤维直接纺丝技术得到较快发展，德国吉玛、纽马格等公司先后开发了单线生产能力150t/d、200t/d、300t/d的熔体直纺聚酯短纤维，随着单线生产能力扩大，其在生产效率、物耗、能耗、投资等方面都有较大的技术进步，大型化的主要优势是降低单位产品的生产成本。我国聚酯纤维单线产能150t/d的国产化技术已得到成功应用，但单线产能200t/d以上的装备系列仍在攻关中。国内高速卷绕头的卷绕速度已从过去的3000m/min提高到6000m/min，而国外已达到8000m/min。《化纤“十二五”发展规划》提出，到2015年我国聚酯纤维差别化率将提高到67%，要实现这一目标，聚酯纤维企业需加大研发力度，不断开发差别化、多功能性纤维产品，提升企业核心竞争力。

在聚酰胺纤维方面，我国聚酰胺纤维中约85%为PA6纤维。虽然国产PA6大容量连续聚合技术取得重要突破，但在产品质量、生产成本等方面还有待提高，而单体己内酰胺的品质、成本与国外相比还有不小差距，高端原料PA6高速纺丝用切片以及PA66盐的原料己二腈等仍依赖进口，所以原料品质以及高端原料不足成为制约国内聚酰胺纤维行业发展的瓶颈。波兰科学家发明用糖制造聚酰胺方法，该方法制备的聚酰胺，其物理特性和耐热性能与石油提取的聚酰胺类似。该产品属于天然材料，因而可以用来制备生物医学材料，用于包扎伤口。

我国目前聚丙烯腈纤维生产企业10余家，生产能力接近90万t，年产量已位居全球首位。同时，我国是聚丙烯腈纤维产品的消费大国，年消费聚丙烯腈纤维量约130万t。国内常规聚丙烯腈纤维产品已经饱和，市场竞争激烈，而复合、超细旦、异型、抗菌、阻燃、多功能性及环保型等差别化和功能化纤维品种每年需大量进口。

我国腈纶的差别化率不足20%，仅为发达国家差别化率的一半。意大利Eni-MonteFiber公司的差别化率为39%；日本Exlan公司的差别化率为35%，而钟渊化学公司完全生产改性腈纶，差别化率为100%。荷兰/英国的Acordis公司碳纤维占20%，有色腈纶占70%。所以国内聚丙烯腈纤维产品结构急需调整，聚丙烯腈纤维差别化是行业发展的必由之路，加快技术进步，提高纤维差别化率以及降低加工成本，是提升产品竞争力的关键。

（三）高性能纤维

在碳纤维方面，日、美垄断并控制了高性能碳纤维的核心技术和产业，日本已占有世界碳纤维产量的60%～70%，美国则为世界碳纤维最大的消费国。经过多年的努力，我国已能规模化生产相当于日本东丽公司T300级别的碳纤维产品，在T700和T800级别碳纤维工程化方面也取得突破进展，国内有数十家企业涉足生产碳纤维，已建成的碳纤维生产线年生产能力达到万 t 左右规模。

据《化学周刊》报道，美国氰特实业公司将重启南卡罗来纳州 Piedmont 碳纤维扩建项目计划，并将启动公司在德克萨斯州格林维尔的预浸料扩建项目；日本东丽公司现拥有年产 21100t 的碳纤维生产能力，到 2015 年 3 月，生产能力将扩大至年产 27100t。

在芳香族聚酰胺纤维方面，间位芳香族聚酰胺纤维（芳纶 1313）的产能、产量增长迅速，已居世界第二，应用领域也在不断拓宽；多家企业在进行对位型芳香族聚酰胺纤维（芳纶 1414）的产业化攻关，目前千万级生产线已经建成；性能优良的共聚型芳香族聚酰胺纤维（芳纶Ⅲ），总产能已突破百 t，性能指标接近国外同类纤维水平。

目前国外生产超高分子量聚乙烯纤维的厂家主要有荷兰帝斯曼（DSM）、美国霍尼韦尔（Honeywell）和日本三井公司等。荷兰帝斯曼是超高分子量聚乙烯纤维的创始公司，采用以十氢萘为溶剂的干法纺丝路线，也是产量最高、质量最好的制造商，年产量约 9200t；美国霍尼韦尔公司采用以矿物油为溶剂和氟利昂为萃取剂的湿法纺丝路线，产量约 3000t；日本三井公司则采用以石蜡为溶剂和癸烷为萃取剂的湿法纺丝路线，产量约 600t。我国超高分子量聚乙烯纤维主要生产商有山东爱地高分子材料有限公司、北京同益中特种纤维技术开发有限公司、湖南中泰特种装备有限公司、宁波大成新材料股份有限公司、中国石化仪征化纤股份有限公司和上海斯瑞聚合体科技有限公司等，生产能力已超过世界总生产能力的 1/2。

此外，聚苯硫醚（PPS）纤维及树脂的产能已跃居世界首位；自主开发的千万级芳砜纶纤维正进一步扩大应用和提高效能水平；无机耐高温玄武岩纤维，总产能已突破 2000t，性能水平不断提升；聚酰亚胺纤维的开发也进入产业化攻坚阶段。虽然中国在高技术纤维的基础研究和产业化进程已经取得了很好的成果。但与国外相比，持续创新正是中国企业的弱项。因此，大力提高持续创新能力是中国在纤维材料方面发展的根本。

（四）功能及差别化纤维

日本的功能纺织品约占全部纺织品的 40%，差别化纤维的产量已超过日本全部化学纤维产量的 50%。日本利用聚酯仿真丝纤维开发了大量独具风格的服用及装饰用功能纤维新材料。西欧国家重视对功能纤维的开发与应用，纺织品中有 20%以上为功能纺织品。韩国合成纤维的产量已居世界第四位，在功能或差别化纤维方面的成绩斐然。

我国化学纤维工业经历了 50 年左右的发展，已形成各大类纤维品种基本齐全、技术装备初步配套、质量有一定水平的化学纤维生产开发体系，近年来功能或差别化纤维研制方面也取得很大进展。然而，我国在高品质、高性能装饰用和产业用纺织品方面的开发与应用进展迟缓，相关的高新技术纤维的研制与产业化还相当薄弱，特别是一些涉及高新技术的功能纤维，国内仍处于实验室研究阶段，不少品种还处于空白状态。

四、纤维材料工程学科发展趋势及展望

面对国内外新的竞争形势和严峻环境，我国化学纤维工业和纤维材料领域正处于转型升级和创新发展的关键时期，进一步突破高新技术纤维理论和技术瓶颈制约，促进结构优化调整，强化节能减排和循环经济，加快和加强“科工贸资”和“产学研用”相结合的集成创新体系，是推进我国化学纤维工业和纤维材料领域科学、高效、可持续发展的关键，也是当前和“十二五”期间发展的重要任务。

按照国家发展战略性新兴产业的总体要求，围绕纺织工业建设纺织强国的主体目标，依据《化纤行业“十二五”发展规划》，以科学发展观推动行业发展全局，到2015年各类高性能纤维材料，生物质纤维材料、超仿真功能化差别化纤维及环保型绿色纤维素纤维等进入世界发达国家行列；高新技术纤维材料重点品种实现产业化生产，基本能满足包括国防工业急需的新型材料，民用高端领域基本需求，初步建成世界化学纤维生产和高新技术研发基地。

1. 以科学发展观统揽全局

为实现上述战略目标，首先要以科学发展观统揽纺织纤维材料全局，创新发展理念，转变增长方式，大力发展涵盖“节能环保产业、新兴信息产业、生物产业、新能源产业、新能源汽车领域、高端装备制造产业、新材料产业”等“战略性新兴产业”，高度关注和追踪国际新材料的发展动向。

2. 构建高效科学的产业化攻关体系

纤维材料是多学科、多技术、多领域、多类人才的交叉与融合的产物，要增强自主创新能力，建立以企业为主体、市场为导向的产学研结合的技术创新体系，推进不同领域、不同形式的高度化联合，提升基础研究与高新技术产业化相互依存、相互支撑的实施能力。

3. 合理规划，有序发展

采用先进适用技术改造和提升常规纤维品种的生产工艺、装备及自动化控制水平，实现常规纤维品种生产装备的高效化、柔性化，常规产品的优质化，加快发展高仿真、多功能复合等差别化纤维，加强化学纤维生产与下游产品应用的联合开发，不断提高产品附加值。

4. 推进节能减排和资源循环利用

加强节能减排技术、新装备的产业化研发与应用，加大对化学纤维行业废水和废气的治理、回收等技术应用与设施建设力度，加快淘汰和替代高能耗、高污染、低效率的落后

生产工艺和设备以及有毒有害化学物质的生产和使用。加强废物资源化过程中的污染控制和环境风险研究，积极推动行业能源合同管理、清洁生产审核、企业碳足迹认证研究等工作，建立化学纤维工业循环经济发展模式，引导社会绿色消费。

5. 提高重点技术与装备自主化和工程化水平

加强集成创新，突破重大技术装备研制、重点工程设计、关键装备技术的瓶颈，形成拥有自主知识产权、先进实用的核心技术，注重节能、高效和环保型化学纤维关键设备、精密组件、配套设施、特种材料、助剂等的国产化与应用，强化工艺软件和装备的一体化开发与应用，促进高新技术纤维及其原料等产业的发展。

6. 加速人才队伍建设，确保纤维材料发展的人才保障作用

相关高等学校、研究院所和化学纤维企业，在加强人才队伍建设方面，不仅要着力培养或引进高层次研发人才，而且要重视培养一线技术工人队伍和高端企业管理人才，为化学纤维工业的可持续发展提供强有力的人才保障。

参考文献

[1] 中国化学纤维工业协会，东华大学纤维材料改性国家重点实验室. 2011—2015年：中国化纤行业发展规划研究[C]. 上海：东华大学，2012.

[2] 中国麻纺行业协会. 中国麻纺织行业“十二五”规划及2020年战略目标纲要[S]. 北京：中国麻纺行业协会，2011.

[3] 姚穆. 国际棉纺织新型材料的发展应用[J]. 棉纺织科技，2010(3)：126-127.

[4] 项目综合查询. 国家自然基金网站[EB/OL]. [2012-08-17]. http：//159. 226. 244. 22/portal/ Proj_List. asp.

[5] Zhou Yingshan, Yang Hongjun, Liu Xin, et al. Eletrospinning of carboxyethyl chitosan/poly (vinyl alcohol) / silk fibroin nanoparticles for wound dressings [J]. International journal of biological macromolecules, 2013, 53: 88-92.

[6] Wu Jinglei, Liu Shen, He Liping. Electrospunnanoyarn scaffold and its application in tissue engineering [J]. Materials letters, 2012 (89): 146-149.

[7] Ingildeev Denis, Hermanutz Frank, BredereckKarl, et al. Novel Cellulose/Polymer Blend Fibers Obtained Using Ionic Liquids [J]. Macromolecular materials and engineering, 2012, 297 (6): 585-594.

[8] MamnickaJustyna, CzajkowskiWojciech. New fiber-reactive UV-absorbers increasing protective properties of cellulose fibres [J]. Cellulose, 2012, 18 (5) 1781-1790.

[9] Yang H R, Esteves A C C, Zhu H J, et al. In-situ study of the structure and dynamics of thermo-responsive PNIPAAm grafted on a cotton fabric [J]. Polymer, 2012, 53 (16): 3577-3586.

[10] 赵永霞. 全球生物基聚酯的技术与市场进展[J]. 纺织导报，2013(2)：29-34.

[11] 芦长椿. 生物基聚酯及其纤维的技术发展现状[J]. 纺织导报，2013(3)：35-40.

[12] 中国产业信息网，http：//data. chyxx. com/201308/215895. html，2013.

[13] FerreroF, Periolatto M. Antimicrobial Finish of Textiles by Chitosan UV-Curing [J]. Journal of Nanoscience and

Nanotechnology, 2012, 12（6）：4803–4810.

[14] LauferGalina, Kirkland Christopher, MorganAlexander B, et al. Intumescent multilayer nanocoating, made with renewable polyelectrolytes, for flame-retardant cotton[J]. Biomacromolecules, 2012, 13(9)：2843–2848.

[15] Hou Yongping, Sun Tongqing. Wettability modification of polyacrylonitrile（PAN）-based high modulus carbon fibers with epoxy resin by low temperature plasma[J]. Journal of Adhesion, 2013, 89（3）：192–204.

[16] Draczynski Zbigniew, Bogun Maciej, Mikolajczyk Teresa, et al. The influence of forming conditions on the properties of the fibers made of chitin butyryl-acetic copolyester for medical applications [J]. Journal of applied polymers science, 2013, 127（5）：3569–3577.

[17] 韩娜，张荣，刘理璋. 熔纺双组分调温聚丙烯纤维 [J]. 纺织学报，2012，33（9）：6–9.

[18] 袁华，王成国，卢文博，等. PAN 基碳纤维表面液相氧化改性研究 [J]. 航空材料学报，2012，32（2）：65–68.

[19] 王微霞，钱鑫，皇静，等. 聚丙烯腈基碳纤维灰分的来源及其影响因素 [J]. 合成纤维，2012，41（3）：13–15.

[20] 兰红艳，郭蓉如，方磊. 芳砜纶毛纺产品的开发实践 [J]. 上海纺织科技，2012，40（7）：42–45.

[21] 牛磊，黄英，张银铃，高性能纤维增强树脂复合材料的研究进展 [J]. 材料开发与应用，2012，27（3）：86–90.

[22] 赵英翠，李金鹰，高大鹏，等. 浅谈超高分子量聚乙烯纤维的表面处理 [J]. 化工科技，2012，20（5）：64–67.

[23] 王桦，覃俊，陈丽萍. 聚苯硫醚纤维及其应用 [J]. 合成纤维，2012，41（3）：7–12.

[24] 武红艳. 超高分子量聚乙烯纤维的生产技术和市场分析 [J]. 合成纤维工业，2012，36（5）：38–42.

[25] 黄庆林，肖长发，胡晓宇. PTFE/$CaCO_3$ 杂化中空纤维膜制备及其界面孔研究 [J]. 膜科学与技术，2011，31（6）：46–50.

[26] 肖远淑，张晓超，单小红. 高性能陶瓷纤维的性能及其应用 [J]. 轻纺工业与技术，2012，41（4）：44–46.

[27] 逯志平，吕晓龙，武春瑞，等. 低温热致相分离法制备聚偏氟乙烯中空纤维多孔膜的研究 [J]. 膜科学与技术，2012，32（1）：12–17.

[28] 张立涛，张玉忠，林立刚，等. 中空纤维膜的抗臭氧性能研究 [J]. 膜科学与技术，2012，32（5）：45–51.

[29] Zhao J, Xiao C F, Xu N K, et al. Microstructure, Rheology, and Potential Oil A bsorbency of Poly（Butyl Methacrylate）and Poly（Hydroxyethyl Methacrylate）Blends [J]. Journal of Macromolecular Science, Part B: Physics, 2012, 51（11）：2297–2309.

[30] Zhao J, Xiao C F, Xu N K, Diffusion and Swelling Behavior in Treatment of OIL Spill to Semi-Interpenetrating Polymer Network from Oil-Absorptive Fiber [J]. Journal of Dispersion Science and Technology, 2012, 33（8）：1197–1203.

[31] Zhao J, Xiao C F, Xu N K, Preparation and Properties of Poly（butyl methacrylate/lauryl methacrylate）and Its Blend Fiber [J]. Polymer Bulletin, 2012, 69（6）：733–746.

[32] 曹建，丁振华，沈新元. 新型生物质纤维的现状与发展趋势 [J]. 中国纤检，2012（1）：82–86.

[33] 刘辅庭. 日本化纤业的现状和发展方向 [J]. 合成纤维，2012（4）：27–29.

[34] 顾祥万. PET 纤维产业现状及发展方向 [J]. 聚酯工业，2012，25（6）：5–7.

[35] 端小平，郑俊林，王玉萍，等. 我国高性能纤维及其应用产业化现状和发展思路 [J]. 高科技纤维与应用，2012，37（1）：8–13.

撰稿人：肖长发　王闻宇　金　欣　徐乃库　舒　伟

纺纱工程学科的现状与发展

一、引言

纺纱是纺织产业链的前道工序，其产品质量档次、生产效率与加工成本在整个产业链中具有十分重要的地位。我国纺纱规模和纱产量占世界第一的地位不断巩固，2012 年全国规模以上企业纱产量达 3300 多万 t，纺纱生产能力达到了全球总产量的 50%。

目前在纺纱生产中普遍采用两类纺纱技术。一类是环锭纺纱技术，广泛应用于棉纺、毛纺、麻纺、绢纺等领域。随着纺纱技术的不断进步，环锭纺纱技术不但在纺纱方法上取得了重大突破与改进，而且将高科技手段运用在纺纱技术装备上，使其在智能化、自动化、机电一体化技术等方面也有重大创新。另一类是新型纺纱技术，如转杯纺、喷气纺、喷气涡流纺等，由于其成纱机理、纱线结构不同于环锭纺，并在纺纱工序缩短、劳动用工减少等方面具有一定优势，得到快速发展，用新型纺纱技术生产的各类纱线比重逐年增加。但目前用环锭纺纱机生产的纱线仍占主导地位，国内外 50% 以上的短纤维纱线是在环锭纺纱机上加工生产的。

纺纱加工技术的自主创新一直围绕着新型纺纱技术的发展与环锭纺纱技术的进步展开，并已形成以下特点：

1）围绕减少纺纱用工提高劳动生产率，在环锭细纱机上应用自动化、机电一体化等新技术。在国外带自动落纱细纱长车及细络联已经成熟的背景下，国内带集体落纱的细纱长机也取得长足进步，正在逐步推广应用，并正在向细络联与粗细联延伸，实现纺纱工序的连续化。

2）以高的纺纱速度、高生产效率和低纺纱成本为特点的新型纺纱技术应用，如转杯纺纱、喷气纺纱与自捻纺纱等的应用比例逐步提高，尤其是喷气涡流纺的应用推广增幅较大。

3）以提高成纱质量、增强纱线强力、降低纱线毛羽为目的，对纺纱过程中纤维的转移进行有效控制的纺纱新技术不断完善，如集聚纺技术、全聚纺技术、聚纤纺等。

4）以提高纱线、织物柔软度，改善布面风格和手感为目的纺纱技术，如低扭矩纺纱技术、柔洁纺纱技术等竞相涌现。

5）以改善织物风格和功能为目的，在纺纱过程中进行不同纤维的混纺、长丝与短纤复合纺纱等技术，如嵌入纺、包芯纺、赛络纺（Sirospun）、赛络菲尔纺（Sirofil）等的应用领域越来越广。

本专题报告旨在总结近两年来纺纱工程学科的新理论、新技术、新产品等方面的发展状况，并结合国外的最新研究成果和发展趋势，进行国内外发展状况比较，提出本学科今后的发展方向。

二、纺纱工程学科的发展现状

近两年，我国纺纱工程科学技术研究继续得到加强。2012 年 5 月，中国纺织工程学会新型纺纱专业委员会在山西榆次召开了第 16 届全国新型纺纱学术会。2013 年 2 月 28 日，由中国纺织工程学会举办的第 3 期纺织科技新见解学术沙龙，以“环锭纺新技术及其应用”为主题，集中交流研讨了国内纺纱界的最新创新成果，说明行业对纺纱科学技术研究的重视和活跃。

（一）纺纱基础理论研究进展

近年来，对纺纱基础理论的重视是纺纱领域取得的可喜进展之一，有多部关于纺纱基础理论及应用的专著面世，体现了纺织工业的技术创新和发展正在逐步走向深入，前景更加广阔。

2011 出版的专著《罗拉牵伸原理》回顾了自 1738 年法国人发明了用罗拉将纱条牵长变细以来，罗拉牵伸在实际生产中的大量应用和许多学者对此进行理论和实践研究取得的进展和不足。从纤维运动的本质，即力学条件，对牵伸过程作全面的分析，特别对摩擦力与纤维运动的关系、牵伸区中摩擦力界及其分布以及演化为控制力和引导力分布的实际理念作了系统的、深入的探讨。2012 年出版的《现代棉纺牵伸的理论与实践》，在总结我国现代棉纺细纱大牵伸实践和结合科学实验的基础上，全面系统地介绍了现代棉纺牵伸的基本理论及其实践发展，总结了棉纺细纱大牵伸成功的基本经验，提炼出牵伸过程的基本规律，可为现代大牵伸装置的设计和提高产品质量及工艺应用提供借鉴。

在梳理理论及应用方面，2012 年先后出版了 3 部专著。《梳理的基本理论》一书以梳理的基本理论为主线，主要探讨梳理过程中纤维的运动和作用力、针面上纤维负荷量的变化及其与产质量的关系。它对纺织工作者在掌握梳理工艺、改善工艺、提高产质量以及梳理机械与针布的设计等方面有着重要意义。作者将盖板梳理与罗拉梳理统一阐述，提出了以切向运动为主的新理论系统，为国内外第一次陈述的概念。《梳棉机工艺技术研究》和《梳理理论与实验研究论文集》也分别对梳理中的有关理论和工艺技术等进行较系统全面的试验研究和分析，为进一步提高和完善梳棉工艺技术提供了依据。

气流在纺织领域的应用非常广泛，而高速气流的应用更是为许多新工艺的产生与发展奠定了基础。东华大学的“纤维/高速气流两相流体动力学及其应用基础研究”研究团队，围绕纺纱科学中纤维/气流两相流体动力学进行了长期的相关基础研究，针对纤维/气流两相流中的刚性圆柱杆或椭球形颗粒模型无法体现纤维的弹性、柔性特征的不足，研究中将纤维的物理参数如长度、细度、密度等纳入模型中以体现纤维的几何特征与类型，将纤维的弹性参数如杨氏模量、泊松比、弯曲挠度和扭转挠度等纳入模型中以体现纤维的弹性，能够描述纤维的位移及弯曲、扭转、拉伸等变形情况以体现纤维的柔性特征，构建了基于柔弹性的纤维模型；采用计算流体动力学技术（CFD）对纤维/气流两相流模型中的流体相进行了细致地研究，通过对纺纱喷嘴（包括喷气纺纱、喷气涡流纺纱、气流减羽喷嘴等）内部高速气流场的数值模拟，结合实验测试研究，揭示了喷嘴中气流场的速度与压力分布、旋转射流、回流和涡破裂现象在时间、空间上的发展演变等流动特征；将所构建的柔弹性纤维模型应用于高速气流场中，通过对纤维在高速气流场中的动力学分析，先后建立了纤维/高速气流两相流动的单向和双向耦合数学模型，获得了纤维在高速气流场中的运动轨迹与耦合相互作用特性，并采用高速摄像技术进行了实验验证；对理论研究结果进行了工程应用，根据纤维与高速气流的相互作用特性以及纤维运动与变形规律的数值模拟结果，对基于高速气流的新型纺织技术——喷气纺纱、喷气涡流纺纱、气流喷嘴减少纱线毛羽以及对熔喷技术中纤维的运动规律进行分析，揭示了其工艺原理，为优化工艺参数、合理设计相关设备的关键部件、预测成纱质量等提供了指导。该成果获得了2012年中国纺织工业联合会科学技术奖一等奖。

另外，关于成纱质量及其影响因素的研究也在逐步深化，东华大学和河南工程学院等在纤维长度特征指标的连续分布函数表达、长度对纺纱过程的影响、长度对成纱均匀度等性能的影响等方面展开了研究，在TRJ、JTI等国际纺织界的权威杂志上发表了相关系列论文。在讨论纤维的长度特性时，目前的指标主要是离散的，如平均长度、长度不匀率、短纤维率等，而在实际应用和分析中，纤维的长度分布函数显然更能全面表征纤维的长度特征，因此，他们根据测试的纤维长度分布直方图等，利用核估计和密度函数法，建立了纤维长度的分布函数，将离散的长度指标转化为连续的长度分布函数，为更全面准确地表征纤维的长度性能提供了基础。此外，对纤维长度与纺纱的关系也在进一步分析中，结合半精纺等成功应用的实例，对纤维长度越长就有利于纺纱和成纱质量提出了质疑，在苎麻纺纱行业，过长纤维不利于纺纱过程和纺纱质量的观点已得到了共鸣，从而引出了中国麻纺行业协会与中国纺织机械行业协会联合组织的，由多家纺织机械企业和麻纺企业共同参加的国家“十二五”支撑计划项目“新型苎麻工艺技术装备项目”，该项目的主要思想是将苎麻纤维长度拉短到毛纤维的长度，从而利用比苎麻纺纱设备先进的毛型设备进行苎麻纺纱加工，提高苎麻纺纱的效率和质量。

（二）新型纺纱技术和装备的发展

1. 喷气涡流纺纱技术

喷气涡流纺纱是近年来纺纱领域中少有的技术突破亮点。日本村田机械公司在2011

年的国际纺织机械展（ITMA2011）上推出了全新的 Vortex Ⅲ 870 型喷气涡流纺纱机。同届展会上，瑞士立达公司也首次展出了其全新研发的涡流式喷气纺纱机 J20。

Vortex Ⅲ 870 型涡流纺纱机与先前机型最大的改进是搭载了纺纱张力稳定（Spinning Tension Stabilizing）系统，即一个自紧式的引纱罗拉系统，可直接获取并牵引从纺纱喷嘴处引出的纱线，因而取消了先前机型所采用的握持式输送罗拉机构。与先前的握持式输送罗拉相比，可使对纱线的牵引更加稳定，并显著减小纱线受到的应力。此外，在纺纱喷嘴与引纱罗拉之间还安装了新开发的接触式纺纱传感器，与先前的光学式清纱器（MSC）共同组成了纱线监控系统，以持续稳定地监控纺纱张力和状态，能够及时发现并清除纱疵，从而显著减少了原料的损失。

喷嘴是涡流纺纱机将纤维条制成纱线的直接部件，因此喷嘴结构的设计对成纱过程和质量起到关键的作用。Vortex Ⅲ 870 型涡流纺纱机的喷嘴设计较前一代机型也进行了进一步的改进与优化，如对纺锭的锥形部的锥度与纺纱室的内壁形状进行了优化，进而使得纺锭与纺纱室之间气流旋转室截面形状得到优化，既能够保证气流旋转室中的旋转气流在向下游流动的过程中始终保持为高速，有效地利用旋转气流的能量，使纤维保持高速地回转，实现以往无法实现的 500m/min 的高速纺纱，又能够使所生产的纱线强度提高。

立达喷气纺与村田涡流纺在成纱原理上相似，均是利用在喷嘴中产生高速旋转气流对纤维条进行加捻，但是在设备的布局与工艺过程上，立达 J20 有着独特的设计：

1）J20 型喷气纺纱机结合了立达公司在转杯纺纱机开发上的丰富经验，在结构上与转杯纺纱机相似，机器采用双面设计，两侧共有 120 个纺纱位，可同时生产两种不同品种的纱线，提高了生产的灵活性。喂入条筒放置在机器的下方，纱线为自下而上行进，卷绕成的筒纱位于机器上方。这使得条筒到牵伸装置的路线较短，从而有效地消除了意外牵伸，且占地面积小，操作方便。而目前的村田喷气纺或喷气涡流纺纱机均是单面机，即棉条从车后的条筒中引出，经过导条架喂入牵伸装置，再经车前的喷嘴及导纱辊输出，卷绕成筒子纱。

2）采用纺纱单元独立驱动技术，各纺纱单元相对独立，引纱速度最高达 450m/min。

3）配有独特的条子与纱线整体横动装置，减少了皮辊、皮圈等部件的磨损，显著降低了维护成本与零部件费用，保证成纱质量的稳定。

4）配备了 4 个机械手，每侧 2 个，以转杯纺纱机的自动化技术为基础，成熟的无痕接头技术可保证良好的纱线质量，接头过程由电子控制，逐步引入新纤维的接头工艺保证纱头中的所有纤维在接头过程中均被包覆进纱体中，获得如原纱般的接头外观。

2. 转杯纺纱技术

（1）Autocoro 8 转杯纺纱机

Autocoro 8 是近 30 多年来转杯纺纱领域的重大创新。欧瑞康赐来福在 ITMA2011 上首次正式亮相的 Autocoro 8 转杯纺纱机，向世人展现了转杯纺纱技术发明以来，技术创新的第二次飞跃。转杯纺纱技术创新的第一次飞跃，是于 1969 年第一台转杯纺纱机工业化应用，到 1978 年首次实现集中式的自动化。而转杯纺纱第二次技术创新飞跃，其特征是每个纺纱单锭的独立驱动技术。

Autocoro 8 技术上实现了重要突破，在进一步提高成纱质量的基础上，产量提高了25%，生产成本也有所降低。该机在同一机台上可同时生产5种纱。换品种也不需要停机，该机生产的转杯纱在后续整经和织造过程中可减少 50% 的断头。

该机转杯采用精密铸造工艺制成，设计转速高达 200000r/min。每个单元都有独立的纺纱络筒和接头系统。不需要花时等待集中接头，更能适应频繁断头的品种。能轻松实现不间断换批，无缝式换批。在进行筒子打样时，其他锭仍可正常生产。可节省 20% 集中启动所需要的启动时间。

该机借鉴了其他机械的成熟技术，引用嫁接于本机。如 Digipiecing 数字接头已在 Autocoro S360 型转杯纺纱机上应用多年。借用络筒机成熟的 Digiwinding 数字卷绕技术，使络筒纱疵降低、成形良好。纱线断头可平均降低 50%，筒纱能增重 10%，从而降低物流成本、包装成本及人工成本。利用 Multilot 功能使在一台机器上最多能生产 5 个品种。该机维护保养成本至少节省 50%。

（2）BD448 型半自动转杯纺纱机

Schlafhost 公司 BD448 型转杯纺纱机是当前最长的半自动转杯纺纱机，其引纱速度达 165m/min。在同类型设备中，启动速度最快。JSI 集体同步接头系统，使其可在 10min 内投产。优化转杯驱动、吸风系统以及 NSB38 型纺纱箱可节能 10%。448 锭长车可减少 7% 的人工成本。明晰的指示灯和屏幕显示可减少巡回时间、方便操作。纺纱灵活性好。可纺 600tex 粗号纱。可配置 Corolab Q 在线检测系统、花式竹节纱装置和纺毛陶瓷喂入装置。使用 E-cam 系统，可以方便设定卷绕参数并存入电脑。采用半自动转杯纺纱机投资成本较低，相对全自动机型在技术和管理难度上要求较低。

（3）R60 型全自动转杯纺纱机

Rieter 公司 R60 型全自动转杯纺纱机是继 R40 型转杯纺纱机后推出的新一代转杯纺纱机。转杯速度达 170000r/min，引纱速度 350m/min。设置 540 个锭位，产能比 R40 型转杯纺纱机提高 8% 能耗降低 5%。该机采用 S60 型纺纱器。其创新的假捻盘和 Twist Stop 阻捻器提高了纺纱稳定性，减少了断头。模块化结构机械手，使落纱和接头的时间降为 22s，速度提升 10%。R60 型转杯纺纱机可在机器两侧独立纺制不同产品。配备 VARIOspin 花式纱装置，喂入罗拉独立传动，可即时控制棉条喂入。推行 AEROpiecing 无痕接头技术，为后加工带来优势。该机型与 Autocoro 8 相比的最大差异在于不是每个纺纱单元单独驱动，仍然采用接头小车技术。

经纬纺织股份有限公司榆次分公司在其研制的 JW1612A 型半自动接头转杯纺纱机中，集成采用了机、电、气一体化的接头系统，打破了原有的接头模式，将抬筒和抬引纱辊的动作分开控制，实现了自动抬筒、气动控制筒纱的旋转、引纱辊单独电磁铁抬起设置等，使接头的时差控制在毫秒级，确保在高速状态下的接头质量和接头成功率。此外，该机还采用纺纱箱吹气取纤装置，通过压缩空气将接头时的损伤纤维吹除，使接头强力提高 10% ~ 20% 以上。该机的实际生产速度可达近 100000r/min 左右。

3. 自捻纺

英国 Macart 纺机制造公司开发的用于高膨（HB）腈纶纱的 S300 型自捻纺纱机，将粗纱、细纱、加捻、膨化及络筒工序结合在一起。其纺纱范围 24tex × 2 ~ 60tex × 2。其产品适宜于加工针织服装。4 个锭子生产的 4 根自捻纱直接供应 4 个络筒筒子。S300 型自捻纺纱机产量为 2.5 ~ 7.0kg/h。每个锭子每小时可生产 1kg 高膨双股线供应针织使用。络筒输出速度为 200 ~ 240m/min。15 台自捻纺并排安装后可连接到一台 60 锭的自动络筒机上。该机能耗比传统纺纱节省 60%，络筒不停机。每个锭子由单独的传感器控制。传送带上方的传感器可控制络筒速度。该机还装有预牵伸装置，故喂入条定量可达 60g/5m，牵伸倍数可在 10 ~ 50 倍之间调节，加工纤维长度达 60 ~ 120mm。

20 世纪 70 年代，我国自捻纺在棉纺和毛纺领域的应用研究曾有一段热潮。但随后由于其依靠胶圈反复搓动产生假捻，成纱存在无法消除的无捻区。虽纺股线，产品强度仍不足，条干变异大、强力不匀高，用户不易接受。自捻纺渐渐沉寂。但自捻纺纱机产量高、工艺流程短和卷装大的特点，其应用于毛纺和中长纤维纺纱中，开发长纤维、粗号毛纺系列产品，通过研究前纺配套工艺，市场还有发展空间。目前，天津宏大纺织机械有限公司已引进了英国马卡特（Macart）公司的自捻纺纱机系统的生产权。

近年来，对自捻纺的相关理论的研究也在进行，着重于减少或消除无捻段对成纱的影响，例如，从扭矩平衡角度推导得出自捻捻度与单纱条捻度的关系式；从自捻纱线成纱过程的捻度分布特征出发，以不同的路程差得出两根纱条不同的汇合规律，找出成纱性能最好的相位差；计算了不同汇合方式的自捻捻度分布函数，得出表征自捻捻度分布函数的正确方法以及自捻纱线捻度不匀和强力不匀的关系，分别讨论影响自捻捻度分布的结构因素和纺纱工艺参数等因素等。这些研究为自捻纺的进一步发展和应用提供了基础。

（三）环锭纺纱技术创新的最新进展

近年来，环锭纺纱技术通过不断改进与技术创新，在多种纺纱技术共同发展中继续保持领先地位。集聚纺纱、复合纺纱、低扭矩纺纱等技术，显著提升了环锭纺纱线品质档次，扩宽了环锭纺纱线的应用领域，是对环锭纺技术的发展与创新。采用带自动落纱的环锭细纱长机与细络联合机以及高速化、高效化是环锭纺技术进一步的发展方向。

我国在环锭纺纱技术方面的创新相对活跃，新的技术不断涌现。主要体现在以下几个方面。

1. 集聚纺技术

集聚纺纱技术研发，标志着环锭纺纱技术进入了一个新的历史发展阶段，用集聚纺技术生产的纱在可纺支数与品质方面比传统环锭纺及新型纺生产的纱均具有明显优势。目前，国产集聚纺技术日趋成熟，成纱质量已趋与国际同步，用集聚纺技术纺纱比传统环锭纺纱可减少3mm毛羽70%以上，单纱强度提高10%以上，这与国际水平基本相同。此外，集聚纺纱的生产应用范围正在向多品种、低端化拓展：除了可以用集聚纺技术生产5.8tex（100^s）以上高支纱外，多数企业已将集聚纺技术应用于生产11.7tex（50^s）左右，以细绒棉为主的纯棉及混纺纱，还有不少企业用集聚纺技术生产中细号的Modal、天丝、竹纤维、粘胶纤维等纤维素纤维混纺纱，并取得较好的经济效益。且国产集聚纺纱机多数以大风机配大风管作为集聚纺的负压气流，它与进口机采用小风机相比具有能耗低、减少排污（短绒）、降低压力等多项优势，采用技术路线与机械结构具有中国特色。

我国在集聚纺技术方面还取得了新的突破。江南大学最新研发了一种新的集聚纺纱技术——全聚纺，该技术采用了一种新型窄槽式负压空心罗拉集聚系统，采用直径为50mm且表面开有条形窄槽的空心钢质大罗拉替代了细纱机的前罗拉，整体优化设计了吸风集聚系统及其配套组件，全面提高吸风系统集聚负压利用效率，使得集聚区长度增加为30mm，非控制区理论上减少到0mm，实现了真正意义的“全程集聚”，对纱线的集聚效果更好。其特点有：①工作负压低于网格圈型式可节省能耗；②采用窄型罗拉集聚，使用寿命长；③系统无易损件，使用成本低；④优化主牵伸区摩擦力界布置，成纱条干和细节优于网格圈型式；⑤产品在去除有害长毛羽的同时保留了3mm以下短毛羽，布面丰满，也大大减少了对钢丝圈的磨损。全聚纺装置便于老机改造，在实现负压气流完全集聚效果的前提下，降低系统能耗以及改造过程中机物料消耗，从而降低改造成本，提高成纱质量。目前，该技术已在江苏盐城悦达集团、新疆溢达集团等企业进行了产业化应用。

2. 柔洁纺纱技术

由武汉纺织大学与际华3542公司历时6年合作完成的“普适性柔顺光洁纺纱技术及其应用”项目于2012年2月底通过中国纺织工业联合会的鉴定。该项目由武汉纺织大学主持完成，其原创的纺纱技术“柔洁纺”通过对传统环锭细纱机进行改造，可有效降低纱线毛羽，具有结构简单、性价比高的优势。经项目专家组鉴定，此项技术达到国际领先水平，是继“高效短流程嵌入式复合纺纱技术”后由我国自主研发的又一重大原创性技术。

柔洁纺纱的原理是利用纤维在高温高湿下变得柔软的特性，其通过在环锭细纱机的每一个牵伸机构的前罗拉钳口处加装一个热湿处理装置，对从前罗拉钳口输出进入加捻三角区的在线加捻粗纱须条进行在线热湿处理。在线加捻粗纱须条在热湿联合作用下，弯曲模量和刚度瞬间大幅度降低，柔化速度和程度大幅提高，实现较粗须条在更低模量、更低刚度性能时进行柔性加捻成纱，致使纤维头端在加捻扭转力作用下更易于转移和缠绕，最终捻入纱体或贴伏在纱条表面，有效消除成纱毛羽，大幅度改善成纱表面的光洁度，同时降低环锭纱线的残余扭矩和残余应力，不但有效解决成纱的“扭结”现象，还提高了成纱的柔软度。据项目组介绍，“柔洁纺”减少纱线上长于3mm的毛羽超过70%，并已基本实现规模化生产要求，比国际类似先进技术减少成本一半以上，该技术对化纤、粘胶以及棉、毛、麻等纤维有较好的适用性。

为了进一步将该原理进行优化设计并发挥其作用，与细纱机整机达到一体化设计的功效，该原理技术已经转让给经纬纺织机械股份公司，由纺机企业进行商业化的设备改进和生产，预计近期即将有成型的细纱机投向市场。

3. 聚纤纺技术

该技术是湖北聚纤纺有限公司发明的具有自主知识产权的纺纱技术，实际上是一种细纱机的牵伸新技术。聚纤纺牵伸系统提出了“负压集聚、稳定握持和梯次牵伸”的新型牵伸技术。其对细纱机牵伸区内附加摩擦力界的提供方式、附加摩擦力界纵向分布强度及浮游区位置进行了重新设计，将现有细纱的前区牵伸中原有纤维运动控制装置的上、下胶圈等取消，代之以类似集聚网格圈式的气流吸风口和压力棒，利用集束气流和压力棒的曲率表面，共同组成了对主牵伸区中纤维须条的柔性、稳定控制。由于该方法是利用气流对须条的集束作用，形成均匀、连续、稳定的摩擦力界，实现了对纤维的柔和、非积极控制，因而更有利于纤维在牵伸过程中的规律运动，改善了牵伸后的纱条条干均匀度、粗细节和毛羽等指标。同时，聚纤纺可将细纱主牵伸区中的浮游区长度减少到5mm左右，从而大大加强了对短纤维的运动控制，这有效提高了纺纱中对短纤维率的容忍度，从而有望在保证成纱质量的前提下，适当减少精梳落棉，降低原料成本。此外，由于在主牵伸区中的气流集束控制还有利于使须条有所集聚，使其输出前罗拉钳口后的须条宽度减少，从而降低了成纱毛羽。由于去掉了“双胶圈弹性钳口”中的上、下胶圈及上、下销，机构更简洁，不仅可以减少由于胶圈打滑、下凹等引起的运动不稳定和条干不匀等缺陷，还可以降低消耗、简便维护。聚纤纺系统的试验结果表明，与环锭纱相比，该技术纺出的纱条干不匀率可降低1～2个百分点，粗、细节显著减少，强力和强力不匀也有所改善，3mm及以上毛羽可减少20%以上。目前，该技术已在浙江春江纺织集团等企业进行应用探索，在成纱的外观质量有较显著的改善。

4. 低扭矩纺纱技术

低扭矩环锭单纱生产技术，是在传统环锭细纱机前罗拉和导纱钩之间安装假捻器和分束器等装置，通过假捻改善纺纱三角区纤维的受力分布，得到扭矩平衡的单纱（扭妥纱）。纱线残余扭矩减少可使织物手感柔软；显著降低针织物歪斜度。从纱条纤维内部结构看，扭妥纱中大部分纤维的轨迹并不是同轴螺旋线，而是一个非同轴异形螺旋线，扭妥纱外松内紧，大多数纤维倾向于分布在距离纱芯较近的位置，且其径向位置从纱中心到纱表面以较大的转移幅值频繁地变化，这使纱的内部结构更加紧密，纤维间的抱合力进一步增强，纱线断裂强力得以提高。目前，该技术已进入第5代，并对高支纱的应用获得突破。该技术还引进了计算机中央控制系统，实现智能化机电自动控制，实现人机交互。至此在生产高支纱和挡车工操作上的瓶颈得以解决。

目前该技术已经在国内部分企业（山东鲁泰）等企业进行产业化的推广，规模化应用前景广阔。

5. 环锭纺纱生产的连续化、高效化技术

环锭纺的技术进步与技术创新是纺纱加工技术进步的一个重要组成部分，在纺纱技术发展中，将出现多种纺纱方法相互渗透、相互补充、长期共存的局面，各种纱线的特性将会进一步融合和发展。

（1）纺纱连续化生产系统不断完善发展

我国新型粗细络联纺纱和自动落纱系统在不断完善。如经纬纺机研发的高质、高效、低耗的粗、细、络联纺纱系统，此系统由 JWF1418A 型自动落纱粗纱机、JWF1520 型细纱机、JWF9562 型粗细联输送系统和 SMARO–I 细络联型自动络筒机联合组成。实现了粗纱、细纱、络筒三个工序的自动化连接。同时，国产细纱机可配集体落纱、粗细联、细络联等功能模块。国产粗细联、细络联系统的控制精度和稳定性进一步提高，并开始进入生产应用规模化阶段。为纺纱厂实现纺纱工序的连续化和减员增效提供保障。

此外，前纺工序也在逐步实现联合化和连续化，如，梳棉和并条的联合已在特吕茨勒的梳棉机上有所体现，该公司研制的 IDF 集成牵伸装置（Integrated Draw Frame），可加装在其 DK903 型梳棉机上，对生条进行牵伸，提高了生条中的纤维伸直平行度，这无疑为今后的梳、并联提供了坚实的基础。

（2）大牵伸技术

采用三罗拉或四罗拉四皮圈牵伸形式，牵伸机构可实现 80 ~ 100 倍甚至 150 倍的大牵伸工艺能够大幅度提高成纱效率，可实现重定量粗纱喂入纺正常纱支或正常定量粗纱喂入纺超高支纱。江南大学与常州同和纺织机械制造有限公司联合研制的新一代全数字化大牵伸细纱机，通过采用四罗拉四皮圈的牵伸形式，实现前区、中区和后区的三区总体 30 ~ 250 倍的大牵伸，同时采用四个伺服电机对四组罗拉分别进行独立控制，实现牵伸工艺参数的准确实现。

（3）在线与离线检测技术

乌斯特公司新研制的 USTER QUANTUM 3 数字电容式清纱器，可用于自动络筒机电子清纱及检测分析纱线产质量状况。配有光电及异物检测传感器，清纱容量大，可得到比其他清纱器更大量的数据。2min 即可了解所加工纱的产质量情况。采用智能技术，可预测纱线需要的切断次数，以保障被卷绕的纱线质量。向机器输入评估有价值的切断信息，以保证最佳清纱次数达到产质量的平衡。

在线监测技术在各工序的纺纱设备上都得到了应用和发展。如清梳联中为梳棉机供棉的双棉箱自动给棉系统，梳棉机棉结自动监控技术，自动磨盖板、锡林针布技术，自调盖板、锡林隔距技术，自动调节后车肚落棉技术，梳棉、并条、精梳机的开环、闭环及混合环的自调匀整技术，并条机粗节监控系统，粗纱机的卷绕张力监控系统，计算机控制的四单元粗纱机传动系统，自动络筒机电子防叠、定长、张力控制系统等都已发展成熟。此外，细纱机锭子运转状况监控，自动络筒机的卷绕质量控制，细络联质量跟踪检测系统与离线监测系统联合一体，形成纺纱生产的质量监控网络，为提高和稳定产品产质量提供了有力的保证体系。

立达公司纱厂监控系统可在线收集立达纺纱系统的所有纺纱生产及质量数据，并服务于生产管理，以便改进产品质量，提高经济效益。

国内在这方面的研究有：江苏圣蓝科技有限公司研究了物联网技术在络筒工序纱线质量在线监控系统中的应用。介绍了一种以自动络筒机电子清纱器为主要载体的新型纱线质量在线监控系统，指出该系统的应用可以改变当前纺织企业纱线质量控制“被动检查”和“滞后干涉”的现状，可实现自动坏锭追溯、移动监控以及远程技术服务等功能。

西安工程大学等开发了一种新型的清梳联网络化数据采集系统，根据清梳联设备的实际生产特点，利用网络技术、串口通信技术和数据库技术，对系统设计过程中的数据完整性约束、数据采集技术进行了详细设计；同时利用多线程技术对数据采集过程进行了优化。实际试运行结果表明，数据采集系统提高了清梳车间的工作效率，实现了清梳联合机工作状态和生产数据的远程在线监测。

（4）主要纺纱设备技术水平不断提高

开清棉生产线实现短流程或超短流程；双棉箱给棉机，技术日臻成熟，已具有匀整作用；采用模块化技术，根据原棉含杂及纺纱质量的要求选用专用单机。梳棉机通过扩大积极梳理区及精确控制梳理隔距提高了产质量。瑞士立达公司 C70 型梳棉机，机器工作宽度加宽到 1.5m，专为转杯纺供应生条，单产可达 250 ~ 280kg/h。C70 型梳棉机上的锡林在线磨针系统 IGS 可实现精密梳理，锡林与盖板隔距最小为 0.1mm，精密的盖板梳理运动提高了梳理质量。梳棉机喂入部分配置采用模块化技术，即供应环锭纺梳棉机的喂入部分可配置单刺辊，而供应转杯纺梳棉机的喂入部分可配置双刺辊。精梳机技术水平提高的共同特点是车速高、单产高，德国特吕茨勒公司的 TCO1 型精梳机车速可达到 500 钳次 /min，单产 60 ~ 70kg/h；意大利马佐里公司的 CM7 型精梳机车速可达到 600 钳次 /min，单产 100kg/h。我国在棉纺高速节能关键精梳技术研究方面取得新的突破。由中原工学院与上海昊昌机电设备有限公司合作开发的精梳成套设备具有以下特点：①采用系统优化技术对精梳机的分离罗拉传动机构、钳板传动机构、钳板开口机构等进行了系统优化设计，大大降低了精梳机主要运动部件的加速度值，改善了主要运动机件的力学性能，生产速度可达到 500 钳次 /min，机器的振动小、噪声低，并具有明显的节电效果。②优化了精梳机分离罗拉运动曲线及分离罗拉、钳板及锡林的运动配合，使精梳机适纺纤维长度由原来的 25 ~ 50mm 扩展到 22 ~ 50mm，适合国产精梳用棉；可采用 90 度及 110 度锡林，从而扩展了精梳机对纱支的适纺范围。③精梳准备机械采用双气缸两侧加压、棉卷压力在线控制，并对落卷动进行了优化设计，使条并卷机的生产速度达到了 150m/min，成卷质量与生产效率明显提高。另外，昆山凯宫机械股份有限公司开发了锡林变速梳理的 JSFA588 型精梳机，解决了锡林传动部件（非圆齿轮）的设计、加工及生产方面的关键技术问题，精梳机生产速度可达 520 钳次 /min。

（四）纱线新产品

目前，随着各种纤维原料的不断应用，纱、线的产品种类和用途也在不断拓宽。

1. 木棉纱线

木棉纤维由于其光滑、蓬松，纤维间的抱合力较差，长短差异很大，质量很轻，可纺性差。在对木棉纤维的性能和纺纱工艺进行多年研究的基础上，木棉纺纱的过程中，从技术和设备两个方面进行了突破。在木棉纤维预处理方面通过采用热水喷洒，热水产生水蒸气会通过木棉孔径进入中空内部，并凝结成水滴，进而显著增加纤维自身的重量以及表面的摩擦力。将木棉纤维与不同纤维进行合理搭配，在前纺各工序进行针对性的工艺调整和优化，细纱采用紧密纺技术。从而使其可以通过与棉等纤维的混合进行产业化纺纱加工。

经过木棉纺纱技术突破，目前木棉含量 10% ~ 30% 混纺纱线已经产业化，混纺品种有木棉 / 棉，木棉 / 竹浆，木棉 / 莫代尔等，纱支有 16^s，$60^s/2$，32^s，40^s 等用于针织物和机织物用系列纱线。该成果在 2013 年 3 月进行了技术鉴定。

2. 亚麻针织纱

亚麻纤维由于刚性大，弹性差，断裂伸长率小等缺陷，且采用湿纺工艺，其在纺纱中采用半脱胶，在细纱加捻时处于潮湿状态，因此干燥后胶质黏结纤维使纱线显硬，其条干均匀度也比较差，使其在针织上的应用受到很大局限。目前，已有浙江阿祥亚麻等企业通过对原料的适当处理，并在亚麻煮漂中的化学助剂的合理选择，辅以上蜡、蒸纱、定型等后处理，使纯亚麻纱的均匀度和柔软度得到明显的改善，能够较好地满足针织要求，产品已产业化生产，除用于国内市场外，还销往意大利等国际市场。

亚麻针织纱的另一新的生产方法是，将亚麻纤维进行精细化处理，精细化处理后亚麻纤维的细度可达到 2000 ~ 3000 公支，可在棉纺系统进行纯纺和混纺，精细化处理的纤维纺出的纱线柔软、条干均匀，可生产较高支数（30 ~ 60 英支）的针织用纱。

三、纺纱工程学科国内外研究进展比较

目前，国外纺纱新技术新设备、主要体现在纺纱生产的短流程、高速度、高产量、高质量、高度自动化、连续化、模块化、生产管理高科技化、用工少、能耗低等方面。

发达国家由于在材料和加工技术等方面具有整体优势，其先进技术、高端纺织机械装备制造、研发设计能力等在纺纱领域得到了充分体现。国外的研究主要是对纺纱设备进行机、电和人工智能相结合的研究与应用，这一方面是基于国外在机、电及整体基础工业领域强大基础，也得益于国外在基础研究方面的领先，立达公司和欧瑞康赐来福的喷气涡

流纺和转杯纺技术装备的研发过程，就是一个持续创新的过程，因而使其能牢牢占据世界喷气涡流纺和转杯纺的高位。如前述转杯纺纱的技术创新，自 1969 年第一台转杯纺纱机工业化应用，到 1978 年形成了第一次技术创新飞跃——实现整机集中式自动化。而在历经 30 多年后，伴随资源节约型、环境友好型社会加快推进，纺织工业节能减排、生产管理高科技化、减少用工迫切要求的背景，问世了体现转杯纺纱第二次技术创新飞跃的 Autocoro 8 转杯纺纱机，其特征是每个纺纱单锭的独立驱动技术。单锭传动不仅可以有效提高纺纱效率，降低纺纱能耗，还可以大大降低全自动接头装置的难度，因为单锭接头时完全可以将锭速降低后再接头，与原来的整机传动时不同，接头必须在高速状态下进行，单锭传动将成为新的发展方向。

我国具有世界上最大的纱线产业，经过多年的调整升级，在吸收新技术成果和提高创新能力等方面具备了良好的基础，纺纱企业国际化水平不断提高，因而国内纺纱技术的科技创新很活跃，如低扭矩环锭纺纱、全聚纺、柔洁纺、聚纤纺等具有自主知识产权的新技术不断涌现。同时，我国从事纺纱生产和技术的人员众多，在纺纱科学技术的集成创新方面活跃且具有优势，取得比较突出的成果。如经纬纺机厂对新型精梳机的研制和改进，企业在对国外的先进技术进行分析研究时发现瑞士立达公司生产的精梳机在毛刷定期给锡林自动清洁时，采用的母子电机故障率高，易造成不能自动清洁且会发生停产情况。经纬纺机厂在继续采用原机的先进技术和设计理念的基础上，采用 1 ∶ 7 的双速电机来实现自动清洁锡林的目的，既方便也安全，目前国外也已全部采用我国的创新技术。

近年来，我国纱线产业已有了突破性发展。纺纱加工量仍占纺织产业重要内容，纺纱技术继续深化提高。在棉纺大发展的同时，精梳毛纺占领了国际高端，独创出毛半精纺技术，苎麻纺纱的新工艺和新装备研制项目也在密锣紧鼓地进行，亚麻、大麻在湿法纺纱继续发展的同时，干法纺纱已占一席之地，绢纺也有了新发展。

随着世界纺织工业大量向中国转移，其他国家已经失去了基础理论研究的动力和能力，许多昔日纺织强国已经关停掉高等院校的纺织相关专业，以往的世界纺织高水平杂志也大幅度减少。因而国内外在纺纱科学技术的理论研究方面的广度和深度已经逆转，中国在纺纱领域的研究深度和广度远大于世界其他国家，发表在世界纺织高水平杂志上的论文数以及组织、参加国际性专业会议等学术活动中国已列世界各国的榜首。

国内外纱线标准的现状。国内纱线标准体系以原料或工艺划分的产品标准为主，是根据产品的原料、品种以及生产工艺制定的产品标准和试验方法标准，它基本上满足了生产企业的要求。ISO 或国外的国家层面上的纱线标准，主要内容是基础类标准，重在统一术语，统一试验方法，统一评定手段，使各方提供的数据具有可比性和通用性，形成的是以基础标准为主体，再加上以最终用途产品配套的相关产品标准的标准体系，在产品标准中仅规定产品的性能指标和引用的试验方法标准。

目前国际标准都是重基础标准轻产品，称之为贸易型标准。我国大多数的产品标准的职能是用以组织生产为依据，称之为生产型标准。随着市场经济的发展，纱线产品的新品种不断涌现，决定了贸易型标准更能符合市场的需要。我国现行纱线标准虽正在逐步与国际先进标准对接，但尚未形成国际化模式。为此，在《纺织工业“十二五”发展规划》的主要政策和保障措施中，提出了“加强纺织行业标准制定修订工作，基本解决标准缺失和滞后问题，提升标准的整体水平。促进产业链上下游之间的标准协调配套，加大采用国际标准的力度，加快通用基础标准和方法标准等与国际接轨，支持行业标准化组织参与国际标准的制定修订，扩大在国际标准化领域的话语权”的要求。

四、纺纱工程学科发展趋势及展望

2012 年 1 月 19 日，工信部发布《纺织工业“十二五”发展规划》，提出了“十二五”期间纺织工业的发展目标和重点任务，其中对纺纱科学技术的发展目标和任务的论述，给我们展现了中国纱线产业将持续健康发展的前景。

同时我们看到，展望今后几年的发展趋势，纱线行业面对的困难和任务还很多。纺织纤维原料短缺，天然纺织纤维原料品质恶化，劳动力成本上升，随着资源节约型、环境友好型社会加快推进，对纺织工业节能减排、淘汰落后提出了更高要求。这些要求对纺纱加工成本的压力不可忽视。

解决纺织纤维原料资源短缺的唯一出路就是千方百计利用可再生、可降解、可循环利用，对环境友好的生物质资源，努力开发新型纤维，补充原料不足。在天然纤维方面，要把握不与粮食争地这一根本原则，尽量减少耕地使用面积，可以用盐碱地、荒滩地、山坡地。化纤行业则要利用海洋、森林、农副废弃产品等广阔的自然资源，大力发展可再生、可循环、可降解、对环境友好的生物质资源，同时加大废旧纺织品的回收利用。

纺纱企业应积极向前道的原料产业延伸，联合农业部门，加强棉花、麻、羊毛的品种改良和优质原料生产基地建设。

棉花采摘、麻秆剥皮的机械化、自动化，实现棉、麻的产业化生产是发展天然纤维的关键。目前，我国正借鉴它国经验开展棉花机械化采摘的研究，大力推广应用机采棉，可以大大节约人工，降低成本，促进国内外棉价的接轨，但目前机采棉还面临杂质较手工采棉的多，而目前尚无专门的机采棉分等分级标准，因而限制了机采棉技术的推广应用。如纺纱企业主动面对机采棉的特性，积极解决机采棉加工中的问题，则可配合农业部门促进机采棉技术的发展，最终也促进纺纱的可持续发展。

要把我国从纺纱大国发展成纺纱强国，必须走创新的路，即建立与扩大专业理论研究队伍并做到产、学、研相结合，在吸取国外先进技术经验的基础上，根据我国国情不断地研发纺纱技术与设备，走我国自己发展纺纱工业技术创新的道路。要把纺纱机械、器材的创新发展放到重要位置，将其与纺纱加工企业的发展紧密结合起来。

《纺织工业“十二五”发展规划》已把发展高端纺织装备制造业列入重点发展四大领域之一。到 2015 年，主要纺织机械产品 30% 以上要达到同期国际先进技术水平，其中纺纱机械等主要产品要达 50% 以上。对棉纺行业的主流工艺、技术和装备要达到国际先进水平。例如，在棉纺中开发高效能金属针布和重新设计回转盖板系统是梳棉机下一步提高产量的主攻方向，具有高效棉网清洁器和高效能固定盖板针布系统的全固定盖板梳棉机是梳棉机进一步提高产量的另一途径。当前我国新型棉精梳机整体水平已达到国际先进水平，在促进精梳产品比例的提升、提高附加值、增强经济效益方面作出了贡献。速度高、配台少，用棉量低，综合质量好，适纺性强，机电一体化水平高是新型精梳机今后研发的重点和方向。

用工水平是衡量一个企业先进性的重要标志之一，美国的用工水平是每 4 万锭用 100 人，吨纱用工仅 4 人，发展中国家的普通纺纱厂吨纱用工为 30 人。因此，加快纺织生产的短流程、自动化、连续化的进程以及提高生产速度、减少用工是我国纺纱技术进步的重要任务和发展方向。目前，在清梳联、粗细络联的基础上，已有梳棉和并条工序联合的雏形出现，以后，整个纺纱可望将全部联为一体，从而减少各工序间的落纱和搬运，不仅提高生产效率，还可大大减少用工。

参考文献

[1] 张文赓. 罗拉牵伸原理 [M]. 上海：东华大学出版社，2011.

[2] 张文赓，郁崇文. 梳理的基本原理 [M]. 上海：东华大学出版社，2012.

[3] 唐文辉，朱鹏. 现代棉纺牵伸的理论与实践 [M]. 北京：中国纺织出版社，2012.

[4] 孙鹏子. 梳棉机工艺技术研究 [M]. 北京：中国纺织出版社，2012.

[5] 华用士. 梳棉理论与实验研究论文集 [M]. 北京：中国纺织出版社，2012.

[6] Lin Qian, Yan Guangsong , Yu Chongwen. Effect of fiber length distribution and fineness on theoretical unevenness of yarn [J]. Journal of the Textile Institute, 2011, 102 (3): 214–219.

[7] Lin Qian, Xing Mingjie, Yu Chongwen. Generation of cotton fiber length probability density function with length measures [J]. Journal of the Textile Institute, 2012, 103 (2): 225–230.

[8] 严广松，苏玉恒，朱进忠. 纱线条干不匀的随机模拟 [J]. 纺织学报，2012，33 (1): 33–35.

[9] 重山昌澄. 革新精纺机 [J]. 纤维机械学会志，2012，65 (1): 51–55.

[10] 董奎勇. 纺纱机械设备的技术进步 [J]. 纺织导报，2012 (12): 60–73.

[11] Ramkumar S. A snapshot of spinning development [J]. ATA Journal for Asia on Textile & Apparel, 2012 (12): 32–33.

[12] Schnell M. Die Längste luftspinnmaschine der welt [J]. Melliand Textilberichte, 2012 (1): 24–27.

[13] Márcio D. Lima et al. Biscrolling nanotube sheets and functional guests into yarns [J]. Science, 2011, 331, 51–55.

[14] Autocoro8 转杯纺纱技术的新纪元 [J]. 纺织导报，2011 (11): 73–74.

[15] 刘荣清，徐佐良. ITMA2011 展出的非传统纺纱设备性能分析 [J]. 棉纺织技术，2012，40 (11): 64–68.

[16] 谢春萍，高卫东，刘新金，等. 一种新型窄槽式负压空心罗拉全聚纺系统 [J]. 纺织学报，2013，34 (6): 137–141.

[17] 徐卫林，夏治刚，叶汶祥，等. 一种柔洁纺纱方法：中国，201110142094. 2 [P]. 2011.

[18] 程登木. 聚纤纺牵伸系统的研究与实践 [J]. 纺织学报，2013，34 (6): 142–146.

[19] 董奎勇. 纺纱机械设备的技术进步 [J]. 纺织导报，2011 (12): 60–73.

[20] 秦贞俊. 国际棉纺设备的技术进展[J]. 棉纺织技术，2012，40（9）：65-68.

[21] Liu J H，Gao W D，Wang H B，et al. Development of bobbin tracing system based on RFID technology [J]. Journal of the Textile Institute，2010，101（10）：925-930.

[22] 杨敏. 络筒工序纱线质量在线监控系统研究[J]. 棉纺织技术，2012，40（10）：27-30.

[23] 邵景峰，李永刚，马晓红，等. 清梳联网络化数据采集系统的开发[J]. 棉纺织技术，2012，40（1）：34-36.

[24] 周金冠. 新型精梳机在不断创新中发展[J]. 棉纺织技术，2012，40（1）：5-7.

[25] 姚穆. 三大变化将对世界纺织业产生重大影响[EB/OL]. [2012-09-22]. http：//fashion.ce.cn/news/201109/22/t20110922_22712923. html.

[26] 郑策. 纺织工业"十二五"发展规划[EB/OL]. [2012-01-20]. http：//www.china.com.cn.

[27] 朱晓平，郑新疆，张静，等. 新疆生产建设兵团机采棉推广现状及建议[M]. 北京：中国棉花学会，2013.

撰稿人：郁崇文　谢春萍　郭建伟　裴泽光　王新厚　张元明

机织工程学科的现状与发展

一、引言

作为纺织工程的重要组成部分，机织工程承担着生产机织坯布的任务，是服装用、装饰用和产业用纺织品加工的重要一环。

随着纤维材料的发展和织造技术的进步，机织产品的结构发生了变化。机织所采用的纤维原料中化学纤维比重日益提高，截至 2012 年年底，全国以涤纶长丝为主的机织物产量就已达 395 亿 m。机织物的应用领域也有了明显的变化，主要体现在装饰用和产业用机织产品比例得到了提升。机织产品性能也显著提高，仿真产品、功能性产品等得到较快发展。

在机织设备方面，随着喷气织机高速化、品种适应多元化，从过去的剑杆、喷水、喷气 3 种无梭织机三足鼎立之态逐渐过渡到喷气织机占主导地位。规模化织造企业大多已普遍配置了各种无梭织机，这为生产高质量机织产品创造了技术条件。尽管目前我国高档无梭织机还要从意大利、比利时、德国、日本、瑞士等国家进口，但国产无梭织机的技术水平已有了稳步提高，与国际先进水平的差距进一步缩小，国产无梭织机不仅在国内得到广泛应用，同时也向发展中国家出口。

近年来我国机织行业通过采用自动化、智能化、信息化技术对传统产业进行升级改造，科技进步十分显著，纺织高校、研究机构及企业投入大量资金和技术力量进行机织各方面的研究，不断创新生产工艺和生产技术。例如，研究络筒工序的张力控制方式，满足络筒高速、高质量卷绕的要求；研究实现高速、宽幅整经的相关技术；浆纱工序中研究新型环保浆料替代 PVA 浆料和常温上浆技术；研究织机高速低能耗技术等。此外，机织产品的计算机辅助设计技术也得到了发展和较广泛的应用，为满足纺织产品的小批量、多品种、快交货、个性化等要求提供了技术保障。

本专题报告旨在总结近两年来机织工程学科在络筒、整经、浆纱、织造等方面的新理论、新技术、新方法以及新成果等方面的发展状况，并结合国外的最新成果和发展趋势，进行国内外发展状况比较，提出本学科今后的发展方向。

二、机织工程学科发展现状

（一）络筒

络筒是织前准备的第 1 道工序，在织造技术快速化的今天，对络筒的质量提出了更高的要求。络筒张力均匀性控制是络筒工序中的一个重要环节，也是当前对络筒工序研究的主要着眼点。现代化自动络筒机已普遍采用各种张力控制系统，有气圈跟踪式、间隙式张力检测式和连续在线张力检测式等。连续在线式张力检测是最高精度的控制方式，能实现恒张力卷绕，且张力可调范围大，可以适应染色筒子低卷绕密度的络纱要求。

天津宏大纺织机械有限公司针对赐来福 Autotense FX 张力控制系统对纱线的磨损以及张力调节范围较小的问题，提出张力闭环控制系统的改进方案，利用 CCD 图像传感进行张力测量以及跟踪式气圈控制器等方式，改进了络筒张力控制技术。江苏凯宫机械股份有限公司开发的 GFA688 型自动络筒机，采用槽筒传动的直流无刷电动机驱动技术，张力闭环控制系统以及接头循环系统，使其技术性能与各项指标都达到或接近当今世界自动络筒机技术的先进水平，获得 2012 年纺织工业联合会科技进步奖二等奖。

（二）整经

高速化、宽幅化是当前分批整经机发展的重要方向。新型高速整经机的最高整经速度达 1200m/min，幅宽也随织机要求可达 2.4 ~ 2.8m，整经轴边盘直径为 800 ~ 1200mm。为弥补高速整经带来的张力波动，当前普遍采用筒子架集体换筒方式，提高了片纱张力均匀程度，同时缩短换筒工作停台时间，提升整经机的整体效率。

此外，为适应多品种开发要求，部分工厂配备了打样用的单纱整经机，提升了生产效率，降低生产成本。

（三）浆纱

浆纱作为织造工程的保障性工序，其发展主要体现在新型浆料的研发与浆纱技术的发展。在浆料的研发方面，主要是针对替代 PVA 浆料的新型环保浆料的研发与生产。除了研究环保浆料以外，在提高浆纱质量从而满足浆纱性能要求的前提下尽量减少浆料用量，也是浆纱技术发展的主要方向。

对于减少浆料用量，许多企业都做过有益的尝试。除了我国已推广的“两高一低”上浆工艺外，还通过研究新型浆纱技术以减少浆料用量，目前主要致力于预湿上浆技术、拖浆式上浆技术、新型湿分绞技术以及“管道上浆”精确上浆技术的研究等。另外，也可以通过提高浆纱机在线检测控制水平，精确控制主要浆纱质量指标，主要集中在浆纱伸长率和浆纱烘干回潮率的在线检测和控制方面。

恒天重工股份有限公司、江苏联发纺织股份有限公司、武汉同力机电有限公司合作的“GA311型三浆槽浆纱机”项目获得纺织工业联合会2012年科技进步奖三等奖。该机型在满足高档浆纱机浆纱需求的同时，解决了上浆质量不高、附加值低等问题，提高了浆纱机配套能力。武汉一棉集团有限公司对预湿上浆工艺进行了研究，探讨了预湿上浆工艺中合理设置浆液含固率的方法，推导出预湿上浆中浆液含固率的计算公式。

（四）织造

织造技术的发展主要体现在织机技术水平的迅速提高，目前国内喷气织机和剑杆织机生产水平有了大幅度的提高。剑杆织机的生产制造水平已经达到国际先进水平，大量出口发展中国家；进一步缩小喷气织机生产水平与进口织机的差距，已经占据国内市场的1/3份额，且因其较高的性价比实现了部分出口。

与此同时，纺织高校、研究机构及企业投入大量资金和技术力量到织机相关技术的研究中，特别是织机高速运转机构稳定性以及织机节能降耗方面的研究。东华大学的“宽重型织机装备中耦联轴系统动态特性对织造性能的影响及振动主动控制研究”获得了2011年国家自然科学基金面上项目支持，苏州大学对喷气织机在运转过程中的引纬流场进行了数值与实验研究，并提出了相关主喷嘴的结构优化。早在2007年开始，浙江理工大学与浙江泰坦股份有限公司合作完成了浙江省重大科技专项“高速喷气织机数字化工艺及设备的研制开发”，并在此基础上，不断研究喷气引纬规律、优化引纬工艺。

1. 剑杆织机

剑杆织机的技术发展主要体现在模块化、智能化、数字化、自动化、高速化和多品种适用化等多方面。

（1）机电一体化在剑杆织机上的应用

机电一体化是实现织机智能化和自动化的基础，目前剑杆织机的机电一体化水平如下：①原有剑杆织机的电控系统普遍采用了单片机、PLC（可编程序逻辑控制器）、PCC（可编程计算机控制器）3种方式的控制系统，现在逐步采用多级高速CPU分散处理控制系统；②织机上普遍采用先进的电子装置——主电机直接驱动、电子多臂、电子提花、电子选纬、电子储纬、电子纬纱张力器、电子绞边和电子剪刀等，这些设备大大简化了机械传动机构，节省能耗，提高织机的整机性能，如广东丰凯机械股份有限公司的超越型剑杆，采用主轴和开口分别双直接驱动技术等；③采用高启动转矩电动机，配电磁离合器和制动器作为主传动，国内对同步可变磁阻电动机的应用在个别机型已做探索工作；④高水平机电一体化集成后，智能控制系统使客户织造更简单方便，织机的各单元机构在先进的电子技术的控制和检测下，使上机工艺参数的设定和调整、品种的更换以及故障诊断和解决高效而准确。

国内厂商经过多年来的探索和研发，现在高档剑杆织机采用的主驱动调速电动机系统主要有两种：永磁同步伺服电动机调速系统和开关磁阻电动机调速系统，前者以广东丰凯机械股份有限公司超越型剑杆织机为代表，后者以山东日发纺织机械有限公司 RFRL-30 型剑杆织机为代表，用户反馈可节能 15% ~ 25%，两种调速系统均立足国产自给。其中，广东丰凯机械股份有限公司的“伺服驱动节能挠性剑杆织机”项目获得纺织工业联合会 2012 年科技进步奖二等奖。此外，中国纺织机械股份有限公司的 PG-600 机型在探索同步可变磁阻电动机的移植应用上做了大量前期工作，可供用户选购配置；山西经纬纺机榆次分公司的 JWG-1728 剑杆织机也在试用自己研发的超启动主电机调速系统。

（2）模块化和标准化理念应用于剑杆织机设计

总体上来说，剑杆织机发展到了很高境界，再要有历史性的突破是比较困难的，但剑杆织机在智能化、自动化和多品种适用化等方面大力贯彻了标准化和模块化的设计理念，解决了批量和个性定制之间的矛盾，大部分机型采用了模块化的设计理念，可以使不同功能的织物进行同机型机构与部件的切换，广泛应用于如毛巾、产业用技术织物等。

（3）品种适用性多样化

剑杆织机的幅宽从 190 ~ 360cm 不等，纬纱选色最多可达 16 色，织造品种有平纹、斜纹、小提花和大提花等组织的服装面料、室内装饰面料、工业用布、高档毛巾圈织物和各种精细商标等，在品种适应能力方面，至今还是其他几种无梭织机不可比拟的，是剑杆织机仍然具有一定市场保有量的主要原因。

（4）引纬系统不断优化和改进以达到最大极限速度

各个剑杆织机厂商在主传动方式、剑头交接纬纱方式、剑杆运行形式、产品拓展及降低能耗等方面做了不少的改进和进步，具体体现在以下 6 个方面：①传剑机构无论是空间连杆、螺旋桨，还是共轭凸轮，都在不断进行优化，以使其引纬曲线更为合理，引纬速度更高，纬纱张力波动最小，纬纱原料浪费最少；②开口高度、剑头、剑带减到最小，剑头和剑带材料均采用轻质合金和碳纤维增强复合材料，可夹持纱线的细度变广；③采用无导剑钩引纬方式，避免织造时走剑板对下层经纱的干扰，好多厂商将无导剑钩系统作为选配，可以根据实际应用条件自己配置；④提高机架刚性，降低振动；⑤积极式引纬，纬纱在中央积极交接，提高品种适用性，使纬纱能在较低张力的条件下交接，减少纬纱断头，提高织造速度；⑥采用高效能电动机及先进驱动技术可实现节能 10% ~ 20%。

近两年国产剑杆织机在稳定提速，并付诸实际应用上做了大量工作。以公称筘幅 190cm 为例，剑杆织机样机车速达到 600 ~ 635r/min 的已有 4 家：浙江泰坦股份有限公司、广东丰凯机械股份有限公司、山东日发纺织机械有限公司、中国纺织机械股份有限公司，实际应用车速已达 520 ~ 580r/min，设计选型起点高，综合技术已步入高档剑杆织机行列。

2. 喷气织机

近两年国产喷气织机的制造水平得到了飞速发展，主要体现为织机的高速化、宽幅化。目前，部分国产织机样机车速已经达到了 1000 ~ 1200r/min，实际应用车速已达

550 ~ 700r/min，最大幅宽已经达 340 ~ 400cm，入纬率可达 2100 ~ 2400m/min 以上。

从车速、入纬率看，国产喷气织机已步入高档喷气织机行列，但在品种适应范围、控制系统的机电一体化、高度集成化、智能化等技术方面，与国外同类设备相比，尚有差距，尤其是在降低能耗方面差距更大。国产喷气织机的主要优势是较高的性价比，其配置足以满足常规产品的织造需求，因此部分国产机型实现了出口。

喷气织机技术发展方向是智能化，高速、高效，低能耗，具体表现如下。

（1）信息化与智能化控制系统

新的喷气织机控制系统，所有硬件、软件都重新设计，处理器性能更高、存储容量更大，凸显了现代织机高度自动化和智能化的特点。

新一代喷气织机的智能化织造系统，是控制系统与织造工艺紧密结合的“专家系统”，存储着多种织物的经验性工艺参数，并能将新参数存储充实该系统，应用该系统，只要输入较少的织造条件参数，系统即自动计算出必要的织造参数，可引导织机进入最佳的工作状态完成织造过程，方便用户使用，提高了工作效率，确保了产品质量。

局域网可以实现织机群控，管理人员能够方便地查询各种织造生产数据、织机运行状态，织机之间能互传工艺数据；对发生故障的织机进行远程诊断，及时解决部分故障；通过因特网还可以实现远程通信。信息化网络技术是国内高档织机控制系统需完善、配备的高端控制技术。

（2）喷气织机的凸轮打纬机构

欧洲喷气织机由于应用了模块化设计理念，采用共轭凸轮打纬机构。通过对共轭凸轮加速度曲线进行优化，在窄幅织机上采用适应高速的共轭凸轮曲线，减少振动；在宽幅织机上采用停顿时间更长的运动曲线，有利于宽幅引纬。国内咸阳经纬纺织机械有限公司新推出的 3.6m 的 G-1752 机型，是国内首家采用共轭凸轮打纬机构的新机型。采用共轭凸轮打纬机构，制造成本会有所上升，但通过模块化应用和产量增加，会降低制造成本。

（3）节能降耗技术的应用

喷气织机是耗能大户，尤以气耗占比较大，实践表明，主、辅喷嘴引纬中的耗气量约是总耗气量的 90%，其中辅喷嘴耗气量约占总耗气量的 75% 左右，因此降低气耗是喷气织机生产商十分注重的问题。喷气织机节能技术可以通过精确控制引纬过程，优化辅助喷嘴设计形状，合理配置电磁阀以及多气包供气等多种方式进行，许多科研院校以及企业都在其中投入大量的研发精力。

无锡丝普兰喷气织机制造有限公司在国内首创在全系列喷气织机上采用副喷嘴一拖二方式，同时优化主、副喷嘴安装及电磁阀控制工艺，通过织机控制系统在引纬过程中自动实时调整主喷嘴、串联主喷嘴和辅助喷嘴喷射时间，因此能有效地降低气耗。

3. 喷水织机

因为织物品种受到局限及环保成本上升等原因，喷水织机的技术进步不及剑杆和喷气织机，但喷水织机在疏水性织物织造方面有着其他无梭织机难以比拟的优势，包括在能耗上，明显低于其他产品，所以还存在一定的生存空间。特别是合成纤维织物需求的快速增长为喷水织机提供了快速发展空间，促使喷水织造技术的进一步提高。

喷水织机常规大批量投产的速度已从500r/min提高到800r/min以上，有的甚至可达900 ~ 1200r/min。通过采用多臂织机和双喷、自由选色使产品丰富多彩，从单一的常规纤维织造向差别化纤维的开发、仿丝绸和仿毛织物发展，从薄型织物向厚重织物发展，门幅逐渐趋宽，由原来的360cm增加到420cm，选色方面达到了双泵三喷自由选纬。同时也有企业研发采用电子提花喷水织造及多臂提花联合开口配合上下双经轴进行喷水织造，实现了小纹针数提花机织造大花纹提花织物的目的，具有设备成本低、装造改造简便、适应高经密提花产品等优点，大大丰富了喷水织造产品。

（五）机织产品CAD技术

机织CAD系统包括色织CAD系统以及纹织CAD系统，近年来，国内外很多CAD系统也将“模拟与展示”模块从CAD系统中独立出来，作为专门的设计系统。仿真模拟和集成化、网络化发展是目前机织产品CAD技术发展的主要方向。

1. 仿真模拟

机织CAD能根据织物纱线的种类、组织以及纱线排列自动生成织物模拟图，将织物设计人员的设计意图快速、形象、直观地在计算机显示器上显示出来。近年来随着对纺织CAD系统研究的不断深入，复杂纱线模拟，重结构、多层结构复杂组织模拟，纱线混色与织物色彩，高度逼真织物模拟，动静态织物模拟，虚拟场景模拟等成为目前机织CAD研究的主要方向。

（1）纱线仿真模拟的发展

纱线模拟是为织物的最终模拟服务的，它涉及纱线的材质、线密度、单纱或股线、捻度与捻向、颜色、花式等特征。AU系列CAD系统还可以输入毛羽的长度和密度，来模拟纱线的毛羽形态，从而显示更真实的纱线效果。大多数的CAD系统如EAT系统、Penelope、Pixel、浙大经纬织物模拟软件等都设计了较为丰富的纱线库，纱线库中的纱线可以根据实际需要更换参数，以实现纱线快速设计与模拟的目的。纱线的计算机模拟仿真技术主要有参数化二维仿真法、参数化三维建模法和真实纱线提取法3种。二维仿真具有处理速度快、简便等优点，适用于常规纱线的一般仿真；三维仿真有B样条造型技术、OpenGL造型技术、快速还原型（RP）法、基于MatLab的三维纱线造型技术等，三维建模法能够较逼真地模拟普通纱线的外观，目前较多CAD系统采用此纱线模拟技术作为演示程序；此外还有基于泊松方程提取真实纱线，基于光照模型和纱线几何结构采用纹理叠加等真实纱线提取法用于花式纱线的仿真模拟。

（2）重结构、多层结构复杂组织模拟的发展

CAD系统根据织物组织结构将已模拟的经纬纱按织物结构参数完成织物的模拟。目前商品化的CAD系统大多是用来模拟单层组织织物，而对于具有重结构和多层结构的复杂组织无法实现较好的模拟。目前较为先进的织物CAD模拟技术，经计算判断后也可以模拟一些二重组织和多层组织，但前提是要求设计者对表里排列比进行某种限制，以确认这种组织是二重组织，然后才能模拟其外观。如果任意给出一个组织而不告诉计算机组织的层数，系统便不能对织物的外观做出正确的模拟，并且其模拟效果也不甚理想。

随着计算机图形及图像处理技术的不断发展和深入研究，对二重组织织物设计方法已从将表里组织加以变化、人为进行配合，通过限制表里经纬排列比生成计算机重组织，再到由表组织自动生成里组织的计算机设计新方法，发展到基于VRML的二重组织织物计算机三维模拟的实现方法，使之能够方便观察到织物正反两面的仿真情况。目前二重组织、双层组织的模拟尚局限于素织物，对于复杂多层提花织物，经纬纱在表里层随花型和组织结构不断变化，CAD系统尚不能进行较好的模拟。

（3）织物动静态模拟的发展

对面料的二维仿真模拟，已有的CAD系统都能较好地实现，而三维织物的模拟和织物的动态模拟则是近两年来研究的热点。有学者提出一种基于改进弹簧质点模型的织物模拟算法，该方法在确保织物模拟稳定和高效率的基础上，实现了对织物的风动和悬垂效果模拟；也有学者为了精确再现虚拟服装中面料的力学属性，提出一种模拟不同材质织物变形效果的方法，建立BP神经网络实现织物力学属性与仿真模型控制参数之间的非线性映射，在此基础上实现的虚拟服装更加精准，有助于提高系统的真实感；也有依据织物运动粒子循环方式，在织物运动粒子循环过程中通过更改其属性，获取不同的复杂织物模拟悬垂、弹性等特殊效果；还有学者采用拉格朗日运动学方程，描述了一个通用的弹性体形变的动态变形模拟；还有模型将布料做三角形分割，由三角形的应变和它的外力边界条件算式确定粒子所受内力，再加上重力、风力等外力即为粒子所受的合力，这个模型可以处理布匹跌落地上时产生的褶皱和一些复杂的情况等。目前，香港理工大学研究的一体化CAD系统中，增加了织物的悬垂和风动效果模拟，实现了三维动态展示。武汉纺织大学的“基于黎曼流形的织物建模与仿真研究”，获得了2011年国家自然科学基金青年项目的支持。

（4）虚拟现实仿真模拟的发展

虚拟现实（Virtual Reality，简称VR）技术是一种逼真的模拟人在自然环境中视觉、听觉、运动等行为的人机界面技术，将虚拟现实技术引入纺织CAD系统，利用其丰富的交互手段和感知功能，在虚拟场景中对织物进行方便的辅助设计与展示。实物展示是CAD系统近几年研究的热点，目前主要为三维模型材质渲染（3-D presentation）和实物三维展示（3-D mapping）2部分。三维模型材质渲染主要是调用或模仿三维软件的材质渲染功能，国外最新软件能够模拟较为真实的三维效果，如服装模型中实现不同裁片织物纹路的不同方向和角度，裁片衔接处的自动接合，更为真实的光照和场景效果等；大部分CAD系统都可以实现织物的三维展示功能，即所谓的立体贴图，织物可以被贴在设计者指定真实的人物或者沙发、墙壁、餐桌和床上，展示纺织面料的最终使用效果和整体搭配效果，该项技术在国内和国外的CAD系统中已经被广泛应用。国外较新的CAD系统如Pixel、

Penelope 等还利用预先设置三维网格在实物表面实现织物褶皱、阴影、裁线和裁片角度等模拟效果，真实感更强。西班牙的 Pixel 系统还有供用户自主设计模拟模型的程序。

2. 集成化与网络化发展

织物 CAM 技术就是利用计算机及其外部设备辅助进行纺织产品及工程控制和产品开发、生产的技术；纺织 CAPP 是指工艺人员借助计算机，根据产品设计阶段给出的信息和产品制造工艺要求，交互或自动地确定产品加工方法和方案；纺织 PDM 技术是指纺织产品开发的数据管理技术；FNAD（Fabric Net Aided DesignUll）是指纺织品网络辅助设计技术。随着全球经济一体化模式的发展，纺织企业为了实现全球化经营，对异地协同设计、制造加工纺织品的要求越来越迫切，将不同企业的织物 CAD 数据与织物 CAM 数据进行交换与共享，所以织物 CAD 的集成化、网络化趋势是近年来的发展和研究热点。

三、机织工程学科国内外研究进展比较

近年来国际上机织学科的发展方向与我国的研究方向基本一致，主要是低能耗、高速高效生产技术的开发，但国外的研究水平相对较高，电子技术、智能化技术和多功能化已被引入纺织领域，相关研究对技术细节关注度较高，此外，在不同领域的合作开发、高科技的引入以及成套技术的开发方面值得我们学习和借鉴。

（一）络筒

国外络筒技术有了新的发展。瑞士欧瑞康公司推出了赐来福 Autoconer X5 自动络筒机，该机型采用了 PreciFX 无槽筒纱线横动装置、X-Change 自动落纱装置、操作更简易的全新设计、能耗经过优化的散热系统、灵活性更高的配置。Autoconer X5 不仅具有筒子质量重现性高及纱线质量优等优势，更能为下道工序提供量身订制的高能源利用率。

日本村田公司最新机型 Process Coner Ⅱ QPRO 自动络筒机，在卷绕工序上同时实现了提高纱线质量和高速退绕功能，也实现了大幅节能的目标。

意大利萨维奥公司推出的 POLAR/IDirectLinkSystem 细络联络筒机采用模块化设计，以迎合细纱机制造商不断增加机器长度的趋势，目前已达到 2000 锭。该机型可以识别纱管上不合格的纱，使所有纱管都循环，直至络筒纱卷满卷为止，通过清纱器检测疵点。同时可以配备智能准备装置，以恢复络筒效率，自动清除纱疵。

印度统计学院的学者对自动络筒机上的电子纱线清纱器参数设置进行了研究，利用灰色关联方法，加权主成分分析方法，结合络筒工序中工艺参数以及络筒后的成纱质量指标，提出了络筒机上电子清纱器的参数优化设计方案，该方案经过实践检验，络纱的粗、细节数量，棉结数量都有了大幅度的降低。

伊朗学者对络筒机上飞花产生的影响因素进行了分析，借助于图像处理技术手段，检测出飞花产生与纱线的线密度以及纱线捻度的设置有密切关系，当纱线捻度增加时，可以有效降低络筒过程中飞花产生的数量。

（二）整经

近两年，国外分批整经装备没有太多新的机型出现，技术上变化不大，整经技术的发展主要体现在分条整经技术的发展上。

德国卡尔迈耶公司和 Benninger（贝宁格）公司合作生产的最新型全自动分条整经机 Nov-O-Matic，代表了当今分条整经技术的水平，体现了全自动、人性化、高速、高效、高质的特点。该机型采用了新一代智能控制系统，以保证新型整经机和配套产品的技术兼容性，确保整经工序、纱线排列整齐、纱线张力和卷绕密度均匀可调，实现全自动。现场总线技术的应用使设备的调试、诊断、工艺参数的管理更具有智能化。

俄罗斯莫斯科州立纺织大学学者对整经过程中的定长装置进行改进，用于替代传统的定长装置，提升整经过程中张力测量精确性，该装置通过计算经纱卷绕直径的变化来计算经纱卷绕长度，计算过程中考虑各个影响因素，使经纱定长装置的测量精度小于 ±（0.3 ~ 0.5）m。

（三）浆纱

近年来国外科研机构及企业在浆纱工序上的研究主要集中在浆纱设备以及环保上浆方式方面。

日本 TTJ 株式会社研发了 TTS20S 新型短纤用浆纱机，该机型的优点是：浆纱导航系统使操作更简单；合理配置烘筒，减少了蒸汽的消耗量；新型电动机减少了电力消耗量；预湿装置和高压压浆能节约浆液；最小伸长精度从 0.1% 提高到 0.01%，保持纱线的伸长度；增大压浆力提高烘干效率和生产速度，使生产效率提高。这也是浆纱机的核心和发展趋势。

（四）穿经

新型自动穿经机的发展使织前准备的产质量及自动化有了很大的提高，也节省了用工，使织造自动化又向前推进了一步。

瑞士 Staubli 公司新的 SAFIR 全自动穿经机，具有许多新技术，穿经速度达 200 根 /min。SAFIR S80 型自动穿经机 1 次可穿 1 ~ 2 个经轴，假如需要可穿 8 层。其上设有照相系统，用于监控穿经的颜色有无差错，新型的纱线分离器可将纱线按图案颜色的配备进行编程并监控。

（五）织造

1. 剑杆织机

剑杆织机的研发主要侧重于其品种适应性方面，需针对最终产品的不同要求，进行相关机型的研制，同时特别关注产业用纺织品的织造。

意大利的 SMIT（斯密特）公司开发了 ONE 剑杆织机。其引纬过程基本上是靠接纬剑来完成，纬纱交接在梭口完成，送纬剑不进入梭口，由于接纬剑的横截面积大大小于送纬剑，使得梭口可以开的更小，能够适应各种类型的纬纱和织物，品种适应性广。

比利时的 Picanol（必佳乐）公司研发的 GTXplus4-R190 剑杆织机，采用双后梁设计，固定后梁可以承载大部分的经纱张力，适于厚重织物的织造，也可以将固定后梁取下，满足织造轻薄织物或低弹性经纱的织物；该机型采用双压布辊设计，织造厚重织物或者光滑织物时，不会打滑；GTM 系列剑头适应范围广，从细支单纱到粗支的雪尼尔纱都能够使用。

德国 Dornier（多尼尔）公司研发 PTS4/SC 和 PTS16/JG 刚性剑杆织机。该织机主要适用于各类产业用纺织品以及各类高档精细复杂面料的生产。前者采用全幅边撑，双压布辊，适应大张力光滑织物的织造，可以织造 PP 单丝工业滤布等；后者在织造过程中可以调整梭口关闭时间、调整花型，经纱导向机构能够以尽可能低的张力进行织造，生产各类装饰用纺织品如汽车座椅面料、风景画布等。

2. 喷气织机

国外喷气织机在机构优化、适应高速运转、引纬控制技术精确化、降低能耗及提高织造效率和织物品质以及织机控制系统等方面均有所发展。

德国多尼尔公司研发的新一代 A1 型喷气织机，可配凸轮开口装置、12000 针的提花机、多达 16 页综框的多臂机以外，还可配纱罗装置 EasyLeno®，机器幅宽从 150cm 到 540cm。A1 安装有多个获得专利的元件，比如带多尼尔 ServoControl® -2 伺服控制系统的多尼尔 PIC® 实时引纬控制系统、多尼尔 PneumaTucker® 气动折入边系统，这保证了喷气织机生产织造的安全性。该机型适用范围极广，可以织造产业用布、服装用布及装饰用布。

必佳乐公司研发的 OMNIplus 系列喷气织机，为辅助喷嘴配置了 3 个气包，一个在织机左侧，一个在织机右侧，另一个在二者中间。根据引纬要求，左右两侧气包可以设定为高气压，而中间气包保持较低气压。与双气包配置相比，中间气包较低气压的设定可降低喷气织机的耗气量，据称可节省 15% 左右。此外，该织机采用多孔辅助喷嘴，提高对纬纱的牵引力，辅喷电磁阀的位置更靠近辅助喷嘴，以降低耗气量，系统自带的“空气管家”监测和管理耗气量，可以自动检测各个气路通道。OMNIplusSummum 喷气织机车速可达 1800r/min，能够实现变车速织造，瞬间织造车速可达 2000r/min。

日本津田驹公司研发了 ZAX9100-190-2C-S4 型喷气织机。该织机具有轻快顺畅的经纱开口动作、平衡合理的打纬机构，通过对钢筘、喷嘴、气路等的改进，已经实现了低压引纬，在 0.15MPa 气压情况下仍可实现顺利引纬。该机型有根据不同性质的纬纱优化织造速度，不需改变主喷嘴流量，在机自动调速使纬纱到达角度符合设定要求的功能等，对织机的耗气量进行控制。此外，该机型在采用一个气阀控制两个辅喷嘴引纬的同时，对主喷嘴实行双阀引纬，更有效地降低了该机型的能耗。

匈牙利学者对喷气织机各个喷嘴气流分布情况进行了研究，通过对喷气织机各个位置气压以及气流速度的测试，获得喷气织机气流在纬纱路径上的分布情况，并提出可以利用傅里叶变换，进行喷气织机引纬过程中各个位置气流速度的计算。这些研究成果可以为进一步优化喷气织机设计，降低喷气织机能耗提供相关数据支撑。

土耳其学者对喷气织机的可织性进行了分析，探讨在同一个品种下，不同的织造参数，包括后梁高度、经纱张力、前置角、闭合时间等，对织机可以织造的纬密范围的影响。这一研究成果对于提高喷气织机品种适应性具有十分重要的意义。

（六）机织产品 CAD 技术

在纺织 CAD 领域，国外在某些新技术方面仍处于领先地位，比如国外的织物组织 CAD 系统能够根据用户提供的样品，经过扫描和处理分析，设计形成与来样相同的织物，而不必通过人工分析，反复对比，具有快速反应特点，可以显著缩短交货期。

英国诺丁汉大学（University of Nottingham）设计开发了织物几何结构模拟软件 TexGen，可准确模拟任何一种纱线的结构，包括模拟纱线粗细不匀等现象，能够在局部改变纱线横截面的形状和尺寸等，并可进一步准确模拟织物的几何结构；还可以将创建好的模型输出到外部分析软件（如有限元等），便于进一步分析织物的应用性能。基于 TexGen 织物模拟，诺丁汉大学已经在力学冲击柔性防护材料以及航空航天用复合材料的设计与开发方面取得了很大进展。此外 TexGen 还可广泛应用在织物渗透性、热传递和纺织复合材料力学分析等领域。

美国奥本大学的学者将虚拟现实技术应用到机织物三维仿真技术之中，并可以在虚拟现实环境下，研究各类工艺参数的变化对织物结构的影响。该 CAD 技术可以实现对单层以及多层织物三维展示。

四、机织工程学科发展趋势及展望

机织产品作为最主要的纺织材料之一，其需求量随着世界人口的增长、人民生活水平的提高及产业用等应用范围的扩大而快速增加，仍表现出良好的发展前景。一般认为纺织产业是劳动密集型产业，但机织工程技术发展至今天，机织产业已逐渐成为技术与资金密集型的产业，在某种程度上讲，企业机织技术的先进性决定了其产品的技术水平和市场竞争力。只有进一步加大机织技术的创新与研发，缩小与国际先进水平的差异，才能使我国的机织产业具有强劲的国际竞争力、实现产业的可持续发展。同时，在经济全球化的形势下，我国机织产业受到了来自各方面的竞争压力，除了技术方面的压力以外，还包括其他非技术因素，如劳动力成本、原材料生产与供应、贸易政策与环境等。

1. 进一步缩小国内外织造装备的差距

目前，国内大多定位生产高档产品的纺织企业购置设备时仍然会首选进口设备，但对于众多中小纺织企业来说，国产纺机已经可以达到生产要求。经过多年发展，虽然国产纺机设备织造技术已经取得了跨越式发展，但不可否认，与德国、法国、瑞士等欧洲老牌纺机生产企业相比，国产设备仍存在许多差距。主要体现在以下几方面：①生产效率不高。国外设备一般工艺流程短，自动化、信息化程度高，因此，在一些工序中产量大，生产周期短，用工人数少。同时，由于生产效率高，可以减少设备的数量，减少厂房的占用，因此，从效率的角度看国外设备比较适合对交货比较紧、工厂位置地价比较高的纺织企业。②制造的专业化。国外纺织机械企业多数都只专注于某个工序，并且在这个领域做成世界名牌。例如，舒美特公司的优势就是剑杆织机。而国内企业大都搞多元化经营，导致没有自己的优势、特色。③关键技术难以替代。对于很多纺织企业来说，一些关键的设备和关键的部件国内不能生产，如穿经装备和高速开口机构等。国外纺机具有技术含量高、外形轻巧、操作简单等优势，特别是在一些高端领域，国外设备具有绝对的优势。

2. 深入研究先进机织工艺与理论

经过多年来的消化吸收与自行研发，我国机织技术有了显著的提高，但要实现在生产速度、产品适应性、运行效率、能耗、自动化智能化水平等方面的进一步提升，需要有扎实的织造工艺理论与技术研究作为基础。如PVA浆料替代品的研发，节能环保上浆方式研究，喷气织机流场分布，喷气织机节能降耗工艺的研究等，这些都是提升我国机织产业生产水平的重要依托。不断研究新纤维材料、新型结构纱线在机织工程中的应用，解决织造过程中出现的工艺与技术难题，加大机织新产品的研发，实现机织产品功能性、服用性及外观风格等方面的全面提升，使中国机织产品成为国际纺织品市场精品、名品的典型。

3. 加大特种机织物织造工艺技术的研发

现代工业、农业、建筑、医学、空间与军事等技术领域的快速发展，促使对特种结构、厚度、幅宽等机织物的需求进一步增加，而我国在这一方面仍存在较大的差距，应加大特种机织物织造设备的攻关、工艺技术及配套技术的研究，特别是各类无梭织机品种适应性的提升，逐步缩小与国际先进水平的差距。

4. 进一步研究纺织设计CAD技术

加大CAD技术在企业推广应用的力度，实现全行业织物设计水平的整体提升。鉴于机织产业在产品设计方面出现诸如新纤维原料的大量应用、小提花大提花产品比例增加、快速化或智能化产品设计、特殊结构机织物的不断出现与更广泛应用等新情况、新要求，应该在加强相关设计理论、数字化实现方法等方面研究的基础上，加大机织CAD设计系统的研制。同时，加强与CAD密切相关基础理论的研究，包括织物力学性能，热学性能等微观物理变化对织物外观形态影响，与CAD技术紧密结合，实现我国机织产品设计水平的整体提升。

参考文献

[1] 中国长丝织造产业现状及发展[EB/OL]. http: //www.tnc.com.cn/news/detail/1/7/d177367.html.

[2] 陶荣. 多功能负氧离子纺织品的研究与开发[D]. 杭州：浙江理工大学，2012：3.

[3] 凯宫机械KGFA688型自动络筒机性能指标均达国际水平[EB/OL]. 中国品牌服装网. http: //news.china-ef.com/20130102/368213.html, 2013.

[4] 易芳，梁莉萍. 常州八纺机：新型整经机挑战尖端[J]. 中国纺织，2012(6)：73.

[5] 郑浩，祝志峰. STMP交联变性对淀粉浆料性能的影响[J]. 纺织学报，2013，34(2)：91-94.

[6] 王苗，祝志峰. 马来酸酐酯化变性对淀粉浆料的影响[J]. 纺织学报，2013，34(5)：53-57.

[7] 祝忠秋，祝志峰，屈磊. 阳离子型接枝淀粉浆料的性能分析[J]. 棉纺织技术，2013(2)：1-4.

[8] 朱文静，田伟，张慧芳，等. 纱线线密度对Dornier喷气织机纬纱飞行速度和状态的影响[J]. 纺织学报，2012，33(1)：121-125.

[9] 赵松. 东菱伺服在喷气织机上的应用[J]. 伺服控制，2012(2)：40-41.

[10] 董奎勇. 世界纺织技术进展—回顾与展望[J]. 纺织导报，2012(1)：35-44.

[11] 金肖克，李启正，张声诚，等. 织物颜色测量方法的分类与发展[J]. 纺织导报，2012(9)：103-105.

[12] 金肖克，张声诚，李启正，等. 色差公式的发展及其在织物颜色评价中的应用[J]. 丝绸，2013(5)：35-38.

[13] 孙光武. 基于OpenGL技术的单纱外观三维模拟[D]. 新疆大学，2011.

[14] 李青青，孙以泽，陈广锋. 基于弹性杆的簇绒地毯绒圈三维仿真单纱中心线模拟[J]. 东华大学学报：自然科学版，2012，38(6)：704-706.

[15] 曾祥惠. 二重组织织物的组织识别与真实感模拟研究[D]. 浙江理工大学，2011.

[16] 李文杰，黄文清，盛月红. 基于改进弹簧质点模型的织物模拟算法[J]. 工业控制计算机，2012，25(1)：60-62.

[17] 姜延，刘正东，陈春丽. 基于面料力学属性的三维织物模拟[J]. 计算机辅助设计与图形学学报，2012，24(3)：323-329.

[18] 虚拟现实[OL]. 维基百科，http: //zh.wikipedia.org/zh-cn/%E8%99%9A%E6%8B%9F%E7%8E%B0%E5%AE%9E, 2013.

[19] 马兴建，朱江波. 机织CAD技术的应用与发展[J]. 纺织导报，2012(7)：126-128.

[20] 张宝山. CAD技术在面料图案设计中的应用[J]. 纺织导报，2010(3)：100-102.

[21] 陶璐璐. 定制也可以平民化：面向敏捷制造的服装CAT/CAD/CAM装备集成技术研究及产业化[OL/N]《中国纺织报》. http: //www.suda.edu.cn/html/article/263/25812.shtml, 2011.

[22] M S Tafti, D Semnani, M Sheikhzadeh. Investigation of fly generagtion during cone-winding using the image processing technique[J]. Fiber and Textiles in Eastern Europe, 2012, 6(A): 58-62.

[23] 秦贞俊. 自动穿经及结经技术的发展[EB/OL]. http: //www.ttmn.com/tech/detail/18133, 2012.

[24] V V Gubin, A A Makarov. Device for measuring the length of the warp wound on the warp beam or warp shaft of a

sectional or high speed warping machine [J] . Fiber Chemistry, 2012 (5) : 61-63.
[25] 罗军. 织造设备的技术进步 [J]. 纺织导报, 2012 (3): 72-79.
[26] L SZABÓ. Weft insertion through open profile reed in air jet looms [J] . International Journal of Engineering, 2012 (2) : 211-218.
[27] Y Turhan, R Eren. The effect of loom settings on weavability limits on air-jet weaving machines [J] . Textile Research Journal, 2012 (2): 172-182.
[28] 孙晓军, 赵晓明, 郑振荣, 等. 新型织物仿真软件 TexGen 的特点及其应用 [J]. 纺织导报, 2013 (4): 70-73.
[29] S Adanura, J S Vakalapudia. Woven fabric design and analysis in 3D virtual reality. part I: computer aided design and modeling of interlaced structures [J] . Journal of the Textile Institute, 2013 (7) : 715-723.
[30] S Adanura, J S Vakalapudia. Woven fabric design and analysis in 3D virtual reality: part II: predicting fabric properties with the model [J] . Journal of the Textile Institute, 2013 (7) : 724-730.

撰稿人: 祝成炎　田　伟　李艳清　李启正　张红霞　刘　军

针织工程学科的现状与发展

一、引言

针织是利用织针使各种原料和品种的纱线形成线圈、并串套连接成针织物的工艺过程。根据成圈工艺的特点，针织可分为圆纬编、横编和经编。针织物质地柔软，有良好的抗皱性与透气性，并有较大的延伸性与弹性，穿着舒适。针织生产因工艺流程短、原料适应性强、翻新品种快、产品使用范围广、噪声小、能源消耗少等特点，而得到迅速发展。在织物生产中，针织、机织和非织造产品的比例大致各占 1/3。当前，世界针织工业的发展处于上升期，机械、控制、信息技术的进步推动了针织装备的快速发展。新原料的研发、推广和新型整理技术的应用为针织面料的开发创造了良好条件。针织产业集群和大型针织企业的兴起推动了针织产业向规模化、品牌化、国际化方向发展，针织研究机构对技术和设计的不断深入研究，带动了针织产品的结构、外观和功能创新。随着产业结构调整、产品升级步伐加快，针织技术向高速、高效、智能、节能、差异、多功能、多样化发展。

针织产品覆盖服装、家纺、产业用三大应用领域，向着舒适性、功能性、时尚性、三维立体性等方向进一步发展，呈现多元化、多样化的趋势。在服装领域，针织物突破在内衣、运动服、户外休闲等传统应用的范畴，呈现出从内衣到外衣、从普通服装到功能服装转变的总体趋势，并全面渗透进各类服装领域，市场应用份额越来越大。针织成形产品减少了传统服装从布匹到成衣的裁剪、缝制等很多工序，成为针织产品近年来重要的发展方向。针织产品在家纺领域的应用也在不断扩大，在窗帘、家具包覆、床上用品、清洁用品、地毯、墙体装饰和室内装饰品等方面都有着广泛应用。结构的多样性是针织技术的显著特征，其特有的轴向结构、网孔结构、三维立体结构和全成形结构，为各种产业用材料提供了更广阔的解决方案。

伴随着针织产品的生产与开发，针织装备技术的进展显著。成圈机件不断改进与完善，生产监控技术进一步推广应用，使机器机号、运转速度、生产效率和编织质量显著提高；数字提花技术、伺服控制技术、与特殊装置集成研发，增强了装备的提花能力；多功能针织技术的发展实现了一机多能和编织功能的快速转换。

针织装备与针织产品互为推动力，促进了现代针织技术的良性发展。本专题报告旨在总结近两年来针织工程学科在装备和产品两方面出现的新技术、新方法以及新成果，并结合国外的最新成果和发展趋势，进行国内外发展状况比较，提出本学科今后的发展方向。

二、针织工程学科发展现状

（一）针织生产技术

1. 高速生产技术

高速高效下的高产量是现代针织生产技术发展的必然趋势，高转速和宽幅仍然是针织装备两大主题，针织构件采用轻质高强的材料，各运动部件更巧妙的设计和运动方式的创新使得针织装备的性能大幅度提高。

采用质量轻、刚性好、强度高、热膨胀系数极低的材料是实现针织装备高速技术的关键。我国针织设备制造厂家加大了对成圈机件的研究。铝镁锌系合金材料能够有效降低机器从刚启动到正常运转由于温度变化而引起的热胀冷缩程度。纱嘴头由黑锆陶瓷材料制成，特别适应于弹性原料，编织部件可转换成三线卫衣装置。碳纤维增强材料（CFRP）在经编机上应用广泛，CFRP 在任何气候环境下都具有质轻、结构刚硬和稳定的特点，将 CFRP 用作梳栉、针床和沉降片床等，可以使梳栉质量减轻 25%，刚性得到提高，从而使经编机转速步上新台阶。国内经编机械制造企业加大了对机械运动性能和控制技术的研究，机件运动惯量小、刚度高，提高了经编机运行的平稳性，使各类经编机转速大幅提高。我国特里科经编机的速度可以达到 3000r/min。福建鑫港纺织有限公司的 XGM43/1 型全电脑碳纤维多梳栉提花经编机的速度可达 900r/min，该机采用复合针，机号 24 针 /25.4mm，梳栉 43 把。常州润源经编机械有限公司、常州第八纺织机械有限公司的双轴向经编机，普遍使用了伺服控制系统，自动化程度高，机器的工作幅宽最宽达到 6220mm，最高编织速度达到 1200r/min。常州市武进五洋纺织机械有限公司自主研发的 GE2296 高速双针床经编机，最高编织速度超过 1000r/min。

在圆纬机的沉降片双向运动中，采用了握持式、立式沉降片或斜向运动沉降片，突破了沉降片水平运动的模式，实现了在水平和竖直 2 个方向的运动，减少了握持片和沉降片工作时的动程，以便于飞花的清除，同时加大了坯布密度的调整范围，大幅提高了织机的运动速度。中国台湾佰龙机械有限公司的高速单面多针道机，机号 E22. 筒径 610mm（24 英寸）、路数 96，其最高转速可达 73r/min，相当于 2.33m/s 的针筒圆周线速度，是当今机速最高的单面圆纬机之一。

2. 高质生产技术

高质生产技术的主要发展体现在纱线的张力控制、有效传输、及疵点的实时监测和超细超薄织物的生产等方面。

纱线张力直接影响针织物的质量，稳定的纱线张力能保证织物的尺寸一致性及布面的平整。机器的高速对于纱线的力学性能要求更高，需要更有效的纱线张力均衡装置，减少针织机在高速运转下纱线张力的波动。在圆纬编和横编生产上，纱线喂入装置的张力控制是保证高质生产的关键环节。新式的储纱器配置了张力感应器和控制元件，能使送纱量及纱线张力得到很好控制，解决了原先消极式储纱器仅能部分解决储纱量或纱线张力变化的问题。现在电脑横机上也已逐渐采用储纱器及恒张力输纱器。新型的储存式送纱器采用固定储纱轮和转动绕纱系统，用于送纱量固定或变化的针织机或袜机上。其主要特点是绕纱轮内部摆动部件保证了纱线的有效传输及均匀分纱，可输送难度较高的纱线。新型的氨纶送纱器专为针织大圆机积极式输送氨纶裸丝而设计。该送纱器的断纱自停系统可长时间保持清洁，能够确保设备在极低张力下输送氨纶裸丝，提高产能，改善织物质量。在经编织造中，电子送经已成为现代经编机的标准配置，送经量的精度高、跟随响应快，进一步保证了织物的布面质量。多梳拉舍尔经编机采用 PPD 电子送经，花经轴的送纱量可以根据实际用纱量进行自动调整，极大地提高了花边的质量，同时也有利于机器速度提高。

在经编生产中，疵点的检测除了采用光电扫描和断纱自停装置以外，为了适应高速生产和花式产品，高速摄影和图像处理技术也已经应用到经编整经和织造的在线疵点检测中，有效提高了疵点识别速度和精度，同时也提高了我国经编企业的人均挡车数。

超细针距技术的发展为超轻、超薄针织物的开发提供了基础，也对纱线的线密度和质量提出了更高的要求，特别是在高支针织用棉纱、毛纱等纺纱技术方面。细针距下的针织工艺要着重研究在高机号单、双面圆纬机上编织轻薄针织面料的关键技术，结合后整理工艺，开发不易脱散的轻薄型高档弹性面料。

3. 网络化管理技术

近些年来，随着劳动力成本的提高和现代化高效生产管理的需要，针织生产管理系统得到企业的重视和应用。它综合运用微处理器技术、网络技术、通信技术和自动控制技术，使针织设备具有强大的数字计算和通信能力，同时也便于生产过程的集成控制和生产管理。应用现代控制技术中的可编程逻辑计算机技术、新型驱动技术、工业网络通信技术中的现场总线技术，集针织设备的多个电子控制模块于一体，全面实现针织装备的机电一体化、生产过程网络监控等多项功能，组成一个开放的、模块化、实用性强、易于维护和重新配置的柔性针织生产系统。所有生产设备通过以太网接口实现联网工作，并可连接到企业 ERP 系统、花型设计系统和远程诊断系统，帮助企业在生产和资源管理中获取高效率，减少停机和调整时间，实现柔性生产不同数量产品的即时数据采集和管理。

浙江恒强纺织科技有限公司提出的“针纺智能化集成方案”能将针织企业中绝大多数依靠人工完成的工作，通过互联网 / 无线电通信以及电控手段自动完成，从而大幅提高了劳动效率。江南大学开发的经编生产管理系统，形成了现代化的经编生产管理雏形，该系统应用经编车间实时监测技术，将经编装备作为网络终端，采用开放式数据接口、在线实时数据采集技术和网络技术，实现对生产状态的获取和监测、轮班生产数据的统计、多用户管理、及与外部系统联动等功能。

（二）针织提花技术

针织提花方法多种多样，也是反映针织产品特色的主要手段。近年来针织装备的提花能力进一步加强，主要体现在提花方式的数字化、多样化和组合化，无论是色彩提花还是结构提花，花型更为丰富多彩，使针织产品更具时尚感。

1. 数字提花技术

随着电子技术的飞速发展，机械式提花已跟不上时代的步伐，随之而来的是计算机控制的数字提花技术的大力发展和应用。数字提花技术的共同特点是，可用电子接口导入提花数据，机上或联网修改数据。

数字提花技术在圆纬机上的应用已经十分广泛，通过电子选针或电子选沉降片，实现色彩提花或凹凸提花的织物效果，此技术已逐步应用到无缝内衣、提花毛圈和提花割圈绒等设备。纬编数字提花技术不断改进以适应更高的机号和转速，与高机号单面或双面多针道圆纬机相比，细针距电脑提花单面或双面圆纬机由于电子选针及选针器速度响应等方面的缘故，对于机械制造配合精度、电脑控制技术、机电一体化水平要求更高，国内通过技术人员多年的努力，纬编数字提花技术与国外技术差距逐步缩小。如今，国产的昆鹏和创达电子选针系统已逐渐得到较多厂家的使用。

伺服驱动的电子横移技术推广应用力度加强。电子横移系统使得织物花纹循环高度不再受限制，梳栉累积横移量可达64针以上，能满足更大花型的生产需求，织物花式多样化得以体现。市场的残酷竞争迫使电子横移经编机不再是为了打样需要，多品种、小批量、差异化产品和快速反应已成为这类技术发展和应用的驱动力。电脑多梳拉舍尔经编机将伺服驱动的电子横移作为标准配置，高速经编机、双针床经编机、贾卡经编机等少梳栉经编机配置电子横移系统也成为一种趋势。

经编压电陶瓷贾卡技术不仅能控制贾卡导纱针针背、针前的偏移，而且能控制贾卡纱线进入和退出工作。近年来，我国经编贾卡提花技术的研发和应用取得了显著成果，江南大学经编技术教育部工程研究中心将贾卡提花技术从常见的多梳贾卡机器延伸到双针床经编机、毛巾经编机等机型。提花间隔织物、无缝内衣、凹凸提花毛绒织物以及提花毛巾织物等先后得到了开发，极大丰富和拓宽了原有的产品市场。国产的压电陶瓷提花针块已经逐步走向稳定和成熟，有效降低了提花装备的制造成本，广泛用于贾卡经编机、多梳经编机、提花毛巾机、双针床无缝和提花间隔经编机等。

国内针织提花织物生产企业也开始重视创新设计和开发，逐步走出传统的拷贝国外花型为主的生产方式。大中型企业都建有专门的设计与研发部门，促进了我国提花针织产品的创新设计。

2. 伺服控制技术

现代经编对生产设备提出了高速度、高精度、高效率的要求，交流伺服系统具有高响应、免维护、高可靠性等特点，正好适应了这一需求。伺服驱动技术在经编生产中得到了更为广泛的应用。20 世纪 80 年代，国外将伺服驱动技术应用于经编机的送经和牵拉卷取机构，并在 21 世纪初成为高速经编机的标准配置。采用电子送经牵拉系统可实现对经纱送经和织物牵拉的张力控制，但是要求控制系统具有快速响应性和控制精确度，伺服驱动技术可以很好地满足恒定速度下的送经和牵拉要求。多速送经控制时，在相同的主轴速度下，经轴送经速度按送经量的变化要求而变化，从理论上要求送经量变换在瞬间实现，但是在高速切换送经量时，当前的伺服电动机的高速响应性能还有待进一步提高。21 世纪以来，国内加大了对伺服驱动的电子送经系统的研发，电子送经机构正逐步成为国产经编机的一种标准配置，为经编企业产品质量的提高和新产品的开发提供了有力保证。

为提高经编机的横移提花能力和变换品种的便利性，近年来推广使用旋转型和直线型伺服电动机控制导纱梳的横移运动。在少梳栉的单针床和双针床经编机上采用了超低惯量的大功率伺服电动机控制地梳的横移，适应的最高机器速度为 1600r/min，但是花盘凸轮横移机构适应的机速已达 4000r/min，因此，急需开发适应高速横移的专用伺服电动机。在多梳经编机上采用小功率的旋转型电动机控制花梳的横移，机器速度可达 930r/min，比先前 SU 电子横移多梳经编机的速度提高了 1 倍。目前，国内在电子横移方面已经进行了一些研究，取得了初步成果，机器速度达到国外同类机型的 70% ~ 80%，还需要进行深入研究。一旦突破电子横移系统在速度上的局限性，高速经编机将迎来整体数字化的年代，少梳栉的经编产品也将在花式方面得到全面升级。

多轴向经编装备数字化技术的核心在于多轴向铺纬技术。在铺纬生产过程中，铺纬装置在伺服电动机的驱动下，在幅宽范围内往复运动，将纬纱按照要求铺放在两侧的传送链上，传送链通过伺服电动机带动的一套传动系统带动向前传动，将纬纱推送到编织区编织成织物。铺纬装置分为固定轨道式和移动轨道式铺纬机构。在多轴向经编机上可配置 3 ~ 7 个纬纱衬入系统，所有纱线层均可通过程序设计在 +20° 到 –20° 之间变化。多轴向经编机的速度达 1400r/min 以上。国内也已成功开发出采用伺服电动机铺纬的多轴向经编机，速度达 1000r/min。

3. 复合提花技术

在同一针织设备上采用多种提花技术，实现复合提花功能，可编织多种花色组织，扩大了织物的编织范围，实现了更强的市场竞争力。

电脑大圆机实现了多种花色功能复合的特点，既有电脑提花 + 电脑调线的双花色功能大圆机，也有电脑提花 + 电脑调线 + 电脑吊线的多花色功能大圆机。提花加调线、提花加移圈的集多功能于一体的电脑提花机的成熟，实现了一机多用，这些功能既可单独使用亦可组合使用。经编机将横移提花与贾卡提花相结合，用在少梳和多梳经编机上。在少梳栉的机器上，将梳栉的电子横移和电子贾卡偏移结合在一起，再利用多速送经的特点，可以分区域设计不同的密度，形成不同的延伸性，在织物上形成具有不同弹性的功能区域，为具有花纹的功能性塑身面料的设计与生产提供了理想的设备。而多梳横移加上贾卡的经编机是生产蕾丝花边的典型机种，运用贾卡提花形成花式底网，在此基础上，利用花梳的衬纬、压纱或者成圈运动形成不同层次的立体花纹，这种复合提花技术形成的独特蕾丝风格是一般织造技术无法比拟的。近两年来，随着蕾丝作为流行元素在服装和装饰领域的广泛应用，此类产品成为时尚界的宠儿。其中，国内最重要的技术发展表现在两个方面：一是原料方面的突破，各种短纤纱包括棉纱、毛纱和一些混纺纱线在拉舍尔蕾丝面料上的成功应用，改变了蕾丝单一的质地，200tex 以上的特粗股线的应用，使织物的立体感更强；二是采用贾卡提花梳形成织物的地组织，使蕾丝的底网更薄更柔软，也使工艺设计变得更为复杂。

4. 横编起花技术

在 2010 年后，电脑横机行业进入了创新发展阶段，开始着手高端电脑横机的研发及生产。以宁波慈星股份有限公司、江苏金龙科技股份有限公司等为代表的国内电脑横机公司借助地域、价格和服务优势在国内乃至东南亚市场取得了数量优势之后，也在技术创新上稳步前进。

横编嵌花技术研究的重点为色纱数和生产效率。宁波慈星股份有限公司收购上海事坦格针织机械有限公司之后，延续了事坦格的特色产品，包括开放式机头，独立传动的嵌花导纱器，多达 32 把的嵌花导纱器。有国产电脑横机公司推出了嵌花横机，他们与电脑横机软件和控制系统开发商合作，对导纱器的控制程序进行改进，使得嵌花导纱器的控制更加有效，在每个编织行程可带动更多的导纱器工作，节省了工作时间，色纱数可达到 32 色。

多针距技术即不用进行织针更换即可在一台横机上织出不同针数效果的织物，同时可在同一织物上编织出不同针数的效果。多针距技术使得无需换针板就能在很宽的机号范围内生产不同规格的产品。选用同支数的原料和相应的密度，在同一织物上可以显示 2 种针距风格的线圈形态。国内的宁波慈星股份有限公司推出了 6.2/12 针和 7.2/14 针的新型多针距电脑横机。国产电脑横机中，变针距主要集中在 3–5–7 针和 5–7 针设备上，可以用来编织接近于 3 ~ 7 针的产品，其技术已经趋于成熟。

（三）针织成形技术

成形编织是针织技术的专长，有成布和成形编织两种工艺。无论是圆纬机、横机还是经编机，都可以通过一定的技术手段形成少缝或无缝的服装、袜子或衣片，不仅穿着舒适，有效减少后道工序，节省人工和消耗，而且具有艺术性、功能性等特点。成形编织也为针织产品在工业领域的应用提供了广阔的前景，三维立体成形结构、筒形及分支筒形结构、异形结构等一次成形产品具有更好的整体性能，在能源、建筑、医疗等领域的应用进一步拓展。

1. 针织成形技术

无缝针织内衣和服装在国外已经风靡多年，我国无缝成形技术的发展历史并不长。但近年来我国劳动力成本的急剧增加，减少用工成为当前纺织技术发展的重点，针织无缝成形技术得到广泛的关注和重视。各类国产无缝针织装备相继问世，无缝的概念从传统的内衣和袜子推广到外衣、鞋甚至家纺等多个领域。

圆纬编无缝内衣机上有头机的技术日趋成熟，多个无缝内衣机生产厂家推出了带哈夫针盘的有头机型，在圆纬机上实现了双向移圈功能，这是一个很大的技术突破，圆纬机由此可以生产带螺纹口的无缝内衣。东台恒舜数控精密机械科技有限公司生产的 HYQ 系列四位一体全电脑数控无缝针织内衣机实现了织物正、反面提花、双向移圈，还对织物密度、编织车速、选色选纱、卷取张力、门幅变化等各参数进行电脑实时动态调整控制。随着无缝针织内衣机发展，产品也由无缝内衣向成形运动服以及成形毛衫发展，与横机生产毛衫相比，这类机型产量增加，成衣加工不需要套口，有较好的发展前景。

双针床贾卡提花无缝经编机也已研发成功并推向市场。随之，我国在无缝成形工艺和无缝产品的开发方面取得了很大的发展。经编和圆纬编的无缝成形技术不仅可使针织服装在颈、腰、臀等部位无需接缝，集舒适、贴体、时尚、变化于一身，而且可以根据不同身体部位产生不同的压力分区，穿着舒适更益于身体健康。双针床经编无缝成形编织技术在编织门幅的可变性、组织结构的多样化和防脱散性及生产高效等方面具有优越性，其产品已在服用、产业用等领域得到广泛应用。经编无缝成形技术在国内得到大力发展，不仅体现在双针床贾卡提花无缝经编装备的技术水平上，而且体现在无缝成形的工艺研究上。目前经编无缝成形服装按其成形工艺可分为单色无底无缝、单色普通无缝、混色无缝、双色无缝。4 种无缝工艺的开发满足了各种款式经编无缝成形织物的设计需求。

织可穿是横编成形技术的一个重要特点，单针选针技术和压脚或握持沉降片的使用可以使电脑横机更容易、更方便地编织形状和结构特殊的针织物，而织可穿技术的开发使全成形服装成为可能。全成形产品的优点是显而易见，一方面简化了工艺流程，只需较少的工序，缩短了生产时间，还可减少接缝、纱线和原材料的消耗及半成品储存的费用，是较佳的资源节约型加工工艺。另一方面，织可穿机型能方便地实现真正的无缝编织，可以赋予织物对应身体部位不同的功能特点，更符合人的生理需求，使穿着更加舒适，尤其是紧身合体的衣服。近年来全成形技术也在不断地发展进步，从针床配置、牵拉技术以及软件升级方面都有了许多改进。现代服装都追求舒适合体的风格、自由创新的款式设计、精致优质的布面和无接缝技术。因此，毋庸置疑，全成形服装将会是未来发展的一大主题。

一体成形的鞋面近日来成为运动鞋的新宠，NIKE 于 2012 年 2 月推出 NikeFlyknit 跑鞋系列，采用 STOLL 机器编织的鞋面只有 34g，而整鞋的重量也只有 160g。一体成形的鞋面使得制鞋工艺摒弃了传统上使用胶水黏合、拼接、裁剪的工序，就连鞋的扣眼也是一次成形，不仅令鞋子轻量又贴合，避免了原料的浪费，符合环保时尚的理念。将鞋面生产过程中的碳排放降到了最低，同时降低了人力成本，满足了消费者对自然环保、讲究轻盈穿着感受等日益强化的需求，是传统运动鞋产品面临的改革新契机。编织鞋面风潮为电脑针织横机开启新空间。宁波慈星股份有限公司针对运动休闲鞋推出的整体鞋面编织横机性价比突出，可大幅降低折旧成本。编织鞋面颠覆了整套生产工艺，不仅编织环节需用新设备，其他工艺环节也随之发生巨大改变。目前，慈星公司已基本解决编织环节，但整体技术突破仍需等待纱线开发、后道工序处理等配套工艺成熟，突破目前NIKE及其同盟所垄断的编织鞋面技术的概率颇大。

2. 立体成形技术

与编织技术相比，针织技术在大型构件成形和生产效率方面具有更多优势，针织物的线圈结构受负荷时能产生较大变形，可制成复杂形状构件；线圈可在复合材料中形成孔或编成孔，以代替钻孔，孔边有连续纤维，使强度和承载能力不会降低，因此越来越多的产业用材料可以用针织技术来提供解决方案。近年来比较突出的技术进展体现在圆形多轴向技术、多通管件，厚型三维结构体等异形结构的成形上。

针织成形编织技术与预定向纱线衬入技术相结合为获取具有较好力学性能的各种形状复合材料提供了更多的可能性，目前国内已研制成功特殊的筒形针织设备，可以形成多轴向多层管状针织结构，生产工业用加强筋、间隔织物等功能性纺织品。在双针床拉舍尔经编机上生产厚度可达40mm的夹层结构，具有较高能量吸收性能。在针织横机上通过增加针床，控制选针与运动来改变针织结构可织出全成形针织产品，利用这种针织技术可制作T形接头、锥体等。

（四）针织CAD技术

随着针织提花技术和计算机技术的发展，针织CAD在工艺设计、花型设计、织物二维及三维仿真、虚拟场景模拟和数据处理技术方面的功能进一步加强。

1. 经编针织物CAD

经编针织物种类多样，各类织物设计和仿真差别很大，有单面还有双面，有少梳栉还有多梳栉织物，有的带贾卡提花，有的不带贾卡提花，这就要求经编针织物CAD系统须满足上述不同的需要。经编针织物CAD系统一般由花型设计、工艺设计、工艺计算、织物仿真、产品展示和数据输出等模块组成。它在所有纺织CAD系统中是最复杂的，既有普通的平纹、网眼设计，也有贾卡提花设计；既有二维展示，也有三维展示；既有坯布设计，也有衣片和成形服装的设计。

国外典型经编针织物CAD系统有德国EAT公司ProCAD系统、西班牙的SAPO系统和日本武村的经编CAD系统，这些系统花型设计功能齐全，仿真效果尤为逼真，已经达到了一定的高度，可以不需要经过织造过程，便能使织物以最快的速度逼真地展现在设计者眼前，但是由于价格昂贵，限制了其在中国市场的推广应用。江南大学研制开发的经编针织物设计系统 WKCAD4.3 是较好适用于所有经编针织物设计的 CAD 软件，其设计功能模块包括少梳栉经编针织物设计、双针床经编针织物设计、多梳经编针织物设计以及贾卡经编针织物设计。其中，每个子功能模块都有多种设计和编辑操作功能，设计人员可以轻松地利用相应的工具按钮进行不同类型经编针织物的辅助设计，为经编技术研究与产品开发提供强有力的技术支持。

2. 纬编针织物 CAD

纬编针织物 CAD 系统可实现花型设计、组织定义、动作设计、在线检查和文件兼容等功能。该系统能够进行各类纬编针织物的花形设计、工艺参数设计、二维及三维仿真和花型数据的输出等。其设计功能模块包括普通多针道纬编针织物设计、双面提花、提花毛圈、提花割圈绒等提花织物设计以及无缝内衣织物的设计。

江南大学自主研制的 CKCAD 纬编针织物设计系统采用了可见即可得的动态工艺单设计模式，采用了多种仿真技术实现不同类型织物的真实感模拟。例如，利用二维贴图、图像处理技术实现了电子大提花织物的快速仿真；借助 OpenGL 开发环境，建立线圈模型并结合光照、消隐等技术模拟简单的花型组织，方便设计人员 360° 全方位观察。此外，还可输出完整的工艺单、设计图和原料配置等。

3. 横编针织物 CAD

横编针织物 CAD 系统不仅可以用来设计针织花型和织物，自动生成编织程序，进行织物结构模拟和编织模拟以及进行模特预穿衣，还可以将生成的针织程序输入到机器的控制箱中，实现编织过程中各装置根据程序要求自动变换工作状态。

国外典型的横编针织物 CAD 系统有德国斯托尔公司的 M1plus 花型准备系统、日本岛精（SHIMASEIKI）公司推出的 SDS 系列花型准备系统等，这些针织毛衫花型准备系统是各电脑横机制造厂商为自己的横机推出的配套产品，只适用于配套机器，而且需要用专门的编程语言。一些通用的 CAD 产品，可设计花型、模拟织物效果，并生成斯托尔、岛精和国产电脑横机的上机控制文件。知名的电脑针织装备制造商为其针织机械配备专用的花形准备系统，尽管功能大同小异，但由于 CAD 技术水平不同、操作方式不同，给设计人员造成了麻烦。通用型的设计软件，工艺设计部分的设计内容都一样，可针对不同的机型将工艺文件编译成相应机器的支持文件，适应范围更加广泛。

国内多个横编企业相继研发了横机 CAD 工艺软件，主要有宁波慈星股份有限公司、浙江恒强科技股份有限公司和香港智能吓数等。由制版软件生成的花型控制文件，通过 USB 盘、网盘、WIFI、蓝牙等手段进入控制系统进行处理，最终实现产品的编织。横编 CAD 软件利用针织符号进行设计，减少了用传统针织 CAD 设计结构花形时的繁杂工作量，提升了设计效率和设计质量。

三、针织工程学科国内外研究进展比较

我国已成为世界上最大的针织产品生产国，具有全球最为完备的针织产业链。我国针织装备产业发展迅速，国内企业生产的圆纬机、横机和经编机等常规设备的研发和制造水平已经接近发达国家水平，性价比具有一定优势，较好地适应了行业的需求，但受自身技术力量和研发能力的限制，国内针织装备的研制大多还停留于对国外先进装备技术的消化和吸收的阶段，对先进针织装备工作原理及成圈机构运动缺乏深入研究，并且理论基础薄弱，造成了国产针织原创技术与国外相比有一定的差距。

1. 圆纬编技术

超细及细针距代表了针织装备高端精细加工织造的技术水平，国外在超细针距技术方面进一步发展。意大利圣东尼公司的单面圆纬机机号达到 E80，该机采用独特的专利系统，包括无沉降片编织、特殊握持片、专用针筒设计等技术。由于没有沉降片，成圈过程不受机械运动干扰，也避免在织物中出现沉降片纹路。在织物脱套后，握持片有助于快速便捷地起头。此外，无沉降片技术可以避免在织物表面留下停车痕迹，解决了常规高机号圆纬机停车痕迹问题，双面圆纬机机号可达到 E60。

在圆纬编提花技术上，德国迈耶·西和德乐公司已推出了机号为 E36 的电脑提花单面圆机和电脑提花双面圆机，在细针距电脑提花圆机方面居国际领先水平。其中迈耶·西公司的 OVJAl.6E 型电脑提花双面圆机圆周线速度达 0.95m/s，相当于 1360 针 / s 的选针频率，体现了较高的机电一体化水平。OVJAl.6EE 型双向提花电脑圆机可以同时对针盘针和针筒针进行选择，扩展了编织的花形与结构。由于针盘织针也有提花功能，织物两面都可以产生提花图案和织物结构，迈耶·西公司的电子选沉降片技术进一步发展，推出了双面提花毛圈圆纬编和高低毛圈提花圆纬编技术，使产品更为精细和多样化。

在圆纬编无缝成形技术上，意大利圣东尼公司在单面无缝机方面，除了传统的有头机型和无头机型之外，带头移圈功能的 SM8-TR1 单面机是公司近几年来推出的新技术，它采用特殊的移圈针实现了同一针床上相邻织针之间的相互移圈，可以生产移圈网眼织物；在双面无缝机方面，该公司一直致力于粗针距产品的推广，用于毛衫类产品的生产。由于这类机器都带有上下织针之间的翻针功能，能生产带有罗纹下摆和单双面结构结合的计件衣片。

在圆纬机的快速调整技术方面，德国迈耶·西、德乐、意大利比洛德利和日本福原公司将双面圆机的导纱器安装在一个单独的金属环上，导纱器之间等距离，编织不同组织或密度时，只要调整金属环，导纱器便可整体进行调整，方便快速。这种调整方式对三角的等分、金属环的同心度要求很高，即对机器的制造与装配精度要求提高。

针织成圈机件的表面处理技术对纱线加工时的损伤程度有着显著的影响。德国格罗

茨-贝克特公司的织针局部镀铬技术，主要应用于沉降片纱线滑动部分，有效延长了织针在生产高性能纱线时的寿命。为了将针舌在达到针钩时产生的巨大冲击力分布到尽可能大的支撑面上，格罗茨-贝克公司特专门研发了针钩与针舌形状极配的织针，从而降低接触表面的压力，减少磨损。德国克恩-里伯斯公司的G型抛光技术，对沉降片最狭细的片喉部位进行完美的边角抛光，对沉降片频繁摩擦部位的局部加硬处理，不仅延长沉降片的使用寿命与更换周期，而且可以减少编织过程中对纤维的损伤，满足了精细化纤的编织要求。

国产针织圆纬机与国外同类设备的差距已经缩短。现在很多国产针织圆纬机在机械功效性和质量稳定性方面已有了长足提高，生产技术日趋成熟，在福建、浙江一带已经形成了较大规模的纬编大圆机生产基地，国产大圆机正逐步取代进口大圆机。这类圆机筒径大、路数多，生产效率高，可以加工宽幅织物，为家纺床品、窗帘等提供高档面料。目前国内圆纬编技术与国外的主要差距表现在超细针距技术和数字提花技术两个方面。虽然国产单面圆机也可达到近50针/25.4mm，但由于材料、制造和装配精度等方面的原因，在技术水平上与国际领先技术相比仍存在着较大的差距。国产电脑提花大圆机逐渐采用电子选针机构取代了传统的机械提花机构。大多采用电磁铁选针机构，此类结构简单、动作稳定可靠，但体积大、抗干扰能力差、发热量大、固有频率低，只能配置在二功位电子选针器上，无法达到高机号高转速提花圆纬机的选针要求。此外，国产电脑提花大圆机在高低毛圈提花、针床针筒双向提花技术和移圈技术方面还有待进一步研发。

2. 横编技术

作为全球横编技术的先驱者，德国斯托尔和日本岛精公司在嵌花技术、全成形技术、高质高速生产技术方面代表了横编技术的发展方向。

在嵌花技术方面，日本岛精公司展出的型号为MACH2SIG123-SV的机器，最多可配置40把嵌花导纱器，用于嵌花的色纱纱嘴达到37～38把，编织效率和花色性得到明显提高；德国斯托尔公司的31色嵌花电脑横机，采用分离式驱动的机头，让出了导纱空间，导纱器安放在上部，直接进入缩短了纱路，减少了张力波动。导纱器的定位由电动机分别传动，无需机头携带和切换，编织多色嵌花时，效率明显提高；斯托尔拥有专利的嵌花导纱器在原有左右摆动功能的基础上增加了上下移动，在编织添纱嵌花花型时，通过2把导纱器前后位置的互换，改变垫纱纵角，纱线显露关系发生变化，产生颜色反转的色块效果。

在全成形技术方面，岛精新开发的X系列横机拥有4片针床和固定线圈压脚，可以生产出线条优美且非常合身的全成形服装，岛精为这一系列的横机研发了一种全新的全成形针，极大地改善了翻针速度以及成圈质量，还可分别调整前后两面的卷布张力和控制立体成形衣的多段拉布装置，实现了前所未有的编织技术。

在电脑横机的超细针距和高质、高速生产方面，岛精公司的SWG®-FIRST®154S21突破了超细针的极限，机号达到了21针/25.4mm，特制的SlideNeedle全成形针TM可用于编织超细的织物，从而实现了以前达不到的手感；岛精公司在MACH2X上配备了R2CARRIAGE® 急速回转机头TM系统，加快了每行的机头回转速度，提高了生产效率；此外，在电脑横机送纱控制方面，研制出智能型数控圈长系统，结合动张力控制装置和空气捻接器，相当于一边控制纱线输入，一边调节线圈长度和纱线张力的数控线长系统，实现了毛衫的高品质生产。

国内在电脑横机高端技术方面与国外相比，仍有不少差距，如嵌花、全成形、纱线张力控制、单级选针和制造技术等方面还需攻克或完善。国内厂家的少数机型，虽然也能生产简单的全成形织可穿产品，但是在编织效率、产品质量和花型结构等方面，与国外先进水平相比还有较大差距。国产电脑横机要真正在世界高端领域占据一席之地，需要进一步加强电脑横机、硬件和软件的技术研发实力。

3. 经编技术

近年来，国内经编机械制造企业加大了对机械动态性能、机件材质和数控技术的研究，不仅提高了各类经编机的转速及运行平稳性，而且可以生产几乎所有的经编机机型，在经编数字提花技术方面的研究和应用达到甚至超过国际先进水平，但是在高速、高机号和高性能纤维轴向织物特别是碳纤维的加工技术方面与国外相比仍存在较大的差距。

近年来，碳纤维增强复合材料（CFRP）在经编机上的应用使经编机转速得以显著提升。德国卡尔迈耶公司生产的特里科经编机最高速度已达到4400r/min，机号最高达到E50。拉舍尔经编机最高达到2500r/min，机号已达到E40；贾卡经编机最快速度可达1800r/min。尽管碳纤维增强复合材料具有多项优越性能，但是要掌握其加工性能如铣削、打孔等却不容易。到目前为止，国内只有福建鑫港纺织机械有限公司将碳纤维增强复合材料应用到多梳拉舍尔经编机的成圈针床上，并且取得了一定效果，机器的编织速度有了较大幅度的提升。在高速经编机领域，国内还没有应用碳纤维增强复合材料的成功案例。这也是导致国产短动程特里科经编机的最高编织速度至今未能突破3000r/min的原因之一。我国中动程特里科经编机的实际速度不超过2000r/min，最高机号仅为E32。

压电陶瓷贾卡技术和伺服控制技术的落后也在一定程度上制约了国产提花经编机的速度提高。近年来我国成功地开发出了经编机用压电陶瓷贾卡针块，并达到实用长度，适应机速可达1200r/min，价格仅为国外的1/4。目前已广泛使用到单针床和双针床的少梳和多梳栉拉舍尔经编机上。但国产贾卡针块的稳定性和寿命有待于进一步提高。我国在电子横移方面已经进行了一些研究，取得了一些成果，机器速度达到国外同类机型的80% ~ 85%，还需要进行深入研究。

此外，国内的碳纤维多轴向经编织物的加工尚依赖国外机型，但国外机型价格过高，机器的持有数量过少，很大程度上阻碍了对碳纤维多轴向经编织物的系统研究。国产碳纤维多轴向经编机的研发正在进行之中，突破碳纤维多轴向经编织物加工中的“防爆技术”“展纤技术”以及“动态张力控制”等技术难点之后，可望于近期推出国内首台碳纤维多轴向经编机。

四、针织工程学科发展趋势及展望

综观世界针织工程学科发展的现状，可以看出，近些年来我国针织技术发展迅速，已成为全球针织装备生产和针织产品生产的大国，但无论是装备还是产品，与国外领先水平相比仍然存在较大的差距，原创性的技术还很缺乏，技术进步还有很大的空间。针织技术的发展是一个复杂、全面的系统工程，并不只是在现有的生产工艺、制造技能、原材料运用等方面的改进和革新，它更需要加大在基础理论方面的研究和积累，不断汲取计算机技术、材料学、自控技术、机械工程、艺术设计等交叉学科的最新科研结果，同时需要国家政策、市场趋势的引导；需要先进管理、人才理念；完善的质量体系和标准检测体系的支撑，才能从根本上为我国针织技术的发展提供核心动力，促进我国针织装备和产品的持续稳步发展和整体技术进步。

结合社会发展潮流和纺织技术的整体发展趋势，针织技术的发展主要有 3 个方向：针织生产技术的高效优质化是永恒的主题。我国针织装备在高速高效生产和超细针距技术方面与国外装备的差距最为明显，也是今后需要重点突破的领域。对各种类型的针织装备从成圈运动曲线设计、传动机构设计与制造、碳纤维成圈机件加工、高机号针织机用织针制造等关键技术开展研究，实现高速、高机号针织装备元器件的全部国产化，建立整机动态模型，优化机器性能，实现国产针织装备的高速化和精密化；研究集成控制的快速响应性，根据针织装备特性开发专用伺服电动机、压电陶瓷贾卡等电子控制元器件，攻克数字化提花技术对针织装备高速运转限制的技术瓶颈，实现数字化针织装备的推广与普及应用，为数字化的针织生产模式奠定基础；运用神经网络学习，采用主动补偿方式智能地对纱线和织物进行张力补偿，实现整个生产过程中的纱线退绕、卷绕和织物卷绕的恒张力控制，同时研究针织装备停车时的速度变化的控制方式，实现可控制式的停车定位，解决停车横条这一世界性难题，实现针织产品的高效优质生产。

针织生产技术的智能化是必然方向。提高针织生产的智能化程度，减少用工和管理成本是现代化针织企业的必由之路。当前数字化针织提花和监控技术以及生产管理系统的应用已为智能化的生产创造了条件。未来的几年中，在针织生产过程各个环节中应用人工智能技术进行工程设计、工艺设计、生产调度和故障诊断，也可以将神经网络和模糊控制理论等先进的计算机智能技术应用于产品配方、生产调度等，实现生产过程的智能化。将针织机作为网络终端，基于在线实时数据采集技术和传感器技术，对针织生产过程中的断纱、布面疵点和纱线张力实施实时监控、产品质量智能监控和针织生产的网络化管理。另外，通过对自动接纱、自动落布、自动入库等技术的研究，实现针织生产的连续化，有利于针织企业节能减排、降本增效。应用现代控制技术中的可编程逻辑计算机技术、新型驱动技术中的伺服控制和变频调速电动机技术、工业网络通信技术中的现场总线技术，集多个数字化控制模块于一体，全面实现针织设备的机电一体化，生产过程网络监控等多项功能，组成一个开放的、模块化、实用性强、易于维护和重新配置的柔性针织生产系统。

针织生产及产品的绿色化是主流趋势。能源的短缺、环境污染等社会问题迫使纺织行业对技术进行升级，并倡导绿色生产技术。促进再生、可降解、可循环、对环境友好的生物质原料在针织品中的应用；推广节能技术，研发节能针织电子元器件、装备；减少从原料、织造到染整的生产环节，研发针织产品的节能生产工艺，采用可再生能源，达到碳中和目的；推广节水技术：减少湿处理加工过程，在产品生产过程中，减少水耗，提高水质，促进回用；采用连续化、自动化、高效化技术工艺和装备，缩短工艺流程，提高劳动生产率；提高能源、资源效率，实现资源低耗损或零耗损，并将针织产品生产中影响环境的化学品用量降到最低，为消费者提供环保针织产品。

展望未来，针织产业面临挑战，但更是机遇。中国针织产业只要坚持技术创新，坚持生产的高速化、智能化和环保化发展方向，注重自主知识产权，以自主创新推动针织产业升级，定能推动针织行业的技术进步，增加我国针织产品的附加值，提升针织产业的国际竞争力，为实现纺织强国的“中国梦”做出贡献。

参考文献

[1] 丁玉苗. 最新针织技术和针织产品开发 [J]. 纺织导报，2012（7）：49.

[2] 赵永霞. 世界纺织技术回顾与展望 [J]. 纺织导报，2013（1）：41-42.

[3] 丁玉苗. 针织机械与技术的最新进展 [J]. 纺织导报，2012（9）：64-70.

[4] 雷宝玉. 2012 中国国际纺织机械展览会暨 ITMA 亚洲展览会圆纬机述评 [J]. 针织工业，2012（7）：1-7.

[5] 宋广礼. 2012 中国国际纺织机械展览会暨 ITMA 亚洲展览会无缝内衣机述评 [J]. 针织工业，2012（7）：8-9.

[6] 宋广礼，邓淑芳，张立鹏. 2012 中国国际纺织机械展览会暨 ITMA 亚洲展览会无缝内衣机述评 [J]. 针织工业，2012（7）：10-16.

[7] 尹季盛，李哲，宋广礼. 第十五届上海纺织工业展会针织机械评述 [J]. 针织工业，2011（7）：1-24.

[8] 蒋高明. 现代经编技术的最新进展 [J]. 纺织导报，2012（7）：55-58.

[9] Pohlen V，SchnabelA，Neumann F，et al. Optimisation of the warp yarn tension on a warp knitting machine [J]. Autex Research Journal, 2012（2）：29-33.

[10] Torun T K，Marmarali A. Online fault detection system for circular knitting machines [J]. Tekst Konfeksiyon, 2011, 21（2）：164-170.

[11] Sun Y，Long H R. Adaptive detection of weft-knitted fabric defects based on machine vision system [J]. Journal of the Textile Institute，2011，102（10）：823-836.

[12] Xia F L，Ge M Q. Motion rule of electronically pattern system on a high speed warp knitting machine [J]. Fibres & Textiles in Eastern Europe，2009，17（4）：64-67.

[13] Mikolajczyk Z. Optimisation of the knitting process on warp-knitting machines in the aspect of the properties of modified threads and the vibration frequency of the feeding system [J]. Fibres & Textiles in Eastern Europe, 2011, 19（6）：75-79.

[14] Pargana J B，Lloyd-Smith D，Izzuddin BA. Fully integrated design and analysis of tensioned fabric structures: finite elements and case studies [J]. Engineering Structures，2010，32（4）：1054-1068.

[15] 臧衍乐，郑建林，朱文俊. 电脑横机技术进展 [J]. 纺织机械，2012（6）：9-14.

[16] 郑敏博，朱文俊. 电脑横机CAD系统发展现状及趋势 [J]. 河北纺织，2012 (1)：19-24.
[17] 王建平. 我国针织产品质量现状及应关注的问题 [J]. 纺织导报，2012 (7)：50-54.
[18] 张琦，蒋高明，张燕婷. 经编装备技术进展与产品开发 [J]. 纺织导报，2013 (5)：45-49.
[19] 王继征. 针织机械迈向智能高效 [N]. 中国纺织报，2013-06-10 (18).
[20] Ng M C F, Zhou J. Full-colour compound structure for digital jacquard fabric design [J]. Journal of the Textile Institute, 2010, 101(1): 52-57.
[21] Zhang Y, Jiang G, Yao J, et al. Intelligent segmentation of jacquard warp-knitted fabric using a multiresolution Markov random field with adaptive weighting in the wavelet domain [OL/J]. Textile Research Journal, 2013. 5. 21, doi: 10. 1177/0040517513485629.
[22] Jang Y J, Lee J S. Antimicrobial treatment properties of tencel jacquard fabrics treated with ginkgo biloba extract and silicon softener [J]. Fiber Polym, 2010, 11(3): 422-430.
[23] Szmyt J, Mikołajczyk Z. Experimental identification of light barrier properties of decorative jacquard knitted fabrics [J]. Fibres & Textiles in Eastern Europe, 2013, 21(2): 98.
[24] 吴志明，赵敏. 基于压力舒适性的经编无缝上衣贯卡分区设 [J]. 纺织学报，2012，33 (2)：20-25.
[25] Yang Y, Nakai A, Sugihara S, et al. Energy-absorption capability of multi-axial warp-knitted FRP tubes [J]. International Journal of Crashworthiness, 2009, 14(5): 407-418.
[26] 李志瑶. 管状立体织物织造装备的开口、引纬及牵引机构的控制系统研制 [D]. 上海：东华大学，2013：10-17.
[27] Aytemiz D, Sakiyama W, Suzuki Y, et al. Small-diameter silk vascular grafts (3 mm diameter) with a double-raschel knitted silk tube coated with silk fibroin sponge [J]. Advanced Healthcare Materials, 2013, 2(2): 361-368.

撰稿人：蒋高明　缪旭红　刘　军

纺织化学品学科的现状与发展

一、引言

纺织化学品是纺织品生产过程中必需的材料，包括纺织浆料、染料和印染助剂等，其消耗量仅次于纤维本身。纺织化学品种类繁多，作用巨大，有的是使纺织加工顺利进行，如纺织浆料；有的赋予纺织品色泽，如纺织染料；有的赋予纺织品各种特殊功能和风格，如各种后整理剂和功能整理剂；有的是为了改进染整工艺，提高加工质量、生产效率，节约能源和降低加工成本。由于纺织化学品大部分是化学合成的，而且用量大，有的需要留在纺织品上，有的虽然不希望留在纺织品上，但洗涤后会有少量残留在纺织品上，因此，其性能、成本及本身的环保性将直接影响纺织品加工的质量、效率、成本，纺织品加工过程中的能耗、水耗和环境污染及纺织品本身的生态问题。

近年来，随着纺织、印染新技术的发展及新型纤维原料的应用、新型纺织产品的开发，以及国家对节能、减排等环保政策的日益严格实施，消费者对生态纺织品要求的日益提高，纺织化学品仍主要围绕节能减排、生态环保和方便高效等品种的创新上。如纺织浆料，目前主要研究开发以天然来源、价格低廉、可生物降解的高性能产品为主，特别是变性淀粉，以减少甚至取代虽有优异上浆性能，但退浆性能差，特别是难以生物降解的聚乙烯醇（PVA）浆料。对改善淀粉浆料浆膜脆性的研究也较多；在纺织染料方面，主要是研究具有高上染率、高固色率的多活性基活性染料，以减少染色过程中盐的添加量及提高染料利用率。对适合于小浴比染色、低温染色、短流程染色及多组分纤维混纺织物一浴一步法染色的染料也有很多关注。另外，由于含有金属铬离子、或染色过程中需用铬盐媒染、主要用于羊毛染色的金属络合染料、酸性媒染染料逐渐受到限制，活性染料用于羊毛等蛋白质纤维染色的趋势在增加；在印染助剂方面，研究开发的重点主要包括：①节约型高性能助剂，如低温漂白活化剂、低温染色助剂和低温精练剂等；②生态环保型助剂，如生物酶，环保型抗菌剂，不含甲醛、烷基酚聚氧乙烯醚（APEO）和低挥发性有机化合物（VOC）的前处理助剂，不含全氟辛烷基磺酰化物（PFOS）和全氟辛酸（PFOA）的新型整理剂等；③适合纺织品印染新工艺的助剂，如冷轧堆高效固色剂、混纺织物一浴一步法染色助剂、涂料染色黏合剂、喷墨印花配套助剂等；④多功能整理剂。

二、纺织化学品学科研究现状

（一）纺织浆料

经纱上浆是织造的关键工序，上浆效果直接影响织机效率和织物质量。虽然影响经纱上浆效果的因素很多，但主要取决于浆料的质量。在目前常用的（变性）淀粉、PVA 和聚丙烯酸类三大纺织浆料中，PVA 由于生物降解性差和不易退浆，是公认的不环保浆料，所以目前纺织浆料领域最重要的工作是开发高性能浆料，以取代不洁的 PVA 浆料。

淀粉来源广泛、价格低廉，而且易生物降解，但浆膜脆硬，浆液对棉和涤棉的黏附性能不够理想，上浆性能与 PVA 相比还有很大差距，所以目前高性能纺织浆料的开发大都以淀粉为基础。从 2012—2013 年发表的文献来看，对淀粉的研究较多，而对聚丙烯酸类和 PVA 浆料的研究基本没有。

淀粉浆料的研究，主要是对淀粉变性，如接枝淀粉，主要是优化接枝工艺，提高接枝率和接枝效率；对新型变性淀粉或多变性淀粉浆料也有较多研究，如马来酸酯淀粉、辛烯基琥珀酸淀粉酯、三偏磷酸钠交联淀粉、酯化－接枝淀粉、磷酸酯－阳离子两性淀粉；也有纯直链淀粉和纯支链淀粉变性的报道；另外，采用增塑剂改善淀粉浆料浆膜脆性的研究也有较多报道；还有采用其他天然高分子材料如田菁胶等进行变性作为纺织浆料的研究报道。

1. 变性淀粉浆料

（1）接枝淀粉浆料

由鲁泰纺织股份有限公司、东华大学等单位承担的国家科技支撑计划子项目“新型改性淀粉浆料生产与替代 PVA 应用关键技术”，开发了环保接枝变性淀粉浆料，研发了无 PVA 上浆等技术。所开发的接枝变性淀粉浆料是在酯化变性淀粉基础上，接枝丙烯酸类单体。该项目已在鲁泰纺织股份有限公司建立了无 PVA 浆纱生产示范线，纯棉品种经纱上浆可取代 PVA90% ~ 100%，涤棉品种经纱上浆取代 PVA80% ~ 100%。该项技术的开发应用解决了目前 PVA 用量过大及浆纱生产中废浆不能达标的问题，提高了上浆的环保性，符合节能减排要求。该项目已于 2011 年 11 月 29 日在鲁泰纺织股份有限公司通过了由中国纺织工业联合会组织的验收和鉴定，并获 2012 年度中国纺织工业联合会科学技术进步奖二等奖。

东华大学采用自制的氧化还原引发剂，以丙烯酸乙酯和丙烯酰胺为接枝单体，优化了接枝变性淀粉的制备工艺，所制备的接枝变性淀粉浆料接枝率达到 14.48%，接枝效率 59.24%，单体转化率 99.98%。但该文没有研究所制备的接枝变性淀粉浆料的上浆性能。苏州大学承担的江苏省自然科学基金，采用新的自制的氧化还原引发体系，以丙烯酸丁酯为单体制备了玉米接枝淀粉浆料，接枝率在15%左右，但接枝效率只有42.5%。该文也没有测试所制备的玉米接枝淀粉浆料的上浆性能。

（2）马来酸酯淀粉浆料

江南大学制备了一系列不同取代度的马来酸酯淀粉，评价了马来酸酐酯化对淀粉浆料性能的影响，表明马来酸酐酯化能够有效增加淀粉浆膜的断裂伸长和断裂功，提高对涤纶及棉纤维的黏附性。当变性程度相近时，马来酸酯淀粉浆料的使用性能优于醋酸酯淀粉。并认为用于涤纶经纱上浆的马来酸酯淀粉的取代度以0.036为宜。

（3）三偏磷酸钠交联淀粉浆料

江南大学以木薯淀粉为原料，三偏磷酸钠（STMP）为交联剂，制备了一系列不同交联度的交联淀粉，研究了交联度对淀粉浆液黏度、黏度热稳定性、黏附性、浆膜性能和退浆性能等的影响。结果表明，交联度对淀粉浆液的黏度、黏度热稳定性、黏附性能、浆膜性能及退浆性能有显著影响。当采用该交联淀粉用于经纱上浆时，交联度宜选择650AGU/CL。

（4）辛烯基琥珀酸淀粉酯浆料

安徽工程大学将辛烯基琥珀酸酐与淀粉进行酯化制备了辛烯基琥珀酸淀粉酯浆料，在淀粉分子链上引入了酯基和羧酸基，在最佳制备工艺条件下，取代度达到0.0201。但该文没有测试所制备的辛烯基琥珀酸淀粉酯浆料的上浆性能。

（5）多变性淀粉浆料

黄麓师范学校采用3–氯–2–羟丙基三甲基氯化铵为醚化剂和磷酸二氢钠、磷酸氢二钠为酯化剂，半干法分两步先醚化再酯化制备了磷酸酯化–季铵盐阳离子化两性淀粉浆料，研究了该变性淀粉浆料对粘胶纤维黏附性能的影响。结果表明，淀粉磷酸酯化–季铵盐阳离子化双重变性对粘胶纤维黏附性能的改善明显优于单一的磷酸酯化或阳离子化，且黏附性能随着双重变性淀粉中磷酸酯取代度和阳离子取代度的提高而提高。

（6）支链或直链变性淀粉浆料

忻州师范学院以玉米淀粉为原料，采用温水浸出法提取了支链淀粉，并以醋酸酐为酯化剂，采用干法制备了醋酸酯支链淀粉，取代度为0.024。该文采用单纱上浆法分别测定了用玉米淀粉、支链淀粉、醋酸酯淀粉和醋酸酯支链淀粉上浆纯棉纱和涤/棉纱的强伸性能。结果表明，醋酸酯支链淀粉上浆纯棉和涤/棉纱的强伸性能都优于其他变性淀粉浆料上浆纱，尤其对涤/棉纱的断裂增强效果明显。但该文没有测定醋酸酯支链淀粉的浆膜性能和浆液的黏附性能并与其他淀粉浆料进行比较。

他们还采用温水浸出法从玉米淀粉中提取直链淀粉，以磷酸二氢钠、磷酸氢二钠和尿素采用干法制备了氨基甲酸酯取代度为0.018的磷酸–氨基甲酸酯直链淀粉浆料。研究表明，磷酸–氨基甲酸酯直链淀粉与磷酸酯直链淀粉和20%的PVA混合浆对纯棉19.5tex和涤/棉13tex纱上浆后的强伸性能基本相当，且优于磷酸酯淀粉，可满足纯棉纱和涤棉纱的上浆要求，并认为磷酸–氨基甲酸酯直链淀粉浆料有可能成为取代PVA的纺织主浆料。但该文没有测定磷酸–氨基甲酸酯直链淀粉中磷酸酯的取代度，也没有测定磷酸–氨基甲酸酯直链淀粉的浆膜性能及对棉和涤棉的黏附性能。

2. **淀粉浆料的共混增塑改性**

在经纱上浆中，为了改善淀粉的脆性，经常采用共混的方法，将淀粉与某些化学物质混合，弥补淀粉性能上的缺陷，这方面的研究也较多。

安徽工程大学通过淀粉浆膜的断裂强度、断裂伸长率和浆液的黏附性评价了羟基增塑剂正戊醇、正丁醇、1，2–丙二醇、乙二醇、甘油、1，1，1–三羟甲基丙烷、季戊四醇、木糖醇及山梨醇对淀粉浆料的增塑作用。结果表明，羟基增塑剂对淀粉浆料都有增塑作用，能够改善淀粉浆膜脆而硬的缺陷。在所研究的羟基增塑剂中，甘油和1，1，1–三羟甲基丙烷的增塑效果最明显。此外，羟基增塑剂还能改善淀粉对棉纤维的黏附性能。

西安工程大学研究了甘油、尿素、柠檬酸氢二铵等增塑剂对淀粉浆膜吸湿率、断裂强力、断裂伸长率、耐屈曲性及浆液黏附性等的影响。结果表明，这些增塑剂能改善淀粉浆膜的脆硬性能，且能提高淀粉对纯棉粗纱的黏附性。其中柠檬酸氢二铵对淀粉质量分数为1%时，对改善淀粉浆膜各项性能及提高对纯棉粗纱黏附性的效果最好。

四川大学研究了用阿拉伯胶对玉米淀粉浆料进行共混改性。结果表明，阿拉伯胶能提高淀粉浆膜的断裂强度和断裂伸长率，降低淀粉浆膜的初始模量，改善淀粉浆膜的硬脆性，添加量在3% ~ 6% 比较合适。

江南大学研究了水性聚氨酯对淀粉浆液、浆膜和黏附性的影响。结果表明，在淀粉中添加水性聚氨酯，能够改善淀粉浆膜的脆性，并能提高淀粉对涤纶的黏附性，但对改善淀粉与棉纤维的黏附力作用不大。依据试验结果，推荐水性聚氨酯的用量为10% ~ 15%。

3. **其他天然高分子材料改性浆料**

河南大学等以田菁胶为原料，先用次氯酸钠氧化降黏，然后以过硫酸钠为引发剂，制备了改性田菁胶接枝丙烯酸浆料。研究表明，该接枝改性的田菁胶对涤棉、纯棉的黏附性能优异，上浆后的经纱在断裂强度、断裂伸长率、毛羽指数、耐磨性等方面都有较大改善。但该课题没有测试所制备的改性田菁胶接枝丙烯酸浆料的接枝率等接枝参数，接枝工艺是以1% 浓度的共聚浆料在单纱浆纱机上对14.5tex 棉纱浸浆后的断裂强力、断裂伸长率、耐磨性和3mm 毛羽降低率进行优化的。

总的来说，目前对高性能浆料的研究还存在一些问题，如与产业的结合度不够，研究的面还不宽，有些研究的方法还存在问题，总体研究水平需进一步提升。

4. **能取代PVA的新型纺织浆料**

由于PVA 浆料的环保性差，使得浆纱少用或不用PVA 成为纺织企业面临的重要课题，也是纺织行业持续发展的一个重要趋势。陕西省纺织科学研究所经对多种新型浆料进行分析对比，采用军达浆料科技有限公司生产的JD–011 淀粉浆料用于JT/C60/4018.2/18.2 511.5/275.51602/1 左斜纹产品上，可取代75% 的PVA，且织造时开口清晰，经纱断头率低，织机效率提高，外观质量改善，具有明显的综合效益。

（二）纺织染料

染料的最大用户是纺织工业，约占全球染料消耗量的75%。“十二五”期间，染料加工领域的技术发展与我国印染行业大力推行低水耗、低能耗、低染化料消耗、低污染的绿色环保型印染新技术密切相关。染料生产企业以节能减排、绿色环保为发展主题，加强了末端治理新技术的开发。同时在数码印花染料、小浴比染色染料、纤维原液着色染料、微胶囊分散染料、无助剂免水洗染色染料等方面取得了卓有成效的进步。随着印染行业节能减排型新工艺、新技术、新设备的采用，单位印染布的染料消耗量将会逐步降低，这意味着很可能出现印染布产量增长而染料用量不增甚至下降的状况。

染料行业的创新主要在两个方面：一是功能性创新，主要集中在结构、性能上的改进和提高，注重物质本身的研究和改进；二是工艺技术性创新，包括清洁工艺及综合利用，注重的是过程的研究和改进。技术创新和新产品研发是我国成为染料强国的重要途径。2012年是我国染料行业加大节能减排力度的机遇年，在中国染料工业协会和广大会员单位的积极努力下，染料行业的染颜料中间体加氢还原等清洁生产制备技术、染料膜过滤及原浆干燥清洁生产制备技术、有机溶剂替代水介质清洁生产制备技术、低浓酸含盐废水循环利用技术等四项减排效果明显、推广普及面广的清洁生产技术被列入国家工业和信息化部《染料行业清洁生产重点技术需求及应用推广目录（第一批）》。推广实施后，在大量减少“三废”产生的同时，产生了显著的经济效益和社会效益，提高了行业的整体制造水平。

1. 节能减排、绿色环保是染料发展主题

为了适应印染行业节能减排而采用小浴比、短周期的气流染色新工艺新设备的需要，染料生产企业根据用户要求改善染料的应用性能，使染料的溶解性、匀染性、上染率等指标满足染色工艺的要求。

绿色环保型染料已成为世界各国染料消费的新宠，发展绿色环保染料成为行业的经济增长点。环保型染料不仅具备适应印染工艺对染料应用性能及牢度性能的要求，还需满足环保质量的要求。随着我国节能减排工作的大力推进、市场对绿色环保型产品的推崇和需求，大力发展清洁型生产工艺、先进的单元反应、绿色环保型产品，走绿色发展之路已成为我国染料行业发展的必然趋势。

2. 染料生产末端治理新技术的开发

染料废水具有高浓度、高色度、高含盐量、高悬浮物的特点，因此大多数废水不易生物降解。但目前针对废水中COD的去除，有效可行的技术和经济合理的处理方法不多。因此，必须加强末端治理新技术和适用技术的开发，使染料废水排放指标达到国家相关的排放标准，降低有害物质对环境的污染。

2011年，科技部将“染料废水处理及回收利用新技术开发”课题列入国家科技支撑计划项目。该课题属国家科技支撑计划项目“染料及中间体清洁制备与应用关键技术开发”课题之一，针对染料及中间体制备与应用过程废水污染控制难题，开展络合－液膜组合萃取、新型电分解、生物流化床、膜处理回用等技术工程放大研究，通过示范工程建设，形成具有自主知识产权的染料废水处理及回收利用新技术，将为染料工业的节能减排、产业转型升级提供技术支撑。

3. 高度重视REACH法规正式注册工作，染料产品的安全问题受到关注

欧盟REACH法规正式注册已经启动，这是一项既复杂又重要的工作，对行业未来发展、企业扩大出口具有重要意义。按欧盟REACH法规规定时间表，出口欧盟100～1000t化学品的REACH法规正式注册工作已在2013年5月30日到期。

4. 科技进展

广州中孚伊曼染料有限公司量产了HA型低碱活性染料，这类染料上染率高达85%～90%，比普通活性染料高出10%～15%，而染色时纯碱用量只相当于普通活性染料的10%～15%。因染料上染率高、纯碱用量少，可减少染整生产中的水洗次数，降低污水处理难度。

浙江吉华集团有限公司和大连理工大学精细化工国家重点实验室对低盐染色活性染料进行了研究，提出了适合低盐染色的活性染料应具备的条件，并从提高染料分子平面性，减少磺酸基数目，开发对染色时用盐量敏感性小的活性染料。对染料中同时含有硫酸酯乙基砜和乙烯砜等的低盐染色活性染料进行了重点研究。

上海染料化工八厂开发出国产液体活性染料。液体活性染料具有流动性和溶解度佳、适合于喷墨印花和小浴比（1∶3）气流染色等印染工艺，可大大减少印染厂的有色污水，节约能源，改善生产和印染车间劳动条件，方便加料计量自动化。液体活性染料在0～25℃可贮存3～6个月，不沉淀，不降低染料强度。目前已先后试制了10个品种的液体活性染料，其中6个品种［活性黄M-5R(25%)、活性橙K-GN(30%)、活性红K-2BP(20%)、活性蓝EF-R（30%)、活性翠蓝K-GL（25%）和活性黑K-BR（20%)］已在上海染料化工八厂投产，并供应市场。

东华大学以硝基偶氮化合物为非线性吸收母体，磺酸基为水溶性基团，亚氨基(-NH-)为桥基，一氯均三嗪为活性基，设计合成了一种不对称的非线性活性功能染料。这类含硝基偶氮苯结构的化合物分子为推拉电子结构，具有良好的非线性吸收和非线性折射性能。

荧光染料是吸收某一波长的光波后能发射出另一波长大于吸收光的光波的染料，多用于生命科学和光电转化领域。纺织用荧光染料越来越受到用户欢迎，但各染料应用类别中荧光染料品种少，牢度不理想，这类染料的开发已引起重视，2012年大连理工大学的“荧光染料”项目获得国家自然科学基金资助。

（三）印染助剂

印染助剂是一类重要的纺织化学品。印染行业的技术进步离不开印染助剂，同时又推动着印染助剂的发展。随着环境和生态安全日益受到人类重视，欧盟“REACH”法规等条例的生效，以及印染行业重点推行降低资源消耗、减少环境污染和提高产品附加值的技术，环保、绿色的印染助剂是重点发展方向。目前印染助剂的研发力度主要集中在低碳和高附加值的助剂上，如高专用性助剂、高功能助剂、低温型助剂、多功能助剂等。

1. 前处理助剂

“环保高效”一直是纺织品前处理助剂发展的主流方向。江南大学完成的“棉织物前处理关键酶制剂的发酵生产和应用技术”项目在制备棉织物前处理所需的碱性果胶酶、过氧化氢酶、PVA 分解酶和角质酶上取得突破，所开发的酶制剂具有良好的耐温和耐碱等特性。将上述酶制剂按一定比例复配，可以得到高效的复合生物酶前处理剂，其精练效果和传统的碱法处理相当。该技术实现了棉织物全酶法生态前处理，项目成果获得 2012 年国家技术发明奖二等奖。

低温漂白助剂的开发是实现纺织品前处理节能减排的重要途径之一。河南工程学院“双氧水低温漂白体系新技术的研究”中以乙酰胍（ACG）替代四乙酰乙二胺（TAED）和壬酰羟苯磺酸盐（NOBS）为双氧水的活化剂，将棉织物的漂白温度降低到 60 ～ 80℃，有效降低了传统漂白的能耗，解决了双氧水 /TAED 活化体系中 TAED 溶解困难、双氧水 / NOBS 活化体系中 NOBS 易产生有害副产物的问题，项目成果获得了 2012 年度中国纺织工业联合会科学技术进步奖三等奖。东华大学利用耐双氧水碱性果胶酶和角质酶，结合助剂的复配增效作用，制备了在 70 ～ 80℃范围内可发挥最佳活化效能的双氧水低温漂白催化剂。江南大学开发的阳离子型过氧酸类漂白活化剂，实现了棉织物在近中性条件下的低温漂白，降低了高 pH 对棉纤维力学性能的损伤，同时显著减少了废水的排放。

高效环保型表面活性剂的开发是实现纺织品前处理节能减排的另一重要途径。Gemini 型表面活性剂具有优异的润湿和乳化性能，是用于取代常规表面活性剂，制备润湿剂和乳化剂的主要组分；脂肪醇聚氧乙烯羧酸盐是一种环保型表面活性剂，具有很好的润湿性和渗透性，是精练剂、净洗剂、漂白助剂和丝光助剂等前处理剂中的理想组分；烷基多糖苷和 N- 烷基葡萄糖酰胺无毒无害，生物降解率高，也可用于制备润湿剂、乳化剂和精练剂。烟台源明化工有限公司开发的斯林素 W-100，可以代替五水偏硅酸钠用于粉状多功能前处理剂产品中，其前处理效果和含五水偏硅酸钠粉状前处理助剂的效果相当，可消除五水偏硅酸钠产生的“硅垢”，避免纺织品“擦伤”等问题。

2. 纺织品染色助剂

LDW-630 是天津联宽精细化工有限公司开发的羊毛低温染色助剂，该助剂在不破坏羊毛鳞片层和损伤纤维的前提下，通过增强酸性染料分子的扩散能力，降低了染料的上染温度，提高了染料的上染率和色牢度。该助剂不仅对羊绒、羊毛有较好的染色效果，也可用于兔毛、牦牛毛等纤维的染色加工。天津工业大学研究离子液体对羊毛低温染色性能的影响，发现三羧乙基膦能够破坏羊毛的二硫键，使羊毛结构变得疏松，从而提高酸性染料在羊毛内部的扩散速率，实现羊毛的低温染色。

青岛大学开发的活性染料固色剂 DA-GS710，具有良好的增容和分散作用，在活性染料冷轧堆染色中，能够抑制活性染料的水解和聚集，减轻因染料聚集而产生的色点、色渍和染色不匀的弊病。张家港市德宝化工有限公司开发的低聚物去除剂 DK-1908，性能优于传统分散型低聚物去除剂，能够快速去除涤纶表面的低聚物。

涂料染色配套助剂也是近年来研究的热点课题。目前已经开发成功的助剂主要有上海长盛化工有限公司的阳离子改性剂 PNT 和 PT，上海大祥化工有限公司的预处理剂 KZ-76K 等，这些助剂在提高涂料上染率和颜色牢度上效果明显。

3. 纺织品印花助剂

羊绒织物印花存在活性染料用量大，印花后织物皂洗、摩擦牢度差等问题。选用稀土氯化钆（$GdCl_3$）、氯化镧（$LaCl_3$）作为固色剂，可使羊绒弹性增强，并产生一定的增白效果，对提高印花后织物皂洗、摩擦牢度，减小色差，提高织物的强力和减少对环境的污染有一定作用。

在涂料印花方面，多数聚丙烯酸酯类涂料印花黏合剂存在 APEO 残留、游离甲醛释放，印花织物摩擦牢度和水洗牢度不够理想等问题。浙江理工大学通过对无 APEO 乳化体系和无甲醛自交联体系等的探索，制备了一种不含 APEO 和甲醛的自交联型丙烯酸酯印花黏合剂。采用该黏合剂对织物印花后其干摩擦牢度可达 4 ~ 5 级，湿摩擦牢度达 4 级。

为解决聚丙烯酸酯类涂料印花黏合剂普遍存在胶膜耐水性差、“热黏冷脆”、不耐沾污以及涂料印花色牢度与手感矛盾等缺陷，厦门大学采用加入含氟单体（甲基丙烯酸三氟乙酯）进行乳液共聚的方法改善其性能。相对于原无氟配方，明显提高了黏合剂成膜后的疏水性和耐候性能。

武汉纺织大学以 D4 及乙烯基硅烷偶联剂为改性单体，通过乳液聚合制备了环保型有机硅改性聚丙烯酸酯黏合剂，与常规的聚丙烯酸酯黏合剂相比，有机硅改性聚丙烯酸酯黏合剂印花牢度高，手感好，克服了常规黏合剂易泛黄的缺陷。该项目获 2012 年度中国纺织工业联合会科技进步奖三等奖。

4. 纺织品后整理助剂

将功能性整理剂包覆在囊核中形成微胶囊，然后将微胶囊通过一定的方式整理到织物上，是实现纺织品功能长效性的主要手段。大连工业大学采用界面聚合法，以天然相变材料动物脂肪为芯材，甲苯二异氰酸酯（TDI）和哌嗪（PIP）为壁材单体，制备出一种新型的聚脲相变微胶囊。采用该微胶囊制备的功能纺织品具有良好的透气性、硬挺度以及蓄热调温功效。上海瑞现实业有限公司和东华大学采用三羟基三聚氰胺预聚物、六羟基三聚氰胺预聚物制备了茉莉香精微胶囊，通过添加黏合剂将其整理到棉织物上，制得具有芳香医疗保健作用的纺织品。天津工业大学以环糊精为壁材，芦荟蒽醌类化合物为芯材制备了微胶囊，将其整理到棉织物上，可使织物具有良好的抗菌和抗紫外线性能。

三元嵌段硅油是目前柔软剂发展的主要方向，该产品占据了整个市场份额的 20% 以上，主要由硅氧基链段、聚醚链段和氨基聚醚链段组成，通过调控各个链段的结构和比例，可开发出性能各异，适合不同纤维整理的三元嵌段硅油柔软剂，如克莱恩公司生产的 TP-585C、浙江科峰公司生产的 SRS 和 SQS、贝思特化工生产的直链嵌段多元聚硅油系列产品和传化公司开发的涤纶用松软硅油 TF-464 等均为此类产品。

无甲醛或低甲醛助剂的研究与开发是抗皱整理剂的主要发展方向。西安工程大学等通过对水性聚氨酯进行改性或封端处理，制备了新型的无甲醛抗皱整理剂。

东华大学在新型无氟超疏水整理剂研究方面也取得了很大的进展，所开发的氧化硅凝胶分散液可在织物表面形成疏水性氧化硅气凝胶薄膜，利用荷叶效应的原理，实现了棉织物无氟的超疏水化改性。上海工程技术大学在研究了羟甲基壳聚糖 - 钯（CMCS-Pd）络合物制备的基础上，将 CMCS-Pd 络合物作为活化液制备了以涤纶为基材的电磁屏蔽织物，该织物具有良好的电磁屏蔽性能。

在抗菌剂方面，通过在介孔氧化硅载体制备过程中掺入银的方法合成的介孔载银抗菌剂 Ag/SBA-15 对大肠杆菌和金黄色葡萄球菌均有良好的抑菌、杀菌效果，其最小抑菌浓度（MIC）均为 40μg/mL。以两性表面活性剂 N- 十二烷基亚氨基二丙酸二钠（NCNA）和壳聚糖（CS）为壁材，艾蒿油为芯材，采用复凝聚法制备的艾蒿油微胶囊抗菌剂具有 60d 以上的缓释周期。以 2，3- 环氧丙基三甲基氯化铵（ETA）和苯甲醛为改性剂合成具有双官能团的壳聚糖衍生物，以柠檬酸为交联剂，所处理的棉织物表现出很强的抗微生物性能和相当好的耐久性，对金黄色葡萄球菌和大肠杆菌的抗菌率分别达到 99% 和 96%。

三、纺织化学品学科国内外研究进展比较

（一）纺织浆料

2012—2013 年，国外对纺织浆料研究的报道不多，主要集中在对淀粉进行改性以提高淀粉浆料的性能以及开发高性能、易生物降解的浆料以取代难以生物降解的 PVA 浆料等方面。

美国 Nebraska-Lincoln 大学材料和纳米科学中心的 Lihong Chen 等报道了小麦谷朊粉可以作为环境友好的上浆材料并能够取代不易生物降解的 PVA 浆料。小麦谷朊粉作为涤 / 棉和涤纶经纱的上浆剂，在相同上浆率的情况下，对 T/C 的黏附力与 PVA 相似，但耐磨性比 PVA 高得多，而且，小麦谷朊粉的 BOD/COD 比值为 0.7，易生物降解，而 PVA 的

BOD/COD 比值只有 0.1。

埃及聚合物和颜料研究中心先将淀粉进行酸降解，然后用丙烯酰胺和氢氧化钠进行甲氨酰乙基化，再在高锰酸钾/柠檬酸氧化还原引发体系下接枝甲基丙烯酰胺、甲基丙烯腈、甲基丙烯酸等不同单体。结果表明，用于棉织物经纱上浆时，先水解、再甲氨酰乙基化、然后接枝的淀粉浆料的断裂强度、断裂伸长率和耐磨性等均优于单酸解淀粉或先酸解再甲氨酰乙基化的淀粉，具有更好的上浆性能。

（二）纺织染料

近年来国外对染料的研究报道也不多。

亨斯迈纺织染化有限公司推出了一种新型的印花用活性染料 Printspe（印特奇）PF 系列染料，这是一类既具有乙烯砜型染料的高固色率，又具有一氯均三嗪型染料的印花色浆稳定性，可以不使用尿素，低氨氮排放。Prinmx（印特牢）Fw-2 则是其专用的固色剂。2013 年该公司又推出高日晒牢度的浅色系染料 AVITERA 浅红 SE，使该系列染料得到进一步扩充。AVITERA SE 系列染料染色和水洗的温度不超过 60℃，可以有效降低能源消耗，使碳排放减少 50%。传统的活性染料水解量一般在 15% ~ 30%，AVITERA SE 染料水解量仅为 5% 或更低，可以有效减少水洗次数，同时实现良好的色牢度。AVITERA SE 染料良好的溶解度还可以实现超小浴比染色。

（三）印染助剂

在印染助剂方面，近年来国外推出了多种具有生态、高性能等特点的助剂。

1. 前处理助剂

前处理助剂方面国外开发了多种专用生物酶，如杜邦公司近年来研发了 Optisize、Prima Green®、Primafast 等生物酶，将这些酶结合使用可以完成对纺织品的前处理过程。杜邦公司在亚太纺织品公司用 Prima Green 系列酶完成了对棉织物前处理的中试实验，证实了该项技术有节能节水、缩短处理流程的优点。相对于传统的精练和漂白，Prima Green® 技术可以带来更高品质的织物、较低的面料失重、更好的吸水性以及更佳的织物染色性。

朗盛公司开发的 Baylase EVO 是一种新型的生物酶制剂 - 果胶酶，能用于去除棉纤维细胞壁中含有棉蜡的果胶，它与 Diavandine UN（一种专用的表面活性剂）组合能温和的除去蜡质。与传统的氢氧化钠处理相比，这种处理方法具有重量损失小、手感柔软、亲水性强等特点，成本节约 25% 左右。

在涂料染色配套助剂上已经开发成功的助剂主要有 DyStar 公司的 Lava Con E、Clariant 公司的 Sandene 2000 LID、日本明成化工公司的 Aromafix 系列等。

2. 染色助剂

瑞士 Ciba 公司的 EFKA 系列是一种改性聚氨酯分散剂，对无机颜料和有机颜料都具有良好的分散能力，具有黏度低、适用于各种溶剂型涂料等特点，而且能提高颜料的光泽和鲜艳性，同时还能防止浮色的产生。德国拜耳公司生产的 Baylan NT 是一种聚氧乙烯醚结构的分散剂，用于羊毛纤维的染色时，能将羊毛纤维内的非极性类脂物质去除，破坏类脂质的双分子层，因此能降低表观活化能，显著提高染料的上染速率。日本三洋公司生产的 Samfix414、Samfix70 在使用时只要在醋酸浴中就能形成阳离子络合物，该阳离子络合物和染料的磺酸基能形成盐（色淀），从而提高染色牢度。Maeda 化成株式会社开发的 Danfix-MM12，其分子链上含有改性有机硅，能提高织物表面润滑性，从而减少纤维磨损，提高摩擦牢度。日本专利 JP064977522 报道将二乙烯三胺、聚氧乙烯衍生物、甲醛、乙醇胺反应所得的聚合物用于尼龙染色，不仅可溶解染料，提高染液浓度，而且还能提高染色织物的颜色饱满度和颜色均匀性。

3. 印花助剂

印花助剂国外主要围绕提高印花质量和生态性方面进行开发。如涂料印花增稠剂方面，佳和公司开发的以天然油为基础物质的合成增稠剂 Tubivis Eco400 和 Tubivis Eco650，具有加工简单、膨胀快速、无堵塞网版、无烟雾、按规定剂量配制无需调整黏度等特点。印花黏合剂目前国外主要围绕丙烯酸酯微乳液、核 / 壳结构复合胶乳液 、互穿聚合物网络（IPN）结构胶乳的制备及其成膜机理的研究等方面。

4. 后整理助剂

在后整理助剂方面，国外始终注重产品的生态和环保性。例如在防水拒油和抗污整理剂的开发领域中，不含全氟辛烷基磺酰化物（PFOS）和全氟辛酸（PFOA）的新型含氟整理剂备受人们的青睐。鲁道夫的 Rucostar EEE、克莱恩的 Nuva N2114 lig 和 Nuva N4118 lig、日本旭硝子的 Asahi Guard AG-E061 等均为此类产品，这些产品的疏水疏油性能与以 PFOS 和 PFOA 为反应单体对应的产品相当。

在抗菌剂方面，生态和环保型抗菌剂是当前纺织品抗菌整理领域研究的热点。德国的 Rudolf GmbH、DKSH GmbH、M. Dohmen GmbH，美国的 Microban International、NanoHorizons，加拿大的 Thomson Research Associate，瑞士的 Ciba Speciality Chemicals、Dow Microbial Control 等公司开发的银离子和纳米银抗菌剂均为溶出型抗菌剂，在使用中，缓慢释放的金属离子破坏细菌细胞膜与细菌酶蛋白的巯基的结合，通过破坏酶的活性而达到抗菌目的。法国 Breyner 公司开发的 GREENFIRST 系列抗菌剂，是从柠檬、熏衣草和桉树精油中提取香叶醇，具有良好的抗菌、防螨、生态和保健功能，可用于儿童产品的抗菌整理。

英国 Perachem 公司和瑞士 Clariant 公司针对棉织物耐久性整理，联合开发了环境友好型含活性磷基和氮基的阻燃剂 Pekoflam/Eco Syn liq，通过简单的轧焙工艺，可有效地使水溶性含磷化合物与纤维素中的羟基形成共价键，再用可交联含氮添加剂进行增效。荷兰拓纳（TANATEX）公司开发出新一代异氰酸酯基交联剂 ACRAFIX®PCI（吡唑封端的交联剂异氰酸酯基），不含催化剂、助溶剂及肟封端（oxime-blocked）。ACRAFIX®PCI 在干燥和固化过程中能形成高度支化的 3D 网络，可以明显改善合成纤维的黏着性、耐化学和力学性、抗水解性、抗紫外线性等性能。

近年来耐氯漂牢度提升剂也得到了人们的普遍关注。目前市场上用于织物后整理的耐氯漂牢度提升剂一般以抗氧化性物质或树脂为主，这些提升剂在环保或手感等方面存在一定的问题，且耐洗性差，对酸性翠蓝、湖蓝和荧光染料的色光影响较大。德国司马化工公司开发的环保型耐氯漂牢度提升剂 Zetesal PCL 是一种阳离子型芳香族衍生物，能够使锦纶和锦纶混纺织物的耐氯色牢度提高 1 ~ 2 级，具有较好的耐洗性能，且使用方便，对锦纶染色和印花织物的手感和吸水性能影响不大，是目前提高锦纶染色与印花织物耐氯色牢度最合适的助剂。

四、纺织化学品学科发展趋势及展望

在纺织浆料方面，如何开发高性能浆料，在不影响浆纱质量的前提下，减少甚至完全取代难以生物降解的 PVA 浆料，将是长期的研究课题。

由于淀粉具有可资源再生、生物降解性好、价格低廉等特点，因此，提高变性淀粉浆料的性能是关键。可从以下几方面提高变性淀粉浆料的上浆性能。

1）开发深度变性的淀粉浆料：淀粉的使用性能与它的变性方式及变性程度密切相关，在变性方式确定之后，提高变性程度通常能提高它的上浆性能。因此，在充分研究变性程度与上浆性能关系的基础上，进一步开发深度变性的变性淀粉浆料对于提高淀粉浆料的上浆性能具有重要意义。

2）多重变性淀粉浆料：变性淀粉浆料每一种变性方式都有其特定的优势，同时也会存在一定的缺点，可采用两种或两种以上的变性方式对淀粉进行变性处理，以取长补短，提高其使用性能。

3）复合变性淀粉浆料：复合变性淀粉浆料是指将两种或两种以上的变性淀粉进行共混组成共混物。复合变性淀粉浆料可以发挥不同变性淀粉的优势，扬长避短，以提高变性淀粉浆料的使用效果。

但淀粉浆料由于其特殊的物理和化学结构，使得进一步提高其上浆性能受到很大的制约。因此，浆料研究者应进一步开拓思路，选择其他的天然高分子材料如纤维素、瓜尔胶等进行变性处理，并与变性淀粉复配使用，提高淀粉浆料的使用效果。

聚丙烯酸（酯）类是一种非常优良的黏合剂，在纺织印染行业大量使用，而且其性能随所聚合的单体种类和比例的不同可在很大范围内调节。但目前开发的聚丙烯酸（酯）类浆料与淀粉浆料的配伍性不佳，在少量使用时会恶化淀粉浆料的性能，在变性淀粉浆料中混用高比例聚丙烯酸（酯）类浆料，虽然可以做到少用或不用 PVA 浆料，但上浆成本会大幅上升，而且不能采用环保的生物酶法退浆。因此，进一步开发与淀粉浆料配伍性好的聚丙烯酸（酯）类浆料，对于改善淀粉浆料的上浆性能，减少 PVA 浆料的用量具有重大的意义。

由于 PVA 浆料优异的上浆性能及良好的化学稳定性，是目前性价比最好的一类纺织浆料，所以我们一方面要开发高性能的纺织浆料来减少其使用量，另外一方面，也可以研究回收再利用的方法，以解决其上浆性能优异和生物降解性（环保性）差之间的矛盾。国内虽有一些单位在探索 PVA 浆料的回收再利用方法，也取得了一些成效，但还存在许多问题，需要进一步研究，特别是需要纺织企业和印染企业的密切配合。

在纺织染料方面，世界各国的染料行业都积极地在自身的生产活动和商业领域中遵循环境生态优先和可持续发展的原则大力转型，创新驱动，努力发展具有持续能力的新型染料、有机颜料，以期在推进全球保护环境、节约能资源和发展经济的活动中继续扮演重要的角色。

染料重点发展类别集中在用于纤维素纤维、聚酯纤维、聚酰胺纤维和羊毛纤维的染色与印花的分散、活性、酸性三大类染料上。由于重金属残留对人体和环境都有影响而受到严格控制，活性染料用于羊毛和聚酰胺纤维取代含金属染料的趋势也在增加。因此，染料发展特别着重于量大面广的活性染料和分散染料。

活性染料的发展集中在“五高、五低、二个一”。“五高”即具有高固着率、高色牢度、高提升性、高匀染性、高重现性；“五低”即低盐染色、低温染色、小浴比染色、短时染色、湿短蒸染色；“二个一”即一次成功染色、一浴一步法染色。具备上述性能的染料可满足具有明显节能减排效果的新型染色工艺，如冷扎堆染色、湿短蒸连续轧染、一次成功染色、小浴比染色、低盐染色、快速染色、混纺织物一浴一步法染色的需要。在提高活性染料的利用率方面，近些年世界各国的染料界主要围绕着提高吸尽率和固着率两个方面进行研究，研究最多或者说至少在目前最有效的办法是在活性染料分子中引入两个异种或同种的活性基。由三聚氟氰合成的氟代三嗪活性染料比传统的氯代三嗪染料具有固色率高、染色温度低、染料稳定性高等突出优点。如一氟均三嗪与乙烯砜双活性基染料，因为一氟均三嗪与纤维的反应速度比一氯均三嗪快 4.6 倍，它与乙烯砜基的反应性更加匹配，固色率因此也高。

分散染料的发展集中在“四高、三低、二个一”。“四高”即高洗涤牢度、高上染率、高耐晒牢度、高超细旦聚酯纤维及尼龙和氨纶等纤维染色性；“三低”即易洗涤低沾污、小浴比、短时染色；“二个一”即一次成功染色、一浴一步法染色。具备上述性能的染料可满足具有明显节能减排效果的新型染色工艺，如一次成功染色、气流染色、小浴比染色、快速染色、混纺织物一浴一步法染色的需要。

在印染助剂方面，针对纺织印染中存在的问题，预计未来发展的趋势将更加突出环保和高效纺织印染助剂的研究与开发，如生物酶制剂、高效精练剂和高效皂洗剂等。同时开发适应新的纺织纤维和纺织印染技术的高效专用助剂，如超细旦纤维的皂洗剂、海藻纤维的染色助剂等；开发能够推动印染行业节能减排和清洁生产的新型助剂，如低温染色和前处理助剂等。在纺织品后整理助剂方面，将继续以多功能、高效、环保和长效的整理剂的开发为主。

参考文献

［1］张斌，王璐．淀粉浆料接枝变性工艺的优化［J］．棉纺织技术，2012，40（7）：416–418.

［2］陈楠楠，刘玉强，田保中．引发剂对淀粉接枝丙烯酸丁酯的影响的研究［J］．现代丝绸科学与技术，2012，27（3）：83–85.

［3］王苗，祝志峰．马来酸酐酯化变性对淀粉浆料的影响［J］．纺织学报，2013，34（5）：53–57.

［4］郑浩，祝志峰．STMP 交联变性对淀粉浆料性能的影响［J］．纺织学报，2013，34（2）：91–95.

［5］张朝辉，许德生，李昂．辛烯基琥珀酸淀粉酯浆料的制备研究［J］．安徽工程大学学报，2012，27（1）：32–35.

［6］刘宏军，刘志军．磷酸型两性淀粉对粘胶纤维黏附性能的研究［J］．轻纺工业与技术，2012，41（6）：45–48.

［7］闫怀义，李辉，续跃平．醋酸酯支链淀粉的制备及其性能［J］．纺织学报，2012，33（10）：84–91.

［8］闫怀义，贺丽丽．磷酸 – 氨基甲酸酯直链淀粉浆液性能研究［J］．棉纺织技术，2012，40（7）：419–422.

［9］李伟，祝志峰．羟基增塑剂的羟基数目对淀粉浆料增塑作用的影响［J］．东华大学学报：自然科学版，2012，38（1）：21–25.

［10］周丹，沈艳琴，钱现．增塑剂对淀粉浆料性能的影响［J］．纺织科技进展，2012（1）：17–18，91.

［11］石点，温演庆，吴孟茹，等．阿拉伯胶对玉米淀粉的共混改性［J］．产业用纺织品，2012（2）：28–31.

［12］吕福菊，祝志峰．水性聚氨酯对淀粉浆料的改性作用［J］．棉纺织技术，2012，40（7）：412–415.

［13］申鼎，薛蔓，崔元臣，等．改性田菁胶接枝丙烯酸浆料的制备及浆纱效果［J］．棉纺织技术，2012，40（10）：628–631.

［14］刘慧娟，高琳，薛曼，等．田菁胶的接枝改性及其纺织上浆应用［J］．纺织学报，2012，33（1）：60–64.

［15］刘强，丁小瑞，樊争科，等．JD–011 浆料部分取代 PVA 的浆纱实践［J］．棉纺织技术，2013，41（1）：50–52.

［16］陈荣圻．中国染颜料行业如何做强：一［J］．印染，2012，38（2）：51–53.

［17］陈荣圻．中国染颜料行业如何做强：二［J］．印染，2012，38（3）：53–56.

［18］章杰．新型节能减排环保型合纤用染料的发展［J］．上海染料，2012，43（2）：1–9.

［19］范荣香．染料行业现状特点及未来发展趋势分析［J］．染整技术，2012，34（9）：1–5.

［20］陆宗明，沈瑾，杨军浩．国产液体活性染料的开发和应用［J］．上海染料，2012，43（4）：21–23.

［21］周美芳，光善仪．一种偶氮类活性染料的合成及表征［J］．当代化工，2012，41（11）：1180–1181.

［22］王宏，曹机良．棉织物双氧水 / 乙酰胍低温活化漂白［J］．印染，2011，37（7）：4–9.

［23］鲁玉洁，尹冲，秦新波，等．TBCC/MnTACN 复配体系在双氧水低温漂白中的协同作用研究［J］．纺织学报，2012，33（9）：82–89.

［24］王祥荣．阳离子 Gemini 型表面活性剂的合成及应用性能研究［J］．印染助剂，2002，19（1）：12–18.

［25］温明君，车晓敏，夏建明．清洁无硅垢多功能前处理剂的研究与应用［C］// “润禾杯” 2012 年浙江省纺织印染助剂情报网第 22 届年会论文集，2012，183–188.

［26］高普，刘建勇，宗秋艳．羊毛低温染色助剂应用性能机制［J］．毛纺科技，2011，39（3）：1–7.

［27］房宽峻，王力民，王玉平，等．染液稳定剂 DA–GS710 在冷轧堆活性染色中的应用［J］．印染，2011，37（5）：22–26.

［28］汪慧．环保型自交联丙烯酸酯涂料印花黏合剂的制备及应用研究［D］．广州：华南理工大学，2011.

[29] 章杰. 涂料印花生态环保性及发展趋势研究[J]. 印染在线. 2013.
[30] 庄伟，徐丽慧，徐璧，等. 改性 SiO_2 水溶胶在棉织物超疏水整理中的应用[J]. 纺织学报，2011，32（9）：89-94.
[31] 姚云飞. 介孔硅载银抗菌剂的制备及其在棉织物上的应用研究[D]. 杭州：浙江理工大学，2012.
[32] Lihong Chen，Narendra Reddy，Yiqi Yang. Remediation of environmental pollution by substituting poly（vinylalcohol）with biodegradable warp size from wheat gluten[J]. Environmental Science & Technology，2013，47（4）：4505-4511.
[33] Mostafa K M，El-Sanabary A A. Harnessing of novel tailored modified pregelled starch-derived productsin sizing of cotton textiles[J]. Advances in Polymer Technology，2012，31（1）：52-62.
[34] 朱巍. 纳米 SiO_2/聚丙烯酸酯复合乳液的制备与性能研究[D]. 北京：北京化工大学，2010.
[35] Mazrouei-Sebdani Z，Khoddami A. Alkaline hydrolysis. A facile method to manufacture superhydrophobic polyester fabric by fluorocarbon coating[J]. Progress in Organic Coatings，2011，72（4）：638-646.
[36] Joneydi S，Khoddami A，Zadhoush A. Novel superhydrophobic top coating on surface modified PVC-coated fabric[J]. Progress in Organic Coatings，2013，76（5）：821-826.
[37] Lai Y K，Pan F，Xu C，et al. In situ surface-modification-induced superhydrophobic patterns with reversible wettability and adhesion[J]. Advanced Materials，2013，25（12）：1682-1686.

撰稿人：范雪荣　王树根　王潮霞　付少海　王　强

染整工程学科的现状与发展

一、引言

当前纺织印染行业面临着国际市场疲软、原材料价格波动和劳动力成本上升等不利因素，使得纺织印染行业的结构调整、产业升级更显紧迫。同时，染整加工过程资源利用率低、能耗量高、用水量多、排污量大，且使用的染化料生物降解性差会造成环境污染和危害人体健康。为了使纺织品印染行业能可持续发展，政府及其机构陆续制定了一系列相关法律、法规和政策，引导印染企业通过技术进步实现绿色加工、节能减排和转型升级。

在有关政府部门和行业协会的组织和推动下，我国印染行业通过采用自动化、智能化、信息化技术对传统产业进行升级改造，科技进步十分显著，相关的研究开发工作取得了较好的成果。丝胶回收关键技术及其应用、面向数字化印染生产工艺检测控制及自动配送的生产管理系统研究与应用、筒子纱数字化自动染色成套技术与装备、低盐低碱节能减排染色技术及产品开发等一系列研究成果获得 2012 年中国纺织工业联合会科学技术进步奖。棉织物低温连续快速练漂工艺、锦 / 棉、锦 / 粘混纺及交织织物的一浴一步法染色技术、低给液的泡沫后整理技术、平板数码喷墨印花机等 26 项技术被列入第六批《中国印染行业节能减排先进技术推荐目录》进行推广。

与此同时，纺织高校、研究机构及企业投入大量资金和技术力量到染整领域的研究中，不断地深入和创新，不断推出可持续发展的新型工艺和产品。通过在新型纤维、功能性纺织品、家用及产业用纺织品等领域研究，不断改善纺织品各种特性、外观，拓宽用途、提升纺织品质量与附加值，实现可持续性的纺织品染色、印花、整理等加工方式。例如采用无水整理技术以节约能源和水；使用天然或可再生的可降解化学品及原材料以保护环境；开发新型改性纤维，使之适用于医用、军用等特殊领域；研究纺织品功能转换的表面改性技术，实现纺织品在颜色、导电性、亲水性、疏水性等功能方面的转换；结合电子信息技术、自动化技术、生物技术及电化学技术为手段，推广高效短流程、无水或少水印染技术和设备。

本专题报告旨在总结近两年来染整工程学科在前处理、染色、印花、功能整理等方面的新理论、新技术、新方法以及新成果等方面的发展状况，并结合国外的最新成果和发展趋势，进行国内外发展状况比较，提出本学科今后的发展方向。

二、染整工程学科发展现状

（一）前处理技术的发展

纺织品染整加工过程中，前处理加工必不可少。为了去除织物上不同杂质，保证最终产品的质量，使得前处理成为耗能耗水量较大的主要工序。因此，节能降耗是前处理技术发展的主要趋势，近年来研究的重点是双氧水低温漂白技术、生物酶前处理加工技术等。

1. 低温前处理加工技术

传统双氧水漂白通常在高温强碱性条件下加工，存在能耗高、织物强力损伤严重和脱脂过多而导致手感粗糙、污水处理负荷大等缺点。为降低能耗、提高漂白织物品质，双氧水低温漂白技术得到了广泛关注。几年来的主要研究方向是双氧水漂白活化剂的开发和应用，双氧水漂白活化剂可以促进双氧水有效分解，从而降低漂白温度和提高漂白效果。如东华大学集中研究了金属配合物对双氧水漂白的活化作用及应用效果，如金属酞菁配合物、希夫碱金属配合物、1，4，7- 三甲基 -1，4，7- 三氮杂环壬烷的羧酸桥连双核锰配合物等。研究表明，这些配合物作为催化剂应用于双氧水温堆漂白工艺中，不仅降低了漂白过程的温度及 pH，而且获得了良好的漂白效果，达到了节能降耗的目的。河南工程学院采用乙酰胍为漂白活化剂，组成双氧水 / 乙酰胍低温漂白体系，在 60 ~ 80℃条件下对棉和涤棉织物进行漂白，该体系能降低能耗、节约用水、对纤维强力影响小，并且克服了活化剂 TAED 水溶性差所带来的不足，该技术获 2012 年中国纺织工业联合会科学技术进步奖二等奖。

2. 生物酶前处理加工技术

生物酶前处理工艺的研究一直是生态前处理工艺的研究重点。主要进步在于新的生物酶及应用技术的开发，以及生物酶与其他技术结合的前处理技术的开发。江南大学、武汉生物工程学院等研究了不同温度下棉织物对碱性纤维素酶的吸附量、蜡质熔点及蜡质含量对纤维素酶去除棉籽壳效率的影响，发现精练过程中催化效率最高时的温度远高于酶的最适应温度，认为蜡质的去除对碱性纤维素酶的催化效率影响较大。此结论对棉织物前处理加工用生物酶及加工工艺的开发具有理论指导意义。东华大学采用果胶酶与纤维素酶对竹原纤维针织物进行复合精练，得出在精练过程中，两种酶之间有一定的交互作用，明显提高精练效果。

生物酶与氧漂相结合的前处理工艺研究方面，华纺股份有限公司、东华大学采用复合

酶冷堆 + 低温氧漂工艺对棉织物进行低温前处理，得出了最佳工艺条件。该工艺由于采用了复合酶，能够最大限度地将淀粉浆、果胶、蜡质等杂质水解除去，因此织物能够获得很好的毛效，同时产生的 COD 值要远远低于传统前处理工艺。活化剂 DZ-1 能够使双氧水在低温下发生有效分解，既能使织物获得理想白度，又不会对强力造成较大损伤，可杜绝氧化破洞问题。

生物酶结合常压等离子体、超声波等技术对织物进行前处理的研究方面。东华大学、陕西科技大学采用常压低温等离子体射流预处理结合碱性果胶酶对棉针织物进行精练，优化了常压低温等离子体射流预处理工艺和无助剂果胶酶处理工艺。经此工艺处理后，织物的润湿时间小于 2s，强力保留率大于 90%，达到传统碱精练处理效果。西安工程大学研究等离子体预处理后织物在超声波作用下采用生物酶退浆处理的工艺，获取了等离子体联合超声波、生物酶处理工艺中超声波的最佳工艺参数，这种新工艺的组合不但能够达到良好的退浆效果，而且加工过程较超声波生物酶工艺更节能、环保。

（二）染色加工技术的发展

纺织品染色加工技术的发展体现在节能减排、清洁生产加工技术的研究和推广应用方面。主要有低温染色技术、活性染料的低盐低碱染色技术、泡沫染色技术、涂料染色技术以及多组分纤维的一浴法短流程染色技术等。

1. 活性染料的低盐、低碱染色技术

活性染料的低盐低碱染色技术方面的进步在于该技术已进入实际的应用阶段。丽源（湖北）科技有限公司在开发了含氟染料的基础上，对活性染料小浴比、低盐和低碱染色工艺进行了研究，开发了低盐低碱节能减排染色技术。该技术较普通活性染料染色工艺提高固色率 15% 以上，染色温度下降到 40℃左右，同时可节盐 30%、节碱 75% 以上，符合了节能减排和生态环保的要求。项目成果获得 2012 年中国纺织工业联合会科学技术进步奖。浙江省现代纺织工业研究院、东华大学、绍兴金球纺织整理有限公司开发了无盐染色清洁生产关键技术。开发了一类多活性基化合物，含有对活性染料有合适亲和力的阳离子基团，对纤维素纤维进行改性修饰，提高活性染料的上染率、降低无机盐用量和废水中的染料量，建立无盐染色新工艺，形成无盐染色清洁生产示范线。项目成果获得 2012 年中国纺织工业联合会科学技术进步奖三等奖。

2. 羊毛织物低温染色技术

羊毛低温染色技术的最新研究主要在于羊毛织物的预处理对实现低温染色的作用。天津工业大学针对羊毛表面存在疏水性类脂层，阻碍染色加工过程中染料的吸附扩散的问题，采用纳米 SiO_2 溶胶对羊毛进行改性处理，提高羊毛纤维的表面亲水性。纳米 SiO_2 改性处理后羊毛织物在低温条件下的上染百分率和 K/S 值均高于未处理织物，认为用纳米

SiO_2溶胶改性处理羊毛织物可提高羊毛织物的低温染色性能。东华大学研究了用双氧水/甲酸对羊毛进行预处理，通过甲酸与双氧水协调作用，改变羊毛表层结构，使羊毛染色的温降低到70℃，达到低温染色的目的。浙江工业职业技术学院采用超声波技术，配合使用低温助染剂对羊绒纤维进行低温染色研究，使染色温度降为60～70℃，所得试样的色牢度和平衡上染率均能满足要求，与传统工艺相比，染色后羊绒纤维的断裂强力损伤程度大幅度降低。

3. 天然染料染色技术

来自动植物的天然色素被认为环保、无毒，无致癌性和过敏性，表现出更好的生物降解性和环境兼容性。此外，天然色素具有抗紫外线和抗微生物性能，其应用研究已成为一个热点。近年来有关天然染料染色的研究主要是新色素的开发以及染色方法的改进方面。河南工程学院探讨黄连素对大豆蛋白/聚乙烯醇共混纤维的染色动力学和染色性能。得出黄连素在大豆蛋白复合纤维上的吸附符合Langmuir模型，随着染色温度的升高，吸附常数和染色饱和值均逐渐降低，染料在纤维上的吸附为放热反应。苏州大学为了扩大非水溶性天然色素在纺织品加工中的应用，采用原位聚合法制备了大黄素微胶囊，并研究了大黄素微胶囊对PTT纤维的染色性能，优化了染色工艺条件。盐城纺织职业技术学院对盐地碱蓬红色素染羊毛的染色工艺进行了研究，考察了媒染剂及超声波对染色效果的影响，获得了最佳染色工艺。

4. 涂料染色技术

涂料染色技术方面由于印染助剂（特别是粘合剂）性能的不断提高，涂料染色工艺得到了迅速发展。涂料染色适合于各种纤维，简化了混纺织物的染色工艺，染色不必水洗，工艺流程短，节约用水和能源，排污量小，能满足“绿色”生产要求。有关涂料染色技术的研究主要在于提高涂料染色的得色量和染色织物的牢度。江南大学以正硅酸乙酯、偶联剂KH-570和平平加O等为原料制备酸性硅溶胶，并将涂料色浆掺杂其中，形成涂料杂化硅溶胶，探讨了该溶胶的稳定性及染色性能。结果表明，相对于涂料染液直接染色，涂料杂化硅溶胶可在纤维表面形成一层薄膜，改善织物的颜色深度和摩擦牢度，并提升织物的拉伸断裂强力。西安工程大学以聚丙烯酰胺为原料，制备一种提高涂料染色表观深度和干/湿摩擦牢度的聚乙烯胺阳离子改性剂，阳离子改性后染色的织物表观深度较未整理的织物表观深度提高近1倍，干/湿摩擦牢度与耐洗牢度均有1～2级的提高，且对手感影响较小。

5. 其他染色技术

新型染色技术如冷轧堆染色、气流染色技术的应用也得到了推广应用。如宜兴新乐祺纺织印染有限公司通过试验探寻出一种酸性染料染锦纶冷轧堆汽固染色新方法，锦纶织物浸轧一定pH的酸性染料后，室温堆置8～24h，然后在102℃饱和汽蒸90～120s，采用甲酸固色，水洗后再用酸性固色剂固色。该方法缩短了染色流程，降低了染色过程中易产生折皱的问题，提高了产品的一等品率。浙江怡创印染有限公司选用气流染色方法代替传统的溢流染色方式，通过对气流染色加料系统进行改造，研究开发了气流染色炼染一浴新工艺、活性染料中浅色免皂洗新工艺、锦 / 粘 / 氨纶多组分织物活性 / 酸性一浴法、一浴二步法气流染色新工艺等适用气流染色的加工技术，使染色用水用汽节省 40% ~ 50%，废水减少 45%、助剂减少 40% ~ 50%，并提高了产品一次性成功率。项目成果获得 2012 年中国纺织工业联合会科学技术进步奖三等奖。

（三）印花加工技术的发展

根据我国《国民经济和社会发展第十二个五年计划纲要》提出的氨氮减排 10%的目标，为了减少印花水洗废水中的氨氮含量，无尿素或低尿素印花加工工艺的研究受到重视。浙江理工大学开发出天然纤维织物低尿素活性染料印花技术，对于真丝绸和棉织物印花，替代尿素分别达到 75% 和 30%，明显降低印染废水氨氮含量。印花产品色泽鲜艳、色牢度好，达到全尿素印花技术水平。亨斯迈纺织染化（中国）有限公司推出了印特奇 PF 系列新型活性染料和印特牢 FW–2 新型固色剂组成的新型活性印花系统，该系统不但得色量高、印花色浆的稳定性好，而且色浆中不使用造成水质富营养化的尿素，减少了氨氮的排放，实现环保绿色印花加工。

在节能降耗印花技术方面，江苏南通新高印染有限公司研究开发了纯棉织物 B 型活性印花冷堆固色工艺。纯棉织物用异双活性基的 B 型活性染料印花，将固色碱液施于经纬密度较高的涤纶布上，再将其与印有活性染料的纯棉织物一起打卷，使该含有碱剂的涤纶织物衬于棉织物之中，冷堆放置时可均匀地将固色液转移至纯棉织物上，使活性染料固色，其固色率可达 90%，且具有很高的提升率和色牢度。

涂料印花技术方面，杭州喜得宝集团有限公司、浙江华泰丝绸有限公司、浙江理工大学等单位在广泛优选国内外涂料黏合剂、增稠剂及其辅助剂的基础上，自行研究开发了适合在丝绸及含丝多元纤维交织或混纺轻薄型织物涂料印花应用的黏合剂、增稠剂、交联剂及涂料专用的柔软剂和湿摩擦牢度增进剂。深入研究了拔染剂性能、花色涂料性能之间的内在联系，着重优选了新型的高效无 / 低甲醛拔染剂和稳定的真丝绸涂料拔染印花超柔软专用复合浆、耐拔花色涂料，开发出适用于高档真丝及含丝多元纤维轻薄型织物全涂料直接印花技术以及环保型高色牢度涂料拔印花技术。相关技术达到国际领先水平，获得 2011 年纺织工业联合会科学技术进步奖二等奖。

此外，襄樊新四五印染有限责任公司开发了一种隐形印花技术。在常规防红外花型的迷彩格子布上通过特殊的工艺手段印制上一种隐形图案，在正常穿着情况下，该面料与普通迷彩面料没有明显区别，但当织物面料带潮或遇水后，印制在面料上的另一种或多种隐形图案就会显现出来。同时采用特殊的制浆工艺，使隐形花型也具有防红外或抗紫外线功能，既增加了一种完整的隐形花型，又不会与常规花型的防红外性能相冲突。项目成果获得 2012 年中国纺织工业联合会科学技术进步奖三等奖。

（四）后整理加工技术

1. 泡沫整理技术

泡沫染色是一种节能、节水的新型加工技术，它采用空气取代配制整理液时所需的水，显著降低了给液率、减少染料及化学品的泳移，并提高生产效率，因而逐渐被人们所重视。

天津工业大学采用泡沫整理技术对棉织物进行抗紫外线整理，结果表明，泡沫整理的织物白度和透气性变化不大，具有良好的服用性能；越温和的焙烘条件，整理织物的抗紫外线性能越好；发泡机进气量越小，织物的抗紫外性能越好。还采用泡沫技术对棉织物进行抗皱整理，结果表明，在发泡体系中，工作液发泡比增大，整理织物的折皱回复角减小；随着发泡体系中稳定剂浓度的增大，织物抗皱性变差；泡沫施加速度加快，织物的折皱回复性变差。

鲁丰织染有限公司等单位对泡沫整理机进行了系统研究，开发了轻薄面料的泡沫整理技术。该技术使织物的带液率由传统的 60% ~ 80% 下降到 20% ~ 40%，从而可节约烘燥用能耗 40% 以上。还具有降低蒸发过程中染料泳移、提高生产车速、节约染化料和减少废水排放等诸多优点，可广泛应用在后整理柔软、树脂、特种整理、染色、涂层等领域。项目成果获得 2012 年中国纺织工业联合会科学技术进步奖二等奖。

2. 其他整理技术

安徽农业大学以金属络合物氟锆酸铵和柠檬酸的磷基催化剂体系复配阻燃整理剂，并对真丝织物进行整理。结果表明，氟锆酸铵和柠檬酸复配体系具有协同增效作用，整理后真丝织物的阻燃性能明显提高，并有较好的耐洗性。青岛大学研制了胍基磷酸酯硅氧烷聚合物，采用交联剂 PBTCA 对纯棉织物进行抗菌阻燃整理，在优化的抗菌阻燃整理工艺条件下，整理织物的抑菌率达到 97%，极限氧指数 LOI 达到 35%。

上海大学研究了 DMSO 预处理对芳纶织物的影响以及预处理后的导湿排汗整理工艺，结果表明，使用溶胀剂 DMSO 对芳香族聚酰胺纤维（芳纶）织物进行预处理，可明显提高导湿排汗整理的效果，芳纶织物芯吸高度更高，且耐洗性更好。上海工程技术大学在研究了羟甲基壳聚糖 -（钯 CMCS-Pd）络合物制备条件的基础上，将 CMCS-Pd 络合物溶液作为活化液制备了以涤纶为基材的电磁屏蔽织物，该织物具有良好的电磁屏蔽性能。

西南大学研究了蚕丝织物部分乙酰化的抗皱整理，采用醋酸酐对蚕丝织物进行乙酰化处理，乙酰化蚕丝织物折皱弹性大幅提高。研究认为只降低蚕丝织物形成氢键能力的非交联型整理剂也能大幅度提高蚕丝织物的折皱弹性，为丝织物的抗皱整理提供了新的思路。

（五）新型纤维或织物的染整加工技术

近年来，随着纤维工业的快速发展，新型纤维不断被开发和应用，有关新型纤维的染整加工技术的研究也是重要的方面。盛虹集团有限公司等单位对新型超仿棉聚酯纤维纺织染整关键技术进行了研究，优化了冷堆前处理、碱减量、染色、吸湿排汗整理等工艺条件。最终产品的断裂强力、撕破强力、抗起毛起球效果和尺寸稳定性优于棉纤维织物，并具有优良的吸湿性、抗静电和柔软效果。西安工程大学研究了采用自制的助染剂预处理对芳纶染色性能的影响。助染剂通过刻蚀纤维表面，改变纤维表面的物理和化学状态，预处理后的纤维采用阳离子染料在110℃下染色，提高了得色量，耐皂洗色牢度可达到4 ~ 5级。东华大学探讨了直接染料沙拉菲尼尔翠蓝对牛角瓜纤维的染色性能。结果表明，直接染料对牛角瓜纤维的上染符合 Freundlich 吸附等温线，最佳工艺为：70℃，60 ~ 70min，盐用量20g/L。

南通大东有限公司分析总结了以阿拉斯加雪蟹为原料、采用湿法纺制的壳聚糖纤维筒子纱的染整加工工艺。得出壳聚糖纤维耐碱性良好，可采用氧漂进行前处理；活性染料在pH 10 ~ 12、雅可均 DS 为匀染剂的条件下，以 10min 的线性进料技术以及常规皂洗工艺可避免色花、重现性不一致等问题，可实现工业化生产。

浙江理工大学完成了竹炭纤维绒毛染色技术研究项目。从色度学的原理出发，重点研究了竹炭纤维植绒绒毛的可染性。利用竹炭纤维绒毛本身的蓝灰色与筛选出的低温型分散染料三原色中的黄色和红色染料拼色，通过少加或不加蓝色染料，达到色谱齐全、色泽较鲜艳的效果。该项目解决了灰色竹炭纤维植绒绒毛的可染性问题，对提升植绒产品档次和工艺技术，向高附加值转变具有重要的现实意义。

苏州大学、浙江誉华集团湖州印染有限公司等单位开发了多组分纤维面料短流程染整加工关键技术。通过研究不同染整加工条件对不同纤维成分性能的影响，开发了条件温和、纤维低损伤的前处理加工技术和工艺；发明了两种用于多组分纤维同浴染色的染色助剂和 1 种染色后防沾色皂洗剂，开发了适用于多组分纤维短流程染色的加工技术，获得了多组分面料染整工艺条件，生产的多组分面料的性能指标满足相关纺织品的要求。项目成果获 2012 年纺织工业联合会科学技术进步奖二等奖。

（六）高新技术在印染加工中的应用技术

1. 数码印花技术

数码印花技术具有方便、快捷、环保等优点，在大多印染企业面临节能减排巨大压力的情况下，对数码印花的需求也出现了逐年大幅递增的情况。据统计，2011 年 3 月 27 日，发改委颁布了《产业结构调整指导目录（2011 年本）》，将数码喷墨印花技术作为鼓励类技术；2012 年 1 月 17 日工业和信息化部发布纺织工业“十二五”发展规划，将数码喷墨印花作为重点发展的少水及无水印染加工技术之一。因此，数码印花技术成为印染领域近年来发展的重点之一。

在设备方面，杭州开源电脑技术有限公司推出的平板数码印花机和导带数码印花机等装备是针对毛衫、T 恤衫、服装裁片、家纺等领域研发的高端数码印花系统。该设备最高

打印速度达 $40m^2/h$，羊毛衫印花速度为 300 件 / 天；采用 8 色印花颜色模式配置，使印花效果逼真、绚丽；所使用的环保墨水实现了绿色印染，且色泽浓郁、褪色率低。与传统印花相比，整机平均耗电量下降 35% ~ 50%，耗水量下降 25% ~ 40%，染料用量下降 60% 以上，能满足节能环保的市场要求。

在技术方面，北京服装学院为提高桑蚕丝织物数码印花的得色量及手感，对桑蚕丝织物活性染料数码印花工艺进行了研究，探讨了前处理上浆配方以及汽蒸、水洗工艺参数对丝绸印花得色量的影响，印花后的各项色牢度均可达到 4 级以上。浙江理工大学研究了真丝绸活性染料喷墨印花预处理工艺。将混合糊料 HC 应用到真丝绸数码印花的浆料中，优化了预处理工艺，提高了真丝绸数码印花的印花效果，得到了轮廓清晰、得色量高、色牢度好的花纹图案。北京服装学院研究了绒面革活性染料墨水数码印花工艺。在印花前采用亲水剂 K–82 罩印，然后进行数码印花，印花皮革的干摩擦牢度达到 4 ~ 5 级、湿摩擦牢度达到 3 ~ 4 级，印花图案色彩鲜艳，新颖别致，立体感强，提高了绒面革产品档次。

2. 低温等离子体技术

中国纺织科学研究院研究了常压低温等离子体处理聚乳酸织物的染色性能。发现等离子体不同工艺参数处理对 PLA 染色性能有较大影响。等离子体处理功率的提高和处理时间的延长，对聚乳酸织物的染色 K/S 值明显提高。苏州经贸职业技术学院、苏州大学等单位研究了氧气等离子体处理对 PTT 织物润湿性能的影响。实验表明，经氧气等离子体处理后，PTT 纤维表面因等离子体刻蚀作用而变得粗糙，纤维表面能提高，纤维亲水性增强，PTT 形状记忆织物的润湿性有较明显改善。浙江理工大学运用低温等离子体引发涤纶织物接枝聚合 N– 异丙基丙烯酰胺凝胶，通过对织物的水通时间、纤维化学结构以及于湿状态织物表面形态的测试表明，N– 异丙基丙烯酰胺已被引入涤纶织物表面，经接枝聚合后的涤纶织物在 32℃附近水通时间急剧增加，表现出明显的温敏性能。

3. 超临界二氧化碳流体技术

超临界二氧化碳流体染色技术的研究，一方面已从合成纤维上的应用扩大到在天然纤维上的应用。苏州大学公开了一种在超临界二氧化碳流体中对天然纤维进行染色加工的方法。将天然纤维纺织品置于分散活性染料呈溶解态的超临界二氧化碳染色单元中，使染料在纤维上均匀吸附并在纤维中进行充分扩散，再在压力为 1.0 ~ 6.0MPa 二氧化碳气体介质和固色催化剂存在的条件下，实现染料在纤维上的催化固着。该发明的技术方法具有固色效率及染料利用率高，工艺简单，绿色环保等优点。

浙江工业大学研究了超临界 CO_2 / 乙醇混合体系中分散染料对涤纶织物的染色性能。结果表明，添加共溶剂能有效提高染料的上染量，共溶剂效应随着染色温度的升高而减小，共溶剂添加量对上染量的影响在低温时最为显著，温度较高时上染量基本不受其影响或影响较小，染料在织物与流体间的分配系数同样也受共溶剂影响。

4. 自动控制技术

自动控制技术在印染企业的应用近年来取得较大的进步，并已进入推广应用阶段。杭州开源电脑技术有限公司结合染整工艺，运用计算机科学、人工智能、精密测量、自动检测与控制、自动识别等技术，建立以染整专家系统为核心的印染企业生产执行信息平台，科学制定生产工艺和配方，精确在线检测和控制生产过程关键工艺参数，精准计量和配送助剂 / 染化料，实现印染企业从生产端到管理端的全过程信息化管理。采用该系统可降低生产过程返修率 20% 以上、能源消耗 15% 以上、废水排放 20% 以上，提高产品一等品率 2% 以上。项目成果获得 2012 年中国纺织工业联合会科学技术进步奖一等奖。

山东康平纳集团有限公司、机械科学研究总院开发了筒子纱数字化自动染色成套技术与装备。突破了中央控制系统单元、元明粉纯碱自动称量、自动调湿、自动染色、自动脱水、微波烘干等 10 余项关键技术。开发出筒子纱微波烘干机、元明粉自动称量系统、装卸纱机器人、中控软件系统等 18 台 / 套软件设备，建立 1 条日产 10t 的筒子纱漂染生产线。采用该技术染色纱线的色差与缸差提高到 4.5 级以上，染色一次符样率可达 96% 以上。可提高生产率 10% ~ 30%，节水 27.8t/t 纱、节能 250kW · h/t 纱、减排 27.8t/t 纱。项目成果获得 2012 年中国纺织工业联合会科学技术进步奖一等奖。

三、染整工程学科国内外研究进展比较

（一）前处理技术

国内外前处理技术方面的研究方向基本一致，主要也是有关低能耗、低污染的生态加工技术的开发，包括生物酶的应用、低温、低成本的加工技术。但国外的研究更加注重助剂、工艺配合的成套技术的开发，以成套技术的形式推出加工工艺。如丹麦诺维信公司（Novozymes）提出了一种称之为 Novozymes Denimax Core 的新的牛仔服水洗加工技术，可将牛仔服装的洗旧处理与前道的退浆工艺结合在一起，获得与传统工艺相当甚至更好的磨旧效果，并且缩短了加工工序，降低了能耗。西班牙的 ADRASA 公司推出了棉面料低温短时间精练漂白技术“I-OR（Integral Optimization Results）法”。“I-OR 法”在使用过氧化氢的同时，使用特殊助剂，在低温（75℃）、低碱性（pH=10）、短时间（30min）的条件下，就能发挥漂白效果。该技术对面料的损伤较小，处理后的面料具有独特的风格；由于使用的碱用量较少，精练漂白后的洗净也非常简单，除了节能、缩短染色工序，还能缩短水洗工序。

德国纺织研究中心开发了一种棉机织物退浆的新方法，将葡萄糖淀粉酶，α - 淀粉酶和螯合剂在 pH=2 的条件下对棉织物进行退浆，同时去除了棉织物上的淀粉浆料和矿物盐。织物上的金属离子的去除为实现棉织物的安全漂白，实现了去矿物盐和退浆工艺一浴法整

理，为纺织工业节省了时间和成本。沙特阿拉伯国王大学推出了一种简单且成本低廉的棉织物漂白方法，在过氧化氢漂白棉织物的过程中，使用硫脲激活过氧化氢快速产生羟基自由基对织物进行漂白，实验结果表明在温度90℃，浴比1∶20，6g/L过氧化氢，1.5g/L硫脲，1g/L非离子润湿剂的条件下，不仅增加了过氧化氢漂白棉织物的白度而且织物的白度更加持久，同时棉织物也具有满意的拉伸断裂强度。

（二）染色技术

国内外染色技术研究方面的不同也在于国外注重成套技术的开发。如美国Colorzen公司推出了棉环保染色技术Clorzen™技术，能显著减少对化学品用量，减少水、能源和所需时间的棉染色技术。Clorzen的技术包括棉前处理，使纤维更容易吸收染料，相比传统的棉染色技术，可以减少染料用量50%，固色不使用盐或其他化学品，上染率达到97%。采用常规的染色设备，在染色过程中，减少水洗，并进行水的循环利用，可以节水90%。采用低温染色可以节能75%，整个工艺过程耗时仅为常规染色的三分之一。

美国棉花公司（Cotton Incorporated）将生物酶技术应用于棉织物前处理、染色和后整理过程中，反应条件温和，效率高且产品质量好。将与杜邦公司合作开发的酶制剂DuPont™PrimaGreen®，用于纯棉织物深、中、浅色等一系列染色中，平均水用量减少了70%，蒸汽用量降低了33%，且能量消耗节省了27%，染色时间平均缩短了27%，达到了节能减排的目的。另外用该方法染色的针织品具有较佳的白度、并且不会损伤织物强力和重量。

此外，国外在新纤维的染色技术方面也研究较多。东京都立工业技术学院为提高分子量超级高的聚乙烯纤维的染色亲和力，采用辐射引发方法，将甲基丙烯酸酯、丙烯酸和苯乙烯单体成功的聚合并接枝到聚乙烯纤维表面，研究发现延长辐射时间能提高甲基丙烯酸酯和丙烯酸的嫁接值，而苯乙烯的接枝率在磺化之后下降，接枝后的聚乙烯纤维可以用黑色的阳离子染料进行染色，并且聚乙烯纤维也能被酸性染料染色，说明聚乙烯纤维的染色亲和力得到了提高。

（三）印花技术

国内外印花技术研究和进步的重点也基本相同，主要是喷墨印花技术的研发。但国外在数码技术、电子技术等方面的基础和研究水平具有明显的优势，并且注重不同领域的合作开发、高科技的引入。因此，在技术上处于优势地位。如日本京都市产业技术研究所与日本长濑产业公司共同研发了利用静电电子摄像方式（静电转印）的转印印染系统“零排放数字印染系统（Zero Emission Digital Print System）”，并于近期成功实现了该系统实用机的商品化。该实用机可以在不使用水的情况下在聚酯面料上印染上各式各样的图案。静电电子摄像方式的原理是将数字化的色彩和图案转换成电流附着在筒状感光体上，将CMYK

（蓝、品红、黄、黑）4 色的专用染料转印到布料上。关键技术是能够转印且附着在布料上的含有荷电微粒子染料的开发。该技术不需要对布料进行预处理或通过转移纸将染料转移到织物上，所以设备运转费也相对较低，小批量印染也很方便，真正成为完全零排放的印染系统。

日本 Nagase 公司和 Ihe Kyoto 工业技术研究院联合研发了一种新型的喷墨打印系统。该技术基于静电直接打印，无需对打印织物进行预处理就能获得较好的打印效果，简化了打印程序，并减少了打印过程中水的消耗，是一种清洁高效的生产技术。

日本爱普生公司对大幅面打印机产品线进行第三次革新，以“活的色彩 DS”热转印墨水以及 Epson Sure ColorF 系列打印机为组合，隆重推出“微喷印花 TM”工艺，以满足客户对于印花质量和效率越来越高的要求。系列打印机使用爱普生独有的微压电打印头，能够根据需求精确控制喷墨的体积、形状和位置，非常适合表现过渡色彩。该热转印墨水的特点是拥有宽阔的色域，发色率高，其日晒牢度、水洗牢度、碱性汗渍牢度都达到同类产品的领先水平。

在喷墨印花技术方面，在墨水的开发方面国外也领先于国内。如韩国 INKECO 公司推出纺织直喷活性墨水，这种新技术一方面可降低印染对环境的破坏程度；另一方面也可提升印花质量，避免了传统喷墨印花墨水中的脱盐问题，因而具有传统印花难以比拟的优点。伊朗颜色科学技术研究所开发了一种棉织物单相喷墨打印墨水，通过在墨水中加入有机盐，省去了传统打印过程中的织物预处理工序。该墨水包含活性染料（如 Procion Red H-E3B）和 20g/dm^3 有机盐（如甲酸钠、乙酸钠、丙酸钠和柠檬酸三钠等），其表面张力为 28 ~ 31mN/m，pH=8。同传统墨水相比，该墨水在羊毛、棉、锦纶及醋酸纤维上的水洗牢度均为 5 级，耐光牢度提高到 5 级，干、湿摩擦牢度分别为 4 级和 5 级。

（四）整理技术

整理技术方面国内外的研究基本相同，重点在新型功能性助剂及应用技术的开发，包括纳米技术、微胶囊技术以及新型生态功能性助剂配方的开发。如日本泷定大阪公司与 Aroma 公司合作开发的通过将天然精油封入微胶囊、将胶囊附着在纤维表面的 Aromaterial 面料产品已被用于女装品牌及高尔夫服饰品牌，并被选为 2012 年春夏服饰面料产品。泷定大阪与瑞士化工企业科莱恩（Clariant）共同开发的 Nano Reverens 防护产品是将纳米级的原料用于涂层加工，该防水、防油加工不影响面料的透气性及耐水洗性能。英国 Perachem 公司和瑞士 Clariant 公司针对棉织物耐久性整理，联合开发了环境友好型含活性磷基和氮基的阻燃剂。通过简单的轧焙工艺，可有效地使水溶性含磷化合物与纤维素中的羟基形成共价键，再用可交联含氮添加剂进行增效。初始整理后的面密度为 250g/m^2 棉梭织物的限氧指数为 38.2%，60℃下洗涤 50 次后其限氧指数为 34.5%；同时对合成纤维含量高达 50% 的棉 / 化纤混纺织物的最初限氧指数达到 25% ~ 28%。该整理工艺无甲醛产生，不含卤素，环境友好型性强且耐水性优良。

此外，纤维的改性技术也是研究的重点。如美国北卡罗来纳州立大学开发了一种具有高拒水性的锦纶 / 棉混纺织物，采用等离子体处理成功地将 C6 氟碳单体和 2-（全氟己基）丙烯酸乙酯嫁接到表面已经接枝了甲基二烯丙基氯化铵的 50/50 锦纶 / 棉混纺织物，水滴与该锦纶混纺织物的接触角达到了 144°，经 AATCC193 和 AATCC118 测试，该织物可以拒表面张力为 25mN/m 以上的液体。美国 Celgard LLC 公司研发了一种提高合成材料（如聚烯烃类）染色及耐久性整理的改性技术，该技术将染料及整理剂通过共价键连接到聚烯烃等合成材料中，有效解决了聚烯烃等合成材料因缺乏官能团而引起的染色及整理效果持久性差等问题。美国佐治亚大学将石墨烯化学结合到棉织物上，并在其表面形成石墨烯薄膜，从而制备出具有高导电性的纤维素纤维，详细分析了石墨烯薄膜层数和规整性与纤维导电性和电容性等的关系。

四、染整工程学科发展趋势与展望

中共中央“十八大”报告将生态文明建设提升到与经济、政治建设同样的地位。充分证明了党和国家对环保相关领域的重视，对环境保护、资源循环利用、节能减排等方面的强烈关注。2012 年 9 月 19 日，工业和信息化部、科学技术部、财政部三部门联合发布《关于加强工业节能减排先进适用技术遴选、评估与推广工作的通知》，提出要加快建立先进适用节能减排技术筛选与推广的长效机制，推进工业节能减排技术成果应用。作为纺织行业中耗能、耗水、排污的主要环节，印染行业面临国家环保标准升级的考验，如何实现节能降耗以及高效、合理的资源配置是印染行业面临的挑战。同时，2012 年 10 月，环境保护部、国家质量监督检验检疫总局联合发布了《纺织染整工业水污染物排放标准》《缫丝工业水污染物排放标准》《毛纺工业水污染物排放标准》《麻纺工业水污染物排放标准》，这些标准已于 2013 年 1 月 1 日正式实施。新标准确定了缫丝、毛纺、麻纺以及纺织染整企业生产过程中水污染物排放限值、监测和监控要求，以及标准的实施与监督等相关规定。新规则的废水排放标准较原标准较大程度收紧了化学需氧量、悬浮物及氨氮等指标的排放限值等。其中化学需氧量现有企业排放限值为 100mg/L，新建企业为 80mg/L，特殊地区现有和新建企业为 60mg/L，已高于欧美及日本等国家和地区。

在 2012 年全国纺织工业节能减排工作会议上，中国纺织工业联合会副会长高勇指出，在行业生产增速全面下降、出口形势严峻等情况下，节能减排将成为纺织行业发展的突破口。可从 2 个方面达到节能减排目的：一方面不断改进传统工艺技术，最大限度地降低三废排放量及能源消耗；另一方面则是选用新物质、创造新技术、开辟新领域，用全新技术代替传统技术，彻底实现染整行业的绿色加工和可持续发展。今后几年染整学科的技术发展应该注重吸收各个领域科技发展的新成果，加强与材料、化工、生物、电子、机械等各领域的技术合作，提升整个学科的技术水平。

1. 不断完善低温前处理技术

进一步加强低温前处理技术的研究，促进低温前处理技术的开发和推广，形成比较完整的加工体系。主要包括以下几个方面：

1）高效的生物酶低温前处理技术。重点开发适合于棉纤维前处理加工的高效生物酶组合，克服目前单一种类生物酶用于前处理加工效果较差的不足。以天然表面活性剂为基础，系统研究天然表面活性剂对生物酶活力的抑制作用和激活作用，开发适合生物酶前处理加工和高效短流程加工的生态型印染助剂，进而开发高效的生态前处理加工技术。

2）双氧水低温漂白技术的进一步研究开发。重点研究开发新型活化剂，提高活化剂的活化效果，进一步降低漂白所需的温度，减少活化剂的用量，并优化出适用于不同纤维品种、织物组织结构、加工设备和加工方式的工艺条件。

3）加快等离子体技术、超声波技术、激光技术和紫外线辐射技术等在纺织品退浆、煮练、漂白、净洗等加工中的应用研究，实现技术的成果转化和工业化应用，提高前处理加工的效率，缩短加工时间，节约能源、水量以及化学助剂的使用量，减少废水排放，减轻污水处理负担，促进环境保护。

2. 进一步开发和完善短流程、低能耗染色印花加工技术

1）开发和完善活性染料节能减排染色技术，进一步提高加工生态性。在近年来开发的活性染料低碱、低盐、冷轧堆、湿短蒸等一系列生态染色技术的基础上，进一步研究提高活性染料染色的利用率、降低 COD 排放量，提高深色品种的色牢度。

2）完善和推广涂料染色新技术。在现有涂料染色技术的基础上，通过改性剂、黏合剂、涂料、加工设备的改进以及加工工艺的优化，重点提高改性的效率和均匀性、染色织物的牢度、克服黏合剂的黏混问题，实现涂料染色的改性、染色、固色的一步法或连续化，提高生产环节的高效节能效果以及产品的质量。重视评价涂料染色对织物服用性能的影响，进一步扩大涂料染色的应用范围。

3）深入发展生态印花技术及特种印花技术。加强开发多功能、复合化、智能化的高性能纺织印花产品，力争缩短印花工艺流程、降低污染。进一步完善和提高冷转移印花、喷墨印花等先进印花技术的设备和技术，扩大相关技术在不同纤维、不同织物组织的适用性，提高加工的速度和精度，降低加工成本和产品价格，逐步提高使用范围。

3. 加强新型纤维和多组分纤维的染整技术的研发

研究高性能纤维、生物质纤维、超仿真化学纤维、功能性高附加值纤维、多组分纤维面料的染整加工技术以及纺织品特殊功能整理技术，使纺织产品向多功能化、智能化方向发展，扩大新型纤维面料的应用领域。

4. 研究高效环保印染装备及其配套工艺技术

加强研究高效环保印染装备及其配套工艺技术，重点开发成套设备和工艺技术。推广气流染色机等低浴比染色设备和技术的应用，减少水资源的使用和废水排放。加强信息化建设及数控技术在印染行业的应用，完善印染生产过程全流程的网络监控系统等管理体系的建设和推广使用，提高整体管理水平和生产效率，最大限度地实现节能、节水、减排的要求，提高印染加工过程的绿色生态性。

5. 进一步研究高新技术在纺织印染领域的应用

1）研究机器人技术、电子技术、激光、3D 打印技术等在印染领域的应用，重点研究产业化应用的可行性以及应用工艺技术，提升纺织印染加工和产品的技术含量和档次，开发高附加值的纺织品。

2）加强与相关的合作，对等离子体技术、超声波技术、超临界二氧化碳流体技术进行工业化推广应用的论证，解决设备开发中问题，尽快实现产业化应用和推广，或者提高应用效果。

6. 加快实现加工过程中危害化学品的零排放

加快开发绿色生态染料和功能整理剂及其应用技术，促进纺织品加工过程中各环节的危害化学品实现零排放，缩短我国纺织品的安全性与国际市场要求之间的差距，开发生态纺织品，为我国纺织品保持和拓展国际市场扫清技术障碍。

1）研究利用现代生物技术开发利用多功能的微生物色素，并用于纺织品染色的关键技术，克服合成染料带来的环保问题，解决天然染料在纺织品染色中重复性和稳定性差及色牢度低的共性的关键技术问题，加快天然色素的工业化进程，也能有效避免采用天然植物染料带来的大量采摘和砍伐植物的问题，有效地保护自然资源和环境。

2）研究采用电化学、点击化学等可持续绿色有机化学方法合成新型染料和功能整理剂，实现绿色染整过程。开发通过原位化学反应直接赋予织物色彩和复合功能性的相关技术在纺织品加工中的应用，通过一步法实现纺织品染色和功能性，缩短染整加工流程，并扩大相关技术在纺织品加工领域的应用。

3）进一步研究高效废水处理技术在印染废水处理中的应用，注重印染加工的生态审计。通过光催化剂的开发，提高光催化氧化技术的效率；通过提高膜分离技术通量和膜的强度，降低膜分离技术的成本。提高印染废水处理的效率和中水的质量，提高中水回用比例。研究吸附技术、冷凝技术、等离子体破坏技术、臭氧技术、催化燃烧技术、生物技术等在工业气体污染物治理中的应用，提高印染工业废气治理的效率，大幅降低废气的排放。

参考文献

[1] 任参，宋敏，张琳萍，等. 金属酞菁配合物在催化双氧水漂白棉型织物中的应用［J］. 纺织学报，2012，33（1）：81-86.

[2] 李静妍，宋敏，张琳萍，等. 希夫碱金属配合物在棉织物低温漂白中的应用［J］. 东华大学学报：自然科学版，2012，38（1）：55-59.

[3] 单宋玉，秦新波，张琳萍，等. 棉针织物的锰配合物低温催化漂白［J］. 印染，2012，38（5）：1-4.

[4] 阎贺静，堵国成，陈坚. 棉织物精练中温度对酶催化效率的影响［J］. 纺织学报，2012，33（9）：76-81.

[5] 杨丽，安钊慧，田俊莹. 纳米 SiO_2 溶胶改性羊毛织物低温染色性能的研究［J］. 毛纺科技，2012，40（4）：29-30.

[6] 俞显芳. 黄连素对大豆蛋白纤维的染色性能探讨［J］. 河南工程学院学报：自然科学版，2012，24（2）：25-29.

[7] 刘华，张艳，刘德驹. 盐地碱蓬红色素对羊毛的染色性能研究［J］. 毛纺科技，2012，40（10）：43-45.

[8] 殷允杰，王潮霞. 涂料杂化硅溶胶的染色性能［J］. 印染，2011，37（23）：1-4.

[9] 尚玉栋，贺江平，马燕，等. 聚乙烯胺阳离子改性剂及其在涂料染色中的应用［J］. 西安工程大学学报，2012，25（4）：478-481.

[10] 林旭，郭文登，苏春涛. 复配浆料改善丝棉纺活性染料印花精细度研究［J］. 丝绸，2012，49（10）：16-19.

[11] 郑阳，张健飞. 抗紫外线泡沫整理工艺的优化［J］. 印染，2012，38（1）：32-34.

[12] 王浩，黄晨，许云辉，等. 氟锆酸铵 / 柠檬酸复配体系对真丝的阻燃整理［J］. 印染助剂，2012，29（9）：33-35.

[13] 陈程，张光先，邓娜，等. 蚕丝织物乙酰化抗皱整理［J］. 纺织学报，2012，33（12）：44-48.

[14] 袁小红，甘应进，陈东生，等. 活性染料对莲纤维的染色性能研究［J］. 纤维素科学与技术，2012，40（4）：51-57.

[15] 何雪梅. 硅偶联剂交联壳聚糖纤维的染色性能［J］. 丝绸，2012，49（4）：19-23.

[16] 王保明. 壳聚糖纤维筒子纱染整加工［J］. 针织工业，2012（2）：52-53.

[17] 王剑炜，王华，谭艳君. 助染剂处理芳纶纤维的阳离子染色性能探究［J］. 染整技术，2012，34（9）：19-22.

[18] 高静，赵涛. 直接染料对牛角瓜纤维的染色性能［J］. 印染助剂，2012，29（6）：33-38.

[19] 关芳兰，王建明，闰彩艳. 桑蚕丝织物的数码印花工艺［J］. 纺织学报，2012，33（3）：89-92.

[20] 沈一峰，江崃，陈国洪. 真丝绸活性染料喷墨印花预处理工艺研究［J］. 丝绸，2012，49（1）：11-13，26.

[21] 董旭，张丽平，黄庞慧. 绒面革数码印花工艺研究［J］. 中国皮革，2012，41（19）：1-4.

[22] 方虹天，曹晨笑，徐憬. 常压低温等离子体处理聚乳酸织物的染色性能［J］. 染整技术，2012，34（2）：6-8.

[23] 洪剑寒，王鸿博，潘志娟. 氧气等离子体处理对 PTT 织物润湿性能的影响［J］. 上海纺织科技，2012，40（3）：31-33.

[24] 龙家杰，肖国栋. 在超临界二氧化碳流体中天然纤维的染色方法［P］. CN201110189750.

[25] 董萍，徐明仙，郑金花，等. 超临界 CO_2 / 乙醇混合体系中分散红 54 对涤纶织物的染色研究［J］. 浙江工业大学学报，2011，39（5）：520-523.

[26] E S Abdel-Halima，Salem S Al-Deyaba. One-step bleaching process for cotton fabrics using activated hydrogen peroxide［J］. Carbohydrate Polymers，2013（92）：1844-1849.

[27] Leila Hercouet, Maric Giafferi, Liliane Gaillard, et al. Dyeing and/or bleaching composition comprising a polycondensate of ethylene oxide and propylene oxide [P]. US8403999B2.

[28] Ravneet Kaur. Single Bath Process of Bio-Polishing & Dyeing with Reactive Dyes [C] // AATCC International Conference. Greenville, South Carolina: [s. n.]. 2013.

[29] Akira Yonenaga, Nagase develops electro-static based inkjet technology [J]. International Dyer, 2012, 197(5): 37.

[30] J H Hawkes. Environmentally friendly production of wash-durable flame-proofed cellulosic substrates [C] // AATCC International Conference. Greenville, South Carolina: [s. n.]. 2013.

[31] Priya Malshe, Maryam Mazloumpour, Ahmed El-Shafei, et al. Multi-functional military textile: plasma-induced graft polymerization of a C6 fluorocarbon for repellent treatment on nylon-cotton blend fabric [J]. Surface & Coatings Technology, 2013 (217): 112-118.

撰稿人：王祥荣　张洪玲

非织造材料与工程学科的现状与发展

一、引言

非织造技术是一门源于纺织的材料加工技术，已成为提供新型纤维结构材料的一种重要手段。非织造材料与工程学科广泛涉及物理学、化学、工程学、高分子材料学等多个学科分支，综合了纺织、塑料、造纸、皮革、印刷、化工等行业的工程技术与装备，运用了诸多现代高新技术，是一门新型的多学科交叉、多行业融合的应用工程学科。非织造材料由于其原料来源广泛、技术种类多样、流程短、工艺灵活、产品丰富及生产效率高成本低等特点，其产品广泛应用于交通、建筑、国防、环保、汽车、医疗卫生、日常生活等诸多领域，从而推动了纺织产业的技术进步和产业结构调整，被国内外公认为朝阳产业，发展迅速。1958 年上海纺织科学研究院开始研究并生产化学黏合法非织造布，到 1978 年全国年产量才 3000t 左右，主要生产一些低端造纸毛毯、工业用皮革件、针刺毡和化学黏合法产品；随后我国非织造材料生产进入快车道，1999 年全国产量首次超过日本，达到 32 万 t；2009 年首次超过北美与欧洲，达到 240.9 万 t，位列全球第一；2012 年我国非织造布行业纤维加工总量达到 343.8 万 t，同比增长 23.3%，约占全球产量的 1/3，是名副其实的非织造材料生产大国。目前浙江、山东、江苏和广东是我国非织造布产量居前四位的省份，四省产量之和占全国的比例超过一半。

目前我国纺粘、熔喷、水刺、针刺、化学黏合、热黏合、气流成网、湿法等各种加工方法俱全，其中聚合物直接成网法（纺粘法）占到 47%，排在第一位，针刺法占 24%，排在第二位，与欧美相当。我国非织造材料的应用领域非常广泛，在医疗卫生用品、絮片、包装材料、家用清洁材料、土工材料、涂层复合基布、油毡基材、家具内饰、衬布、鞋材、汽车内饰、过滤材料、农业用材、造纸毛毯等领域均有应用，其中医疗卫生用品占 27%，排在第一位，絮片类占 14%，排在第二位，与欧洲各国有所不同，欧洲 2007 年排在第二位的是屋顶建筑材料。

虽然我国非织造材料加工技术齐全，产品应用广泛，但存在区域发展不平衡，产品结构不合理，产品档次普遍不高，非织造材料高档产品和生产装备多依赖进口，精加工、深加工不够，产品技术含量低，附加值低等不足，学科发展缓慢，与我国乃至全球非织造工业快速发展不相符。

产业用纺织品"十二五"发展规划和纺织工业"十二五"科技进步纲要明确指出了要重点发展产业用纺织品，进一步明确和强调了非织造材料未来的发展方向和重点发展领域，这为以非织造材料为重要组成部分和关键性材料的产业用纺织品行业的发展创造了良好的政策和舆论环境，为非织造材料与工程学科未来发展和定位明确了方向。

因此，我国非织造材料产业亟须进行结构调整，转变发展方式，从而提高综合竞争力，实现非织造材料产业的可持续发展。同时，加快我国非织造材料与工程学科发展，提升学科水平，以缩短与欧美等发达国家的差距。

二、非织造材料与工程学科发展现状

（一）非织造工艺理论和材料结构性能研究得到重视

非织造的新理论主要涉及对非织造材料中纤维直径、孔径分布、缠结程度、吸声效果、拉伸行为和非织造加工工艺等理论模型的建立，为非织造材料的结构、吸声效果和拉伸行为的预测以及工艺条件的优化提供了理论指导。

东华大学的 Song W.F. 等采用分形理论研究纤维聚集体的的微孔结构，通过分析纤维聚集体的扫描电镜照片，用盒维数参数来表征纤维聚集体的孔结构，建立了一个预测有效导热率的分形模型。东华大学的覃小红等建立了静电纺纳米纤维膜中空气的体积分数与加工参数之间关系的理论模型。英国曼切斯特大学的 Sampson W.W. 等建立了一个描述随机排列纤网中工艺密度和平均孔径分布的理论模型。英国利兹大学的 Grishanov S. 等基于扭结理论，通过纤维聚集体的拓扑关系表达，用一种新的方法对纤维网和非织造材料的缠结度进行了表征，实现了对非织造材料中纤维缠结程度的理论评估。江南大学的刘新金等基于 Zwikker 和 Kosten 理论，推导了双层非织造材料吸声理论模型。印度理工学院德里分校的 Rawal A. 等对非织造材料的单轴拉伸模型进行修正以研究纺粘土工非织造布的双轴拉伸行为；另外，他们还基于筛分渗流孔隙网络理论（sieving-percolation pore network theory）提出了杂化非织造土工布孔径分布的修正模型。英国拉夫堡大学的 Hou X. 等建立了两个有限元模型去描述热黏合非织造材料的拉伸行为。英国拉夫堡大学的 Peksen M. 等基于多孔介质理论，建立了二维计算流体动力学模型以优化多孔介质的热熔黏合工艺。

（二）绿色加工技术逐渐推广

节能减排、绿色加工、减少对环境污染、实现可持续发展是各行各业发展关注的问题，非织造材料行业的发展也不例外。

1. 废弃纺织品和聚酯瓶片的回收利用

非织造加工技术的原料适应性强，可对各种不同长度和粗细的纤维进行加工，废弃纺织品经开纤处理成短纤维，可进行非织造加工，制成各种终端用途的非织造材料，如揩布、绝缘材料、汽车用非织造材料以及地毯背衬等，以减少垃圾填埋场中固体废弃物的量。除废弃纺织品外，还回收聚酯瓶片，将其转化为 PET 非织造布，用于不同的产业领域。据统计，与用全新的 PET 纤维加工非织造材料比，回收 PET 能够减少 84% 的能耗，降低 71% 的温室气体排放。每年有 15 亿磅的 PET 容器回收加工成纤维，从而节省 46 万亿 BTUs 的能量，相当于 48.6 万个家庭的用电量。再生 PET 纤维通过非织造加工成各种非织造材料，且性能与用新的 PET 纤维做成的非织造材料的性能相当。

2. 资源可再生、生物可降解高分子材料的使用

目前，学术界和产业界已开始进行资源可再生、生物可降解非织造材料的开发，特别是聚乳酸纺粘和熔喷非织造材料的开发。另外，也出现了 PLA 针刺非织造材料。例如江苏紫荆花纺织科技股份有限公司用麻与 PLA 纤维进行共混梳理成网后，进行针刺加固，热压成环保床垫。资源可再生、生物可降解 PLA 的使用可实现节能减排、环保和可持续发展的理念。

（三）非织造专用纤维和黏合材料开发应用

随着我国非织造产业的高速发展，非织造专用纤维材料的研究与开发已成为促进非织造新技术和新产品发展的重要因素之一。近几年来，非织造行业开发了一批具有一定水平的非织造材料专用纤维原料，这些新型纤维材料为医用卫生非织造材料、耐高温耐腐蚀非织造材料、高档合成革基布等非织造产品的开发提供了保障和支持。

1. 非织造用纤维发展现状

高性能纤维国产化取得了长足的进步，如芳纶 1313、芳砜纶、聚苯并噁唑纤维、聚苯硫醚纤维等耐高温纤维，芳纶 1414、超高分子质量聚乙烯纤维等高强高模纤维，聚四氟乙烯膜裂纤维等耐高温和耐化学腐蚀纤维实现了稳定量产，这些高性能纤维的开发为高性能非织造过滤材料、土工材料等产品奠定了基础。

同时，我国功能纤维也有一些发展，中国石化上海石油化工股份有限公司通过添加抗

菌剂开发了用于纤维及非织造布的抗菌聚丙烯专用料，为功能性非织造材料开发提供了基础原料。天津工业大学肖长发等通过在聚合体系中引入潜交联剂，采用先纺丝成形而后交联的方法，制备出具有有机物吸附功能的共聚甲基丙烯酸酯系纤维。仪征化纤根据水刺非织造加工和针刺非织造加工对纤维性能的要求，开发出系列水刺和针刺非织造专用纤维原料。庞连顺等分析了水刺专用涤纶纤维的结构及性能，认为涤纶短纤维经过亲水油剂处理之后，其摩擦性能、比电阻性能、柔韧性能、吸湿性能、浸润性能得到明显的改善，特别是高亲水涤纶短纤维。这些性能的提高有利于非织造材料成形过程中的开松、梳理和水刺加工，将会提高纤维成网的均匀度和水刺加工时的缠结效果。

生物质纤维可有效解决石油资源不足的问题，是实现化纤行业可持续发展的有效途径之一。东华大学以真丝为原料，利用水刺非织造方法生产真丝医用卫生材料，用于妇女卫生巾、护垫等领域。上海正家与海南欣龙集团合作开发出多种牛奶纤维的非织造布产品，如水刺非织造布、美容湿巾、化妆棉等，很好地发挥了牛奶纤维的营养作用。安徽农业大学从稻秸秆中提取纤维，开发非织造农用地膜。此外，水刺非织造技术中还使用了近年来开发的竹纤维、珍珠纤维等新型生物质纤维品种。

目前，发达国家对纤维的研究热点主要集中在高性能纤维、生物医用纤维材料、可再生利用的纤维材料和非石油基纤维材料、纳米纤维和纳米复合纤维、智能纤维、仿生纤维等众多先进和尖端纤维材料方面。如奥地利兰精公司开发了具有疏水性的TENCEL®Biosoft，以用于尿不湿和女性卫生用品；推出了新型的热防护纤维LenzingFR®，可用于各种工业防护服。日本帝人公司开发出一种具有独特功能的八边聚酯纤维，该纤维有章鱼一样的外观，具有吸湿快干、热量屏蔽、绝缘的功能，且质量轻。

另外，国外在热熔黏合纤维方面也进行了大量的研究。近年来德国Hoechst-Celanease公司开发了以涤纶为主的热黏合纤维，主要是皮芯结构，以PET为芯，以PET、PE或烯烃共聚物为皮。美国杜邦公司开发了以锦纶为主的多组分热黏合纤维。日本窒素公司开发的ES复合纤维又有新进展，有并列型与皮芯型结构，同时也开发了一部分PE/PET复合纤维。丹麦Danaklon公司在引进窒素ES纤维技术的基础上又开发了系列产品。美国大力神（Hercules）公司在开发薄型非织造布原料时也开发出一些低熔点热黏合纤维。意大利Moplefan公司开发出了热黏合用丙纶产品。

2. 非织造用黏合材料的研究进展

近年来，国内外化工企业在非织造专用黏合材料的研发上取得了不错的进展。恒星精细化工有限公司以甲基丙烯酸酯、苯乙烯为主要原料，通过乳液聚合合成水性土工布专用黏合剂。宝洁中国公司开发了一种卫生用非织造材料的专用黏合剂。科腾聚合物美国有限公司发明了一种用于非织造产品的低黏度黏合剂，可用来生产非织造卫生产品。美国公开了一种用于生产隔热非织造垫的生物基黏合剂，特别适合于生产玻璃纤维复合隔热非织造材料。美国塞拉尼斯公司发明了一种用于非织造材料的盐敏性黏合剂，用该黏合剂加固的非织造材料在盐溶液中具有较高的拉伸强度，并能在自来水的存在下变得可分散。

（四）非织造工艺技术不断发展

1. 干法加工技术

（1）梳理成网

目前，国内外先进的梳理机一般为多功能梳理机，可根据需要自由组合，其发展趋势是大幅宽、高速高产、高均匀性。例如 Holhngsworthon wheels 公司的梳理机，其幅宽已由 2.2m 增大到 4m，SPinbeau 公司的梳理机工作幅宽甚至达到 5m；NSC 公司的梳理机经过改进后产量已经由原来的 100kg/（h · m）增加到 400kg/（h · m）以上。随着非织造布行业的飞速发展，现在又出现了盖板式非织造布梳理机（意大利博尼诺公司生产，幅宽可达 3700mm，主要用于梳理棉纤维），罗拉 + 盖板式梳理机，罗拉 + 盖板 + 气流成网式梳理机等。

法国 Asselin 公司推出了新型的非织造用梳理成网梳理机，该梳理机采用了 NSC 的核心技术——Asselin-TibeauProDyn 系统，可用于生产非常平整的、可控制质量的纤维网。这种系统已经广泛应用到水刺、针刺或热空气黏合非织造布的生产。

Dilo 公司创制了 AlphaLine 经济高效生产线，包括 AlphaFeed 喂入装置和 AlphaCard 梳理机构，生产标准通用型非织造产品。另外，还有多路梳理喂入机构，采用孪生结构输送纤维流（Twinflow），增加并合效应，改善输出纤维流的均匀性。其三帘子式交叉铺网机 DiloLayer 系列的喂入速度高达 160m/min，喂入帘子区借助导网机构（Webguide），铺网喂入精确，纤网尺寸稳定性相对更好。

能够有效梳理线密度为 1.1dtex 以下的纤维，纤网均匀性好亦是梳理机的发展方向。SPINNBAU 公司开发的非织造高产梳理机，梳理的纤维线密度和长度的范围广，线密度范围为 0.8 ~ 88dtex，长度范围为 20 ~ 150mm；工作宽度为 1 ~ 3.5m，最高线速度为 150m/min，产品的纵横向断裂强度之比为 4 : 1，其中的 HYPERSPEED 高产梳理机，带 Florjet 系统，工作宽度范围为 4 ~ 6m，最大线速度可达 400m/min。

国内对梳理机的研究主要集中在加快梳理速度和提高纤维输送均匀度方面。如常熟市飞龙机械有限公司的梳理机可以使主梳棉滚筒上的纤维全部转移到成网辊上，使输送帘上棉网的面密度趋于一致，无需定时停机对主梳棉滚筒清理，确保生产的连续进行；青岛东佳纺机（集团）有限公司的罗拉式梳理机，其剥取机构剥取出来的毛网均匀连续平整，解决了毛网上形成波浪痕迹的现象。太仓市万龙非织造工程有限公司的罗拉组合输送装置通过多个罗拉之间的通道控制纤维的厚度，实现了纤维的均匀输送；庄洁无纺材料有限公司与东华大学共同研究使非织造梳理机上的抽吸型道夫装置结构紧凑，操作简单，工艺调节方便，可加工的纤维原料范围广，生产速度高，与传统道夫装置相比较，经本装置梳理加工所得的纤网面密度均匀性提高 16% ~ 27%，原料总利用率提高 12% ~ 22%；和中合纤有限公司与东华大学共同研究的高产梳理机可以提高梳理机纤维转移率，增加纤网中纤维杂乱程度，降低产品的纵横向强力比，提高非织造布产品质量。另外，常州市锦益机械有限公司的多罗拉多道夫系列梳理机喂入开松均匀，纤维网的毛网十分均匀，质量较好，线速高，产量也高。

（2）气流成网技术

气流铺网机不仅能形成独特的三维纤网结构，也将原料种类广泛地延伸到许多传统机械所不能操作的领域，如椰子纤维、麻类纤维、甘蔗纤维、回收的废纤维等，产出量可达到2t/h以上。生产线中不需要梳理机及交叉铺网机，具有高投资回报率和高性价比。

东华大学以不锈钢纤维为原料，在小型兰多气流成网机及水刺机上制备不锈钢纤维水刺非织造布，该不材料可用作电动土工布电极，经过5天后，使土体阳极的含水率从41.2%下降到32.4%，具有实际应用价值。

东华大学采用玄武岩纤维为原料，利用气流成网及水刺加固方式研究了玄武岩纤维水刺非织造材料的制备，大量探索性实验发现100%的玄武岩纤维不能形成连续的网，须与其他耐高温纤维混合。课题研究中选择芳纶1313与玄武岩纤维相混合，当混纺比为50/50时，气流成网效果比较好。研究发现，水刺法加固玄武岩纤维复合过滤材料与针刺加固工艺相比，材料表面更光滑、平整；孔径分布更加紧密集中，过滤效率更高；在水刺工艺参数设置合理的情况下，纤维及基布受损小，非织造布的纵横向强力更高；比针刺非织造布具有更高的透气性，而且在一定程度上可以节省纤维的用量。

意大利高玛特斯公司采用最新的气流动力技术研发了气流铺网机Lap Form Air，该设备的最大特点在于它能将所有原料都制成均匀的立体结构棉层，特别适用于短纤维的成网，甚至可用于混有非纤维状物质的回收纤维的成网，产品质量稳定，质量差异系数在3%～5%之内，可用于难以成网的不锈钢纤维和无机纤维成网。气流成网方式得到的纤网为三维立体结构，可用于纤维增强复合材料的制备。

（3）针刺加固技术

近年来，国外的大型非织造设备企业在针刺技术方面进行了大量的研发工作，开发了多种先进的新型针刺技术，如德国Dilo公司、奥地利Fehrer公司等。针刺法非织造布的主要技术缺陷之一是断针问题，断针可导致生产效率下降和非织造布质量恶化，Hyperpunch椭圆形针刺技术很好地克服了这一缺陷。Dilo公司设计的针板专用传动机构是Hyperpunch系统的基础，确保刺针在针刺纤网过程中的运动轨迹为椭圆形；其次是托网板和针刺机剥网板上的孔眼，使其具有沿着被加工材料运动方向排列且呈长腰形的特征。Hyperpunch原理可使构架材料受到的损伤大大降低，刺针折断数量显著减少，针刺非织造布的质量得以改善。目前国内有不少企业进口了德国Dilo公司的椭圆针刺机，其产品应用在高温过滤等领域。Dilo公司采用Di-lour和Diloop的起绒设备，生产出带有图案的花式针刺起绒地毯，并且很快推向了市场。针刺起绒非织造材料的生产技术是一种高新技术，无论国外还是国内尚处于发展研究阶段。

欧瑞康纽马格公司针对自动化和高效率的需求，开发了一款Stylus针刺机，它可以在一台机器上实现不同的驱动方案（通过一个按钮选择垂直或椭圆驱动针板），将传统针刺和椭圆轨迹针刺整合于一身，通过采用新的配针方案优化植针格局，允许模块化设置所需选项及进入全新的维护和设置程序。这套技术使得投资成本更低，资金回收周期更短。

近几年，我国针刺法非织造布装备技术日臻成熟，整线设计制作已较完备，部分产品在某些方面可与进口设备相媲美。但整体水平与先进国家仍有不小差距。目前，针刺设备的研究主要集中于3个方面：①非织造针刺机针板的计算机设计方法。研究人员通过对针板设计模型进行分析，阐述了波浪形针板的设计算法，指出步进量区间针迹图在针刺效果分析中的重要作用，并通过获取步进量区间针迹图对针刺效果进行修正，为针板的自动化设计提供了重要手段。②提高针刺机的使用寿命，降低使用噪音，减少刺针的意外损坏。上海华峰超纤材料股份有限公司生产的带有缓冲机构的非织造布倒刺针刺机可以增加托网板的工作平稳性，提高生产速度，同时降低噪音，减少刺针的意外损坏，延长针刺机的稳定性和使用寿命。德国欧瑞康纺织有限及两合公司也有类似的机构申报我国国家发明专利。与原有的螺栓固定方式比较，新型针板固定方式——气囊夹持装置设计原理简单，目前使用效果良好。③其他革新和改进。东华大学研究的非织造栅控恒压电晕充电针刺加固机构，能够在纤网加固的同时施加静电，电荷均匀分布，使产品具有更好的储电性能。

（4）水刺加固技术

水刺设备制造商福来斯纳公司对水刺头进行优化设计，采用连续狭缝式代替钻孔式，以使水刺头内腔不产生紊流，这样能大幅度降低能耗和保持好的缠结效果。RieterPerfojet公司设计了滚筒和MPA套筒，该MPA利用了穿过纤网又被套筒反射的喷射水流，为了获得较好的抽吸效果，Rieter公司设计出了蜂窝孔的滚筒，开孔率可达95%。

国内主要集中于对国外设备的消化吸收和改进，做得较好的有海南欣龙股份有限公司、杭州萧山航民非织造布有限公司、郑州大学和东华大学等。郑州大学通过对溶气水形成机制的研究，提出了一种新型的短喉管结构射流器，并应用FLUENT软件对其进行气液两相流的数值模拟，分析射流器主要结构参数对吸气室真空度的影响，对其结构进行优化设计。欣龙集团公司借鉴国外设备的先进经验，并结合国内其他行业水处理的实践，设计开发出能满足水刺生产要求的静态砂式过滤器。

（5）热黏合加固技术

热黏合工艺主要包括热熔黏合法、热轧黏合法和超声黏合法，其中以热熔黏合和热轧黏合法的应用最为广泛。目前关于热轧黏合固网设备的研究主要集中于轧辊的温度控制稳定性和轧辊互换问题。佛山市斯乐普特种材料有限公司研发的一种新型非织造布热轧机保温装置解决了热轧机存在的不加保温装置，热量散失严重，热轧效果较差，能耗较大、高面密度产品容易分层等缺点，提高了热轧效果。针对非织造材料生产线中双辊热轧机不等径轧辊互换问题，研究人员提出了解决方案。针对多品种小批量及高质量要求的针刺非织造过滤材料生产的多功能高端轧烫机组，其设计过程和设计方法也已得到量化。针对热轧花型的研究，以北京大源非织造有限公司为代表，研制了带有刻花辊筒的热轧机，该设备可以根据客户和市场需要，设计并更换花纹形状，使得非织造布表面的毛羽大幅度减少，使非织造材料具有凹凸感。在热轧机电气控制系统方面，国内在进口莱芬Ⅲ型纺粘非织造材料生产线中Küsters热轧机电气控制系统上进行升级改造，使生产线整体性能提升，生产效率提高。在超声波黏合方面，天津工业大学和福建鑫华股份有限公司的非织造布超声波复合机恒张力压花黏合传动装置结构简单，不需要更换任何零部件就能实现花辊和牵伸辊的表面线速度相对恒定，操作方便。

在非织造产品开发上，阿迪达斯公司 PELIAS2 足球上用热黏合技术取代了传统的缝制工艺，从根本上杜绝了因磨损或浸水等情况发生变形的可能性。美国 Precision Custom Coatings LLC 公司推出了衬里用舒适伸展型热黏合非织造材料，公司以舒适、伸展性佳和回复性好为设计理念，提供给服装厂商所需的具有伸展特点的产品，诸如腰带等的衬里 CS85 及 CS96 型号非织造材料。

2. 纺熔技术最新进展

纺粘和熔喷设备及其技术国外一直处于领先地位。目前，Reifenhauser 已拥有双组分纺粘技术，能提供 6 模头，可加工面密度为 2.5g/m^2 的纺粘非织造布。该公司还拥有全套纺粘和纺粘熔喷联合设备，可把纺粘和熔喷技术结合在一起，在纺丝速度、喷丝板孔数和纺丝箱体等方面十分先进。Exxon Mobil 公司和 Biax 公司对熔喷设备喷头的安装形式、喷头与输出方向的夹角以及模头的结构进行了设计改造，这些新型的模头不仅能降低能耗、节约成本，还可显著提高生产率及熔喷产品质量。Exxon Mobil 公司的组合式熔喷模头由带有一排喷丝孔，坡口角度呈 30° ~ 90° 的鼻形模头尖和两个气闸组成，两个气闸分居模头尖的两边。Biax 公司的组合式熔喷模头则是由多排纺丝喷嘴和同心气孔组成，据称这一特点可以提供较高的生产能力及效率和较好的产品质量。

欧瑞康纽马格、美国 Neumag 公司、Nordson 公司、瑞士立达公司、德国 Nanoval 公司开发出了宽幅和高速的设备、超细纤维设备以及复合设备，能够生产结构形态和性能各异的纺熔非织造材料及其复合产品。

行业内重点企业日益意识到核心技术在竞争中的重要性，加大研发投入，与高校和科研院所联合进行关键技术研究，缩短与国外技术差距。上海合成纤维研究所、绍兴利达集团、大连华纶工程公司、大连华阳工程公司等开展了双组分纺粘关键技术和 PET 纺粘核心技术研究。上海市纺织科学研究院研发和产业化的国家发改委科技项目“双组分复合纺粘法非织造布工艺和设备”，已建设成一个规模为 3000t/a 的示范生产线和生产基地。天津工业大学庄旭品等人开发了一种溶液喷射制备超细纤维非织造技术，该技术以压缩空气为动力，采用高速喷射的方法将聚合物溶液从喷丝头中喷出，利用气流进行牵伸，从而制备超细纤维，在成网帘上聚集成网，再经加固可得到超细纤维非织造材料。该技术制备的纤维较熔喷纤维细，可达几百纳米，但其产量要远远高于静电纺丝，有望进行规模化生产。

我国正在加快研制熔喷设备的步伐，熔喷流程中部分装置，如螺杆、计量泵等已可以国产化；纺丝和热风输送部分目前还靠进口。最近，大连华纶化纤工程有限公司研发出幅宽为 1m 的熔喷设备，拟开发 PLA、PBT、PPS 等新型或高性能熔喷非织造布。2011 年东华大学研发了一种制备亚微米纤维的熔喷模头装置，包括模头喷丝板，喷丝板上部和下部对称分布 1 个气流入口，气流入口各连接 1 个矩形槽，两个矩形槽分别通过气流通道连接到喷丝孔。国内纺粘和熔喷设备生产企业在生产线大型化方面取得了长足的进步，缩小了与国际同行之间的差距。

用水刺和针刺法加固纺熔纤网，是纺熔非织造技术的又一发展方向，国际上仅有德国科德宝等少数企业拥有这项技术。2011年中国中纺新元公司纺粘水刺双组分超细纤维非织造布项目试产成功，除了纺丝组件是进口的，主要设备均为国产，产品填补了国内空白。该类非织造产品适合用作高级合成革基布、高级抹布和高级滤材，标志着我国在纺粘水刺超细纤维非织造布技术上有了新的进步。另外，1条完全由我国自主建造的幅宽为7m、产品规格为80～600g/m^{2}的聚酯纺粘针刺、覆膜复合生产线，加工成特宽幅的防水建筑卷材，于山东的金禹王利达工厂建成投产，标志着中国宽幅纺粘非织造工业的技术水平又上了一个新台阶。

近几年，多模头纺熔在线复合技术受到国内外企业的广泛关注，如SMMS、SMMMS、SSMMMSS等，多模头纺熔在提高产量的同时，也改善了纺熔产品的质量，目前，最多的多箱体复合产品可达7层。我国SMS复合非织造生产线，数量上占有绝对的优势，在中、低端市场有很高的占有率，但高端产品还无法与国外相比。由于单一的非织造技术及其产品已经无法满足各相关领域的市场需要，因此，随着纺熔及其他非织造技术的发展，出现了各类复合、组合非织造技术：纺粘—熔喷组合、纺粘—水刺组合、纺粘—浆粕气流—梳理成网组合等复合非织造技术。

在非织造产品开发上，国外正致力于开发各种PLA等资源可再生、生物可降解的纺熔非织造材料和PPS等高性能的纺熔非织造材料，以及阻燃、弹性等功能性纺熔非织造材料。

3. 静电纺纳米纤维材料非织造技术

随着全球纳米科技产业化的不断推进，静电纺丝技术也得到了较快的发展，静电纺丝理论研究越来越深入，应用范围也越来越广泛。

在静电纺纳米纤维制备方面，目前国内基本处于实验室研究阶段，大部分实验室还是使用单针头的静电纺丝装置，效率过低，非针式静电纺丝技术是一个发展方向。在非针头式静电纺丝技术方面，国内出现了多种新型静电纺丝技术，天津工业大学成功开发全封闭式离心静电纺丝技术、螺纹静电纺丝技术、“火山口”状泰勒锥静电纺丝技术等，东华大学开发出气泡静电纺丝技术、溶液溅射式静电纺丝技术，吉林大学开发成功静电梭纺丝技术，苏州大学研究了盘式旋转电极静电纺丝技术等。除此之外，还出现了熔融静电纺、激光熔融静电纺技术以及不用静电也能制备纳米纤维膜的Forcespinning™技术等。北京永康乐业科技发展有限公司的多针头静电纺丝规模化技术已经成功应用于生物医疗领域纳米纤维材料的制备研究，该公司与清华大学、北京301医院、阜外医院、积水潭医院等全国著名科研院校建立了长期战略合作关系，在生物材料、人工器官、新型药物制剂、环境友好材料等领域的创新成果均处于世界领先水平，但其纳米静电纺丝技术及设备的可靠性还需要进一步观察。类似的静电纺丝小型试验设备制造商还有大连鼎通科技发展有限公司、深圳市通力微纳科技有限公司等。

对于静电纺纳米纤维的应用研究方面，东华大学构建了静电纺聚乙烯亚胺（PEI）/ 聚乙烯醇（PVA）复合纳米纤维膜修饰的 QCM 基甲醛传感器，实现了对 10ppm 甲醛气体的快速检测。浙江理工大学研究了静电纺制备 TiO_2 光阳极在染料敏化太阳能电池中的应用；吉林大学利用聚吡咯 / 二氧化钛纳米纤维在室温下检测低浓度氨气；吉林大学发现利用静电纺丝技术制备的纳米银 / 碳纳米纤维复合烧伤创面敷料具有较好地抗菌能力。

与国内相比，国外有关静电纺纳米纤维及其应用的研究起步较早，以专利申请数量为例，美国申请的静电纺丝相关的技术专利总量约 8090 项，而国内仅有 1123 项。美国 Donaldson 公司早在 30 年前就将静电纺纳米纤维材料用于工业气体过滤、液体过滤、发动机空气过滤、洁净室空气过滤特别是自 2003 年起，捷克的埃尔马克公司（Elmarco）与利布莱兹技术大学（Liberec）联合开发的纳米蜘蛛（Nanospider）静电纺丝技术，首次在全球实现了静电纺丝设备的工业化，现在该公司已经实现最大宽幅 1.6m 的纳米纤维膜连续化生产。其纳米纤维产品据报道已商业化用于防护口罩、吸声防噪等领域，带动了全球静电纺丝技术的研发热潮。杜邦公司已经将静电纺丝技术用于开发聚酰亚胺纳米纤维材料，商品名称为 DuPont™ Energain®，用于建筑上的防护保温隔膜，极大地减少空调能源的浪费，该技术还可用于电池隔膜，大幅度提高车用动力锂电池性能。从 2010 年开始，韩国 TopTech 公司开发的设备受到关注，其设备从原料投放、纺丝过程处理、后期溶剂回收循环利用等一系列工艺都设计封装到一个厂房内部。该设备可以以 80m/min 的速度、1.8m 宽幅连续化生产，加速了静电纺丝技术用于纳米纤维全球产业化实现。

（五）研究项目获得资助和成果获奖情况

2010 年全国共资助了 24 个“十二五”国家科技支撑计划重点项目，其中产业用纺织品领域就有一项“高性能功能化产业用纺织品关键技术及产业化”，由东华大学、浙江理工大学、天津工业大学、绍兴县庄洁无纺材料有限公司、江苏东方滤袋有限公司、上海申达科宝新材料有限公司产学研联合承担，项目涵盖了“医卫防护材料关键加工技术及产业化”“功能性篷盖材料制造技术及产业化”“高性能功能性过滤材料关键技术及产业化”等子课题。

四川省纺织工业研究所王桦研究员的研究成果“聚苯硫醚（PPS）纤维产业化生产技术研究开发”获江苏省重大科技成果转化项目资金支持，“聚苯硫醚（PPS）纤维产业化成套技术开发与应用”获 2010 年国家科技进步奖二等奖。东华大学主持的高效节能减排水刺关键技术及其产品应用项目，设计了单腔渐变狭缝高压水腔结构和新型反弹转鼓鼓套。天津工业大学与廊坊中纺新元无纺材料有限公司产学研合作的“橘瓣型长丝超细纤维非织造布”，获得了国家发改委的支持。江南大学与南京际华 3521 特种装备有限公司产学研用合作的“工业烟尘 PM2.5 控制用高密面层水刺滤料研发及产业化”获得了 2012 年江苏省科技成果转化项目支持；天津工业大学与江苏氟美斯节能环保新材料有限公司产学研合作的江苏省科技成果转化专项“梯次型超细纤维三维布状新型过滤袋的研发及产业化”通过了 2011 年度的中期验收。

到目前为止，在已经结题的国家自然科学基金中，涉及非织造工程的有 10 项，其中 8 项属于静电纺领域，另外两个则分别属于土工和过滤领域。东华大学刘丽芳教授以针刺土工织物中纤维的三维网络结构为研究对象，采用 MonteCarlo 随机程序和分形理论，建立了适用于三维网络结构土工织物的孔径理论模型和三维网络结构土工织物的过滤模型。近年来，国家自然科学基金对非织造及其相关领域的资助稳步增长，2009—2011 年间非织造及其相关领域共获得国家自然科学基金支持 28 项，其中与静电纺丝技术相关的项目 17 项，与熔喷技术相关的项目 2 项，与非织造过滤技术相关的项目 2 项，与土工非织造材料相关的项目 1 项，与电池隔膜相关的项目 1 项。我国在非织造领域的研究，主要集中于对静电纺技术的理论研究及其基础应用的研究。

近年来广大非织造企业和科研技术人员围绕创新能力提升和技术装备升级做大量的工作，取得了丰硕成果。海斯摩尔生物科技有限公司胡广敏等完成的“千吨级纯壳聚糖纤维产业化及应用关键技术”获 2013 年度中国纺织工业联合会科学技术奖一等奖；天津工业大学程博闻等完成的“复合熔喷非织造材料的关键制备技术及其应用”项目获得 2012 年中国纺织工业联合会科学技术奖一等奖。据统计，近五年非织造材料相关领域共获中国纺织工业联合会科学技术奖一等奖 3 项、二等奖 17 项，三等奖 20 项，除此之外还有一批项目获得省级科技奖，从整个获奖奖项的分布来看，与过滤相关获奖项目占 20.2%，其中，高温气体过滤相关为 63.15%，而高温气体过滤中涉及 PTFE 纤维占了 41.7%；超细纤维相关获奖项目占 12.8%，其中超细纤维研究以超细纤维的皮革为主占 66.7%；对非织造复合材料以及非织造复合技术的研究占 17%；非织造设备及理论基础的研究占 10.7%，但是对理论基础的研究仅 1.1%；研究汽车用非织造材料相关占 8.5%；土木工程用非织造材料占 7.4%；电池隔膜占 4.3%。这些获奖项目覆盖面广，科技含量高，经济效益好，极大地推动了我国非织造行业的科技进步。

（六）人才培养与研发平台

目前东华大学、天津工业大学、苏州大学、浙江理工大学、西安工程大学、南通大学、武汉纺织大学、陕西科技大学、安徽工程大学等九所纺织类高校开设了非织造材料与工程专业，其中天津工业大学依托纺织工程国家重点学科和 20 多年非织造办学积累的基础与经验，顺应行业发展的新特点，建立了“非织造工程技术”和“非织造材料与市场”的教学平台，并与东华大学一起取得教育部非织造材料与工程二级学科的硕士点和博士点，平衡了专业教学广度与深度的矛盾，满足了非织造行业对不同层次人才知识结构要求的需求，为我国非织造行业的高速发展和结构调整提供强有力的人才保障。

各高校依托各自的学科优势、专业特长和强大的科研力量，成立了相应的非织造研究机构，如东华大学“非织造研究发展中心”和“土工合成材料工程中心”，天津工业大学的天津市非织造布工程技术中心，江南大学的非织造技术研究室等，承担国家、省部委以及企业的在非织造领域的科研工作，与广大非织造工程技术人员一起为行业的科技进步和结构调整作出了贡献。

三、非织造材料与工程学科国内外研究进展比较

同其他领域一样，持续的科技创新活动是非织造布高速发展的原动力。

（一）基础研究

2008年以来几个主要非织造生产国对本领域的研究均有资助。其中中国国家自然科学基金（NATIONAL NATURAL SCIENCE FOUNDATION OF CHINA）对本领域资助所发表的论文数目的比例最大，占到所有资助的2.89%，其次为美国的NATIONAL SCIENCE FOUNDATION（NSF）的资助论文比例为2.15%，紧随其后的为韩国（KOREAN GOVERNMENT MEST）和中国台湾地区（NATIONAL SCIENCE COUNCIL OF THE REPUBLIC OF CHINA TAIWAN）。

近5年来，世界范围内在ISTP、EI、SCI三大检索上以nonwoven为主题的国际性论文篇数每年均在200篇以上。其中，中国大陆地区发表的论文总计最多，为327篇（24.22%），其次美国为265篇（19.63%），日本为106篇（7.85%），中国台湾地区为101篇（7.48%）。

近5年来，世界范围内在非织造材料相关领域发表论文数目占比前十名的单位依次是美国北卡罗来纳州立大学、东华大学、台湾蓬甲大学、天津工业大学、台湾科技大学、苏州大学、印度理工学院、中原工学院、江南大学、中国纺织科学研究院。

近5年来，世界范围内在非织造材料相关领域发表论文占比前十名所属研究方向分别是材料科学、工程、聚合物、化学、物理、应用生物技术、地质学、其他科学技术、计算机科学、环境与生态、机械学。

目前，静电纺论文发表的情况为：中国大陆论文数量最多，其次是美国、韩国、日本、新加坡等国。中国和美国是静电纺领域研究最活跃的国家。近5年来，国内静电纺研究论文数排名处于前10位的研究机构为东华大学、中国科学研究院、吉林大学、清华大学、东北师范大学、浙江大学、北京化工大学、苏州大学、江南大学和东南大学。

（二）纤维研究

目前我国高性能纤维及功能性纤维材料的产量及性能稳定性与国外有较大的差距。

国内外对废弃聚酯瓶片和废弃聚酯纤维等的化学和物理法回收，熔融纺丝以及非织造

加工方面进行了大量的研究，是目前纤维和非织造领域研究的热点之一。国外大型的纤维和化学公司，如杜邦、帝人、东丽、伊斯特曼等公司对此均有研究；国内物理法回收废弃PET，生产再生PET纤维和非织造布方面虽然起步比国外晚，目前主要有：宁波大发化纤有限公司、海盐海利环保纤维有限公司、山东阳信龙福化纤有限公司、江苏新凯盛企业发展有限公司、振航塑料机械有限公司、浙江富源再生资源有限公司、中国人民解放军总后勤部军需装备研究所、无锡海丝路纺织新材料有限公司、江苏菲霖纤维材料有限公司、北京德通化纤工业有限公司、长春博超汽车零部件股份有限公司、濠锦化纤（福州）有限公司、浙江安顺化纤有限公司、桐乡市华通化纤有限公司和肇庆天富新合纤有限公司等。

另外，国内外对PLA、PTT等资源可再生、环境友好型纤维和非织造材料的开发也是当前研究的热点。长江化纤已实现了PLA的熔体直纺，江苏紫荆花纺织科技股份有限公司用PLA与麻纤维共混后进行非织造加工，制得了非织造材料用于复合材料加工；江苏盛虹科技股份有限公司与清华大学合作，用生物合成的方式生产丙二醇，然后再制成PTT纤维，产品可望代替锦纶作为地毯材料，该项目正在实施过程中。傅思睿等将多壁碳纳米管（MWCNTs）和聚苯硫醚经过熔融挤出后制备成复合材料切片，并采用熔融纺丝法制得碳纳米管改性聚苯硫醚复合纤维，在拉伸作用下，碳纳米管分散状态以及界面作用的改善使聚苯硫醚纤维的力学性能得到大幅度提高。李惠等利用热重分析仪对氮气和空气中聚苯硫醚纤维的失效过程和动力学参数进行了研究，认为PPS纤维的热降解呈现2个阶段，在空气中的热降解终止温度比在氮气中低85℃。

（三）装备研究

近5年来国内外对非织造技术的研究主要集中在纤维、复合、静电纺、纺粘、水刺、针刺、涂层和熔喷等方面，国内在纺粘、水刺和熔喷技术上的研究较多，而国外则在纤维、静电纺、复合、涂层等技术研究上较热。

目前非织造设备的研究主要集中在国外的跨国公司，我国对非织造设备的研究虽然仍以对引进设备的消化吸收，或对原有设备的改造为主，但国家、企业和科研院所已开始重视对具有自主知识产权的非织造设备的开发，如东华大学的高效节能减排水刺关键技术及其产品应用项目，实现了对水刺非织造设备关键部件的改造；由江苏海大印染机械有限公司与江南大学共建的江苏省非织造材料专用热定型设备工程技术研究中心专门从事非织造材料热定型设备的研究与开发，并将先进的热风穿透烘燥和微波烘燥技术应用到厚重型非织造材料烘燥定型机开发上，已取得了一定的成果。

（四）应用研究

近5年来国内外在非织造材料应用领域的研究主要集中在医疗卫生、过滤、土工建筑、汽车用材料、擦拭布、吸音材料等领域，国外在过滤材料、土工建筑材料、包装材料、油毡基布、家用装饰、衬布、吸音隔热材料等领域的研究均比国内活跃。其中，基于静电纺纳米纤维在环境工程（如空调和汽车尾气等的过滤材料）、生物医学（如组织工程支架、神经修复和皮肤再生等）、纺织服装（如病毒防护服和口罩等）、军事与反恐安全（如检测毒气或毒剂的高灵敏传感器）等领域显示了潜在的应用前景，已成为国内外非织造领域研究的热点。美国 FibeRio 技术公司预计纳米纤维市场规模在 2020 年将达到大约 40 亿美元，市场潜力巨大，前景十分广阔，受到广泛关注。

各国对非织造材料的应用，特别是在产业用领域的应用研究较多，我国在 2010 年就设立了“十二五”国家科技支撑计划重点项目“高性能功能化产业用纺织品关键技术及产业化”，主要目的是突破高效熔喷驻极体和医疗用三抗纺粘 / 熔喷 / 纺粘（SMXS）纺熔集成关键技术，突破高滤效、低阻力、长寿命、耐高温过滤材料关键技术。江南大学与南京际华 3521 特种装备有限公司主持的 2012 年江苏省科技成果转化项目“工业烟尘 PM2.5 控制用高密面层水刺滤料研发与产业化”是高性能非织造材料在环境保护中的应用。上述两个项目体现了国家对高温烟气处理的重视，非织造过滤材料，特别是特种非织造过滤材料将会成为非织造材料应用研究的热点。

世界排名前 10 的非织造公司均在废弃纺织品和塑料的回收利用，及其非织造产品的开发上投入了大量的人力物力，开发出与新纤维生产的非织造布性能相似的再生非织造产品，并具有较好的市场前景。国家在北京化工大学设有化工资源有效利用国家重点实验室，北京市在北京大学设有固体废弃物资源化技术与管理北京市重点实验室，江苏省在江苏大学设有江苏省固体有机废弃物资源化高技术研究重点实验室，均是为了对固体废弃物，包括废弃纤维和塑料的回收利用，因此，废弃纺织品和塑料的回收利用及其非织造产品的开发将会是近期的研究热点。

四、非织造材料与工程学科发展趋势及展望

基于国家纺织工业“十二五”科技进步纲要、产业用纺织品（非织造材料）“十二五”发展规划宏观政策导向及非织造材料未来发展趋势，重点围绕非织造材料与工程领域的核心发展方向和关键共性技术，紧紧围绕“科学化、绿色化、功能化、复合化”开展学科建设与科学研究。重点开展研究非织造成型工艺理论、制备技术和材料结构与性能等，其中原料的性质与特点研究是基础，加工工艺与装备研究是关键，结构性能与表征研究是核心，产品设计与应用研究是根本。

展望非织造材料与工程学科今后几年发展趋势，在未来本学科主要研究方向包括：①非织造成型工艺理论与材料结构性能，主要研究聚合物挤压、干法、湿法成型理论，工艺结构性能关系。②非织造关键技术与装备，主要研究非织造成型、加固、后加工关键技术与装备。③非织造产品设计与应用，主要研究非织造产品设计原理与方法，应用与效能评价。

（一）本学科今后重点研究领域

1. 非织造专用聚合物树脂

非织造专用聚合物树脂是纺熔非织造的基础性原料，一直以来备受发达国家重视。纺熔非织造技术近年在发达国家发展很快，分别在原料、设备、工艺、产品及应用研究方面取得了巨大进展，有了突破性进展。发达国家之所以取得突破性的发展，除了核心零部件、关键装置外，主要得益于非织造专用聚合物树脂的研究突破。在纺熔非织造专用聚合物树脂研究面，除了传统的PP、PE、PET、PA聚合物树脂以外，还开展了传统聚合物功能化改性和新型聚合物的研发，比如聚乳酸（PLA）、聚对苯二甲酸丙二醇酯（PTT）、聚苯硫醚（PPS）、聚偏氟乙烯（PVDF）等，以满足新领域的需要。我国在非织造专用聚合物树脂并未受到关注，与国外差距很大。

2. 非织造专用纤维

干法成网非织造材料依靠纤维成网，发达国家重视纤维材料的专业化。比如造纸毛毯用PA6、PA66纤维，就极其专业化，所加工的造纸毛毯之所以能满足高速纸机的要求，纤维材料的专业化功不可没。我国加强非织造专用纤维的研究也势在必行。

3. 非织造专用黏合剂

黏合剂主要用于非织造化学黏合固网和后加工使用，国内普遍使用染整或一般化学用途的黏合剂，其实非织造材料的使用要求与染整工艺的使用要求是不一样的，非织造用黏合剂需要与纤维的性质、黏合工艺、产品质量、特别是应用目标相匹配。

4. 核心零部件

国产非织造装备与国外相比之所以差距较大，除了机械等加工精度不高、基础材料不理想外，主要是核心零部件和控制技术存在差距，譬如高速铺网机、高压水刺头、水刺板、鼓罩、高压泵、熔喷摸头、纺丝组件、喷丝板等。

5. 双组分或多组份纺粘、熔喷成型技术

双组分或多组分纺粘、熔喷成型技术是实现细旦甚至纳米纤维非织造材料和功能化材料的重要手段。

6. 复合加工技术

各种非织造材料之间的在线复合，一是弥补各种非织造材料的不足，二是满足材料高性能多功能多用途的需要。

7. 废弃非织造材料回用技术

非织造材料主要在产业领域使用，但在使用过程中出现了新的环境问题。譬如高温烟气滤料、造纸毛毯等，这些材料丢弃后会造成环境污染。因此加快废弃非织造材料回用技术、开发新产品非常必要。

8. 非织造新型成型技术

发达国家历来重视对非织造新型成型技术的探索性研究，比如纳米纤维非织造材料，目前大多依赖静电纺，尽管发达国家已进行了多年探索，但目前还难以实现真正意义上的产业化生产；而国内在这方面处于跟风研究，并无实质性进展。因此，必须探索静电纺纳米非织造等新型成型技术产业化的可行性研究；同时，可结合非织造专用聚合物树脂研发，探索多组分纺粘、熔喷技术及新型开纤技术，实现可产业化纳米纤维非织造材料的突破。

（二）本学科今后的重点发展领域

1. 医疗卫生用非织造材料

医用组织器官材料。加强人造皮肤等组织器官替换材料以及透析材料等生物医用纤维和制品的开发研究，实现部分产品进口替代目标。

高端医用防护产品。开发生产基于非织造布材料的医用一次性手术衣、一次性防护口罩及手术铺单，提高病毒阻隔过滤效率、抗菌吸水或阻水性能，提高材料柔软、透湿、透气等服用性能，满足急性传染病、高感染几率手术防护要求。开发实验室专用防护服，推广具有耐久抗菌、抗污功能的医用床单、病员服。

新型卫生用品。采用生物可降解型、抗菌、超吸水等功能性纤维原料，提升婴儿尿布、妇女卫生用品、成人失禁用品、功能湿巾和工业擦拭布等产品的技术性能指标。重点开发面层材料和导流层材料，研究开发材料的可降解性能，提高面层材料的柔软性和功能性，以及导流层的蓬松性和复合化，增强可持续的差动导流性能。

2. 过滤与分离用非织造材料

耐高温袋式除尘滤料。研究耐高温、耐腐蚀、高吸附、长寿命袋式除尘材料，提高高性能纤维的可加工性能，减少加工过程对纤维功能的损伤，分别满足高温、高粉尘量、高酸性、高氧化性等气体的过滤需求，解决袋式除尘在钢铁、水泥、冶金等行业应用技术问题。

复合过滤材料。选取具有不同性能的多种纤维加工制成滤材，解决非织造和织造复合技术，滤料表面精细加工后处理技术，覆膜技术和在线自动复合加工技术，开发高功能或专一功能的滤料，实现高效率、可分解二噁英、可回收重金属等功能，满足实际生产要求。利用合成木浆（SWP）开发耐腐蚀、高吸附、高精度、多层组合的过滤材料，代替传统的滤纸，缓解进口木材和木浆的紧张局面。

中空纤维及膜材料。加强中空纤维纺丝成网技术和膜技术研究，提高中空纤维膜通透量和抗污染性，扩大其在污水深度治理、水净化等领域的应用。研究生物材质中空纤维膜材料制备技术，突破中空纤维在血液净化器或模式血液氧化器等体外过滤器的应用。

医药、化工、食品、造纸等过滤用非织造材料。开发推广具有分离精度高、抗菌、高导湿等性能的滤料，扩大在医药、食品等领域的应用。研究微纳米复合纤维非织造超精细过滤材料，扩大在精细化工领域的应用。

3. 土工与建筑用非织造材料

生态土工材料。发展生物可降解天然纤维土工布、生态型垃圾填埋用复合土工布膜，提高土工用纺织品生态相容性，减少环境破坏。推广秸秆、树皮、椰壳等生物质天然纤维土工布在人工栽培、生态修复、沙漠化治理等工程中的应用。

高技术土工合成材料。探讨带有光纤传感器（地基工程用）和相关监控系统的智能土工织物开发，一体化提供土壤加固、结构安全监控和预警等功能。开发应用在地铁、隧道等高要求工程中的防渗、排水土工合成材料，提高非织造材料、排水板、膜等多种材料的系统性复合加工工程技术。

新型建筑用非织造材料。推进新型纤维增强防裂材料、内墙保温节能非织造材料、隔声阻燃材料的产业化。提高防水防渗基材质量水平，扩大建筑难燃保温隔热材料的应用，提高建筑防火安全等级。

4. 交通工具用非织造材料

车用仿皮面料。研究新型功能性合成革加工技术和绿色环保加工技术，开发具有良好回弹性、柔软性、仿真性、透气性的生态型超细纤维合成革，满足中高档轿车配套要求。

车用功能材料。扩大非织造材料在车内过滤、缓冲消音装置、隔热填充材料中的应用。

5. 安全与防护用非织造材料

防弹防刺纺织品。运用非织造材料与织造面料的复合解决防弹防刺缓冲问题，实现柔性复合防刺防割面料的产业化。

参考文献

[1] Song W F, Yu W D. Heat transfer through fibrous assemblies by fractal method [J]. J Therm Anal Calorim, 2012, 110 (2): 897-905.

[2] Qin, X H, Xin, D P. The study on the air volume fraction of electrospunnanofiber nonwoven mats [J]. Fibers Polym, 2010, 11 (4): 632-637.

[3] Sampson, W W. Spatial varialility of void structure in thin stochastic fibrous materials [J]. Model Simul Mater Sc, 2012, 20: 015008.

[4] Grishanov S, Tausif M, Russell S J. Characterisation of fibre entanglement in nonwoven fabrics based on knot theory [J]. Compos Sci Technol, 2012, 72 (12): 1331-1337.

[5] Liu X J, Su Xuzhong. Simulation model for the absorption coefficients of double layered nonwovens [J]. Fibers Text East Eur, 2012, 20 (4): 102-107.

[6] Rawal A, Kochhar A, Gupta A. Biaxial tensile behavior of spunbonded nonwoven geotextiles [J]. Geotext. Geomembranes, 2011, 29 (6): 596-599.

[7] Rawal A, Saraswat H. Pore size distribution of hybrid nonwoven geotextiles [J]. Geotext Geomembranes, 2011, 29 (3): 363-367.

[8] Hou X, Acar M, Silberschmidt V. 2D finite element analysis of thermally bonded nonwoven materials: Continuous and discontinuous models [J]. Comp Mater Sci, 2009, 46 (3): 700-707.

[9] Peksen M, Acar M, Malalasekera W. Computatationalopeimisation of the thermal fusion bonding process in porous fibrous media for improved product capacity and energy efficiency [J]. P I Mech Eng E-J Pro, 2012, 226 (4): 316-323.

[10] Karen Bitz McIntyre. 网络参考文献 [EB/OL]. http: //www.nonwovens-industry.com/issues/ 2012-06/view_features/nonwoven-fibers-flexing- with-innovation/, 2012.

[11] Karen McIntyre. 网络参考文献 [EB/OL].http: //www.nonwovens-industry.com/issues/ 2013-04/view_features/second-chance/, 2013.

[12] 吴建东. 抗菌聚丙烯专用料的研制及应用 [J]. 石油化工技术与经济, 2012, 28 (6): 31-35.

[13] 徐乃库, 肖长发, 封严, 等. 聚甲基丙烯酸酯系有机液体吸附功能纤维制备工艺及其性能研究进展 [J]. 功能材料, 2012, 20 (43): 2735-2741.

[14] 庞连顺, 王洪, 靳向煜. 亲水性涤纶水刺法非织造布性能的研究 [J]. 非织造布, 2010, 18 (1): 28-35.

[15] 崔海燕. 水刺非织造用真丝纤维的亲水与抗静电研究 [D]. 上海: 东华大学, 2011.

[16] 程士润. 稻秸秆提取纤维农用非织造地膜的研究 [D]. 合肥: 安徽农业大学, 2010.

[17] 范臻. 一种干法非织造前处理设备及设备上的罗拉组合输送装置: 中国, CN201598363U [P]. 2010.

[18] 徐熊耀, 杨丽燕, 王永仁, 等. 一种安装在非织造梳理机上的抽吸型道夫装置: 中国, CN102260936A [P]. 2011.

[19] 靳向煜, 马月双, 吴海波, 等. 一种非织造高产梳理机的梳理成网系统: 中国, CN202107817U [P]. 2012.

[20] 高忠林. 大直径喂棉罗拉喂入高速杂乱输出非织造梳理机: 中国, CN202643968U [P]. 2013.

[21] 文灵, 靳向煜, 柯勤飞. 不锈钢纤维水刺布用作电动土工合成材料 (EKG) 的研究 [J]. 非织造布, 2010, 18 (5): 26-30.

[22] 王萍, 吴海波, 靳向煜. 玄武岩纤维过滤材料的研究 [J]. 非织造布, 2010, 18 (3): 19-22.

[23] 王萍, 魏煜, 吴海波, 等. 玄武岩纤维过滤材料水刺工艺研究 [J]. 非织造布, 2010, 18 (4): 10-13.

[24] 徐健, 卢怡. 非织造针刺机针板的计算机设计方法及分析 [J]. 产业用纺织品, 2011 (11): 32-37.

[25] 刘文辉, 夏成棉, 林华清. 设有缓冲机构的非织造布倒刺针刺机: 中国, CN202072893U [P]. 2011.

[26] 王明霞. 浅谈非织造布针刺机气囊夹持装置的设计 [J]. 非织造布, 2011, 19 (6): 70-71.

[27] 靳向煜, 周晨, 吴海波, 等. 一种非织造栅控恒压电晕充电针刺加固机构: 中国, CN202298099U [P]. 2012.

[28] 马飞. 水刺法循环水系统中溶气气浮法水处理关键技术研究 [D]. 郑州: 郑州大学, 2011.

[29] 周从民. 水刺生产线水处理系统砂式过滤器的改进 [J]. 产业用纺织品, 2012, (9): 25-28.

[30] 杨建成, 丛良超, 郭秉臣, 等. 非织造布超声波复合机恒张力压花黏合传动装置: 中国, CN201896251U [P]. 2011.

[31] Xupin Zhuang, Xiaocan Yang, Lei Shi, et al. Solution blowing of submicron-scale cellulose fibers [J]. Carbohydrate Polymers, 2012, 89 (1): 104-110.

[32] 中国中纺集团公司. 网络参考文献 [EB/OL]. http: //www. sasac. gov. cn/n1180/n1226/n2410/n314274/13951233.html, 2011.

[33] Nie H, He A, Jia B, et al. A novel carrier of radionuclide based on surface modified poly (lactide-co-glycolide) nanofibrous membrane [J]. Polymer, 2010, 51 (15): 3344-3348.
[34] Manickam S S, Karra U, Huang L, et al. Activated carbon nanofiber anodes for microbial fuel cells [J]. Carbon, 2013, 53: 19-28.
[35] Krucińska I, Surma B, Chrzanowski M, et al. Application of melt-blown technology for the manufacture of temperature-sensitive nonwoven fabrics composed of polymer blends PP/PCL loaded with multiwall carbon nanotubes [J]. J Appl Polym Sci, 2013, 127 (2): 869-878.
[36] Tomba E, Facco P, Roso M, et al. Artificial vision system for the automatic measurement of interfiber pore characteristics and fiber diameter distribution in nanofiber assemblies [J]. Ind Eng Chem Res, 2010, 49 (6): 2957-2968.
[37] Kundu S, Gill R S, Saraf R F. Electrospinning of PAH nanofiber and deposition of Au NPs for nanodevice fabrication [J]. J Phys Chem: C, 2011, 115 (32): 15845-15852.
[38] 王策，卢晓峰. 有机纳米功能材料：高压静电纺丝技术与纳米纤维 [M]. 北京：科学出版社，2011.
[39] Li, X, Liu H, Wang J, et al. Preparation and characterization of poly (ε -caprolactone) nonwoven mats via melt electrospinning [J]. Polymer, 2012, 53 (1): 248-253.
[40] Li X, Liu H, Wang J, et al. Preparation and experimental parameters analysis of laser melt electrospun poly (L-lactide) fibers via orthogonal design [J]. Polym Eng Sci, 2012, 52 (9): 1964-1967.
[41] McEachin Z, Lozano K. Production and characterization of polycaprolactonenano fibers via ForcespinningTM Technology [J]. J. Appl. Polym. Sci., 2012, 126 (2): 473-479.
[42] 王先锋. 静电纺纤维膜的结构调控及其在甲醛传感器中的应用研究 [D]. 上海：东华大学，2011.
[43] 曹厚宝，杨俊杰，吴瑢蓉，等. 静电纺制备 TiO_2 光阳极在染料敏化太阳能电池中的应用 [J]. 高科技纤维与应用，2012，37 (5)：45-50.
[44] 姜婷婷，王威，李振宇，等. 聚吡咯 / 二氧化钛 /Au 纳米纤维在室温下检测低浓度氨气 [C] // 中国化学会第 28 届学术年会第 4 分会场摘要集，成都：中国化学会，2012.
[45] 傅思睿，杨静晖，傅强. 碳纳米管改性聚苯硫醚熔纺纤维的结构与性能研究 [J]. 高分子学报，2012 (3)：344-350.
[46] 李惠，刁永发，张延青. PPS 过滤纤维热动力学特性及其失效性能 [J]. 东华大学学报：自然科学版，2012，38 (2)：134-138.
[47] 曹海红. 网络参考文献 [EB/OL]. http://www. 100ppi. com/news/detail-20110530-41539. html. 2011.

撰稿人：钱晓明　邓炳耀　封　严　刘延波　刘建立
刘庆生　刘　亚　邓　辉　刘　雍

产业用纺织品学科的现状与发展

一、引言

产业用纺织品是指经专门设计、具有特定功能，应用于工业、医疗卫生、环境保护、土工及建筑、交通运输、航空航天、新能源、农林渔业等领域的纺织品。产业用纺织品技术含量高，应用范围广，市场潜力大，其发展水平是衡量一个国家纺织工业综合实力的重要标志。“十一五”期间，我国产业用纺织品快速发展，产业规模持续扩大，技术进步成效明显，应用领域不断拓宽，已逐步成为纺织工业新的经济增长点。2009 年国务院制定的《纺织工业调整和振兴规划》，将加快产业用纺织品开发应用作为提高自主创新能力和调整结构的重点任务，有力地促进了产业用纺织品的发展。

“十二五”是我国实现经济结构调整和发展方式转变的关键时期，是纺织工业实现由大变强，实现科学发展的重要机遇期。战略性新兴产业发展、绿色发展、人民生活质量改善等目标任务的确立，将为产业用纺织品提供更广阔的市场空间。为促进我国产业用纺织品行业持续健康发展，增强纺织工业综合实力，更好地满足国民经济和社会发展需求，2011 年国家发改委、工信部与国家质检总局联合颁布了《产业用纺织品“十二五”发展规划》，规划期为 2011—2015 年。

借鉴国外产业用纺织品发展经验，特别是针对我国近年来产业用纺织品发展现状与趋势，《产业用纺织品“十二五”发展规划》将医疗与卫生用纺织品、过滤与分离用纺织品、土工与建筑用纺织品、交通工具用纺织品、安全与防护用纺织品、结构增强用纺织品等 6 个方面列为重点发展领域，为我国“十二五”期间产业用纺织品发展指明了方向，极具操作性与实用性。

本报告旨在总结近两年来产业用纺织品学科在医疗与卫生用纺织品、过滤与分离用纺织品、土工与建筑用纺织品、交通工具用纺织品、安全与防护用纺织品、结构增强用纺织品等 6 个重点发展领域的新理论、新技术、新方法以及新成果等的发展状况，并结合国外的最新成果和发展趋势，进行比较，提出本学科今后的发展方向。

二、产业用纺织品学科发展现状

（一）医疗与卫生用纺织品的发展

医疗与卫生用纺织品和生命健康密切相关，属于刚性需求，我国的该类产品在全球销售、出口比重比较大。美国、欧盟和日本等发达国家和地区是我国医疗与卫生用纺织品的主要出口目的地。

1. 医用组织器官材料

医用组织器官材料包括：人造皮肤、可吸收缝合线、疝气修复材料、透析材料等生物医用纤维和制品。该领域有代表性的最新研究成果：

苏州大学、苏州苏豪生物材料科技有限公司承担并完成“生物医用柞蚕丝素蛋白材料的关键技术研发”项目。该项目攻克了中性盐与超声波集成处理的柞蚕纤维溶解技术，获得了高分子质量、高生物活性的柞蚕丝素蛋白。该项目首创了采用冷冻干燥法制备和生产医用柞蚕丝素三维材料的方法，通过调节丝素溶液的起始浓度、冷冻温度、柞 / 家蚕丝素共混比和用乙醇后处理，建立了有效调控其孔结构、凝聚态结构和生物降解速率的新技术。材料的孔径可在 75 ~ 260μm 范围内调节。该柞蚕丝素材料比家蚕丝素材料更能支持细胞的黏附、生长和组织的再生修复，具有显著的生物活性。该项目为生物及医学领域提供了一类具有自主知识产权的生物活性材料技术体系，可以用于开发修复皮肤、血管、软骨、神经等的多种生物医用产品，极大地提高了纺织原料的利用率和产品附加值，延伸纺织材料的应用领域。该项目于 2012 年获得中国纺织工业联合会科技进步奖二等奖。

天津工业大学“高性能复合膜”创新团队经过近 3 年（2010—2012）的努力，在聚烯烃中空纤维微孔膜的制备工艺、纺丝喷头和拉伸设备改进、中空纤维编织成型和人工肺用膜组件的制备和组装及其动物活体实验等方面均取得较大进展，试制出高强度、透气不透水的疏水性聚丙烯中空纤维微孔膜，为进一步实施人工肺用中空纤维膜组件奠定了基础。

2. 高端医用防护产品

高端医用防护产品包括：基于非织造布材料的一次性手术衣、防护口罩及手术铺单；基于长丝的可重复用手术衣；实验室专用防护服、医用床单、病员服等。该领域有代表性的最新研究成果：

宏大研究院有限公司承担了“多头纺熔复合非织造布设备及工艺技术”项目。项目组研究了纺粘、熔喷以及纺粘 / 熔喷复合非织造集成技术等，建成了 3.2m 幅宽的 SMXS 非织造布设备，其中熔喷部分可以在线或离线复合，配备后整理设备，产品的终端面向“三抗”手术衣、隔离服等高端医用产品。该项目开创性地进行了熔喷模头可移动系统设计，实现了熔喷系统离线单独生产功能，使一条多头纺熔非织造布生产线可生产纺熔复合非织造布、纺粘非织造布、熔喷非织造布，大大降低了用户企业的设备投资成本、节省了厂房空间，提高了用户企业适应市场变化能力。该项目实现了纺粘和熔喷非织造布的在线高速复合生产，形成了纺熔复合及后整理的整套设备和工艺技术，整体技术达到国际先进水平。项目于2012年获得中国纺织工业联合会科技进步奖二等奖，2013年香港桑麻纺织科技奖二等奖。

3. 新型卫生用品

新型卫生用品包括：以生物可降解、抗菌、超吸水等功能性纤维为原料开发的婴儿尿布、妇女卫生用品、成人失禁用品、湿纸巾和工业擦拭布等。该领域有代表性的最新研究成果：

海斯摩尔生物科技股份有限公司最近开发了一种以壳聚糖为原料生产的天然抑菌纤维，商品名“海斯摩尔”。用该纤维生产的止血棉、纱布、绷带、敷料贴等，因海斯摩尔带正电荷，能主动吸引带负电荷的血小板，血小板堆积形成暂时性松散栓子，可以快速成功地止血，有效止住动脉出血和各种急性出血等；用于烧伤、植皮、切皮部分的保护，在伤口与敷料间形成湿润的凝胶体保护层，有效促进伤口愈合。

杭州诺邦无纺布有限公司最近开发了 HiGown 木浆复合水刺面料，可有效阻隔手术中血液、脓液、细菌、微生物对医护人员的渗透及二次感染，其优良的透气性和舒适性非常接近传统棉制品。HiGown 产品通过原纸浆粕预分解工艺、阶梯式高压工艺、在线双烘双浸双轧工艺、分区复合加固工艺实现了医疗卫生防护服的性能要求。

（二）过滤与分离用纺织品的发展

近年来，由于国家和社会对 PM2.5 等空气污染问题的高度关注，促使国家严格执行火电、冶金和水泥等行业的排放标准，甚至提高标准，此举会推动相关行业较大规模地新建、改建袋式除尘系统，给过滤用纺织品领域的发展带来较大机遇。

1. 耐高温、耐腐蚀过滤材料

耐高温、耐腐蚀过滤材料的研究重点：开发可用于钢铁、水泥、冶金等行业的耐高温、耐腐蚀、高吸附、长寿命袋式除尘过滤材料等。该领域有代表性的最新研究成果：

长春高琦聚酰亚胺材料有限公司是目前世界上最大的聚酰亚胺纤维生产基地。公司致力于耐高温聚酰亚胺纤维——轶纶的研究，轶纶的显著特性是在高温条件下能够保持长期的性能稳定，纤维本身无明显的玻璃化转变温度，热分解温度达到570℃。使用轶纶制作的滤袋在280℃的高温中可长期适用，能耐受瞬间高温达360℃的冲击。在这种环境下轶纶能够保持长期的尺寸稳定性，并具有良好的力学性能、对粉尘的优异过滤性能以及良好的化学稳定性。2011年年底，该公司开始对轶纶滤料在不同工矿行业进行挂袋实验，经过了一年多的跟踪观察，各项指标均能达到国外同类产品水平，有些指标甚至超越国外同类产品指标。2012 年 8 月，该项目通过了中国环境科学学会主持的聚酰亚胺纤维（PI- 轶纶）技术和产品鉴定，鉴定认为，PI- 轶纶技术及产品填补了国内聚酰亚胺纤维生产和产品的空白。长春高琦聚酰亚胺材料有限公司投入大量精力应对 PM2.5。一方面积极从原料角度出发，改进纤维的性能；另一方面联系上下游企业，合作开发新型滤料产品。代表性产品有：超密面层滤料、基于三叶形纤维的滤料、梯度滤料等。

针对大气中的微细粒子和 PM2.5 控制，东北大学、东华大学和部分企业近年来相继开发了表面超细纤维梯度滤料，特别是海岛纤维、纳米纤维和超细玻璃纤维和改性玻璃纤维研制等方面已实现突破，初现曙光。海岛纤维、超细面层针刺毡或梯度结构针刺毡的用量增加，该种滤料具有表面过滤作用，有利于清灰，与覆膜滤料相比，其面层更加牢固。

2. 中空纤维及膜材料

中空纤维液体过滤材料的研究重点：加强中空纤维纺丝技术、膜技术的研究，研发可用于污水深度治理、水净化等领域的中空纤维膜材料。该领域有代表性的最新研究成果：苏州大学、天津工业大学、苏州天立蓝环保科技有限公司、邯郸恒永防护洁净用品有限公司共同承担并完成“功能吸附纤维的制备及其在工业有机废水处置中的关键技术”项目。项目组在对工业有机废水污染体系和污染物分子结构特点分析基础上，针对性地设计合成具有特殊结构的聚合物，再采用特殊的纺丝成形技术，开发出对有机污染物快速、高容量、选择性吸附的纤维材料。突破了化学纤维只能具有线性大分子结构的传统观念，攻克了含大分子交联结构的有机物吸附功能纤维的关键技术，开发了系列有机物吸附功能纤维及其非织造布产品，极大地拓宽了合成吸油材料的应用范围。该技术 2012 年获得中国纺织工业联合会科技进步奖一等奖。

3. 医药、化工、食品、造纸等加工领域用过滤材料

医药、化工、食品、造纸等加工领域用过滤材料的研究重点：提高单丝高密织造技术水平，开发推广具有分离精度高、抗菌、高导湿等性能的过滤材料，扩大其在医药、化工、食品、造纸等领域的应用。该领域有代表性的最新研究成果：

天津工业大学融合智能材料与膜分离技术，以聚偏氟乙烯（PVDF）为基膜材料，采用碱处理方法将温敏 N- 异丙基丙烯酰胺（NIPAAm）单体与 PVDF 接枝共聚，通过干 / 湿法纺丝工艺制备了孔径可由温度调节的 PVDF 中空纤维智能膜。该项目技术产品通过控制分离介质温度可实现对牛血清蛋白、葡聚糖、普鲁兰多糖等分子量不同物质的有效分离，牛血清蛋白分离回收率可达到 93% 左右，实现了只用 1 种膜就可分离混合液中不同组分物质的目的，解决了多组分物质分离时需使用孔径不同膜分级分离的问题，对简化工业生产中药物分离、生物分离等工业过程，降低分离成本具有重要的意义。此方法在国内外尚属首创，获授权国家发明专利 5 项，并获 2012 年中国纺织工业联合会科技进步奖二等奖。

江南大学将不同质量比的聚乙烯醇（PVA）、壳聚糖（CS）和硝酸钇溶于醋酸溶液中，然后利用静电纺丝的方法进行纺丝，得到壳聚糖 / 聚乙烯醇 / 钇纳米纤维膜，可对六价铬

Cr（VI）进行有效吸附。研究结果表明，壳聚糖/聚乙烯醇/钇纳米纤维膜对金属离子的吸附是基团与基团的螯合作用，pH 值为 4 时吸附效果最好，吸附等温线符合 Langmuir 吸附模型，对 Cr（VI）的吸附饱和量为 38.48mg/g。

（三）土工与建筑用纺织品的发展

土工与建筑用纺织品的发展与我国基础设施建设投资密切相关。自 2012 年下半年开始，我国的铁路建设投资恢复增长，水利、环境投资持续增长，给行业的发展提供了巨大的市场。

1. 功能性土工布、土工膜（格栅）

功能性土工布、土工膜（格栅）的研究重点：开发高强定伸长土工布，提高高铁专用结构层土工材料在不稳定工作温度下的持久耐磨性。

该领域有代表性的最新研究成果：土工膜是以塑料薄膜作为防渗基材，与非织造布复合而成的土工防渗材料的防渗性能主要取决于塑料薄膜的防渗性能。广东茂名石化研究院最新研发出高密度聚乙烯土工膜专用料 TR400M，该土工膜采用己烯共聚，具有极好的抗开裂性、熔体强度和加工性能，可用于垃圾填埋场防渗漏工程、高铁滑动层、隧道机场的基础防水树脂材料。2012 年 4 月，TR400M 通过了国家化学建筑材料测试中心标准认证测试，产品光面膜、糙面膜性能指标符合住建部 CJ234–2006 和国际 GRIGM–13 等标准的要求。

2. 新型建筑用纺织品

新型建筑用纺织品的研究重点：开发轻型建筑用永久性膜结构材料；推进新型纤维增强防裂材料、内墙保温节能非织造布、隔声阻燃材料、建筑室外遮阳材料的产业化。

该领域有代表性的最新研究成果：安徽皖维高新材料股份有限公司承担了“混凝土用改性高强高模聚乙烯醇（PVA）纤维的研发及产业化”项目。项目在原有聚乙烯醇生产工艺的基础上，对聚合过程中的物料停留时间、溶剂配比、引发剂用量、聚合温度等工艺条件进行优化和调整，研制出具有较窄分子质量分布、较少支链和高立体规整度的聚乙烯醇，为实现聚乙烯醇纤维分子链的高度取向结晶和高倍拉伸奠定了基础。项目产品填补了国内空白，已成功应用于国内多个工程中，对混凝土的增强和抗裂效果明显，打破了国外对混凝土用聚乙烯醇纤维市场的垄断。项目于 2012 年获得中国纺织工业联合会科技进步奖三等奖。

3. 高技术土工合成材料

高技术土工合成材料的研究重点：开发带有光纤传感器（地基工程用）和相关监控系统的智能土工织物；开发应用在地铁、隧道等高要求工程中的防渗、排水土工合成材料。

该领域有代表性的最新研究成果：山东宏祥化纤集团有限公司是国家经济贸易委员会土工材料定点生产企业，是国内土工用纺织品行业龙头企业。多年来，山东宏祥集团不断增加研发投入，提高产品质量和科技含量，增强企业核心竞争力。2012年，公司研发成功两类高技术土工合成材料，分别是“自主排气（DJPZ）新型防水土工材料”和“隧道用耐高温耐腐蚀土工材料”，这两类产品对于地铁、隧道等高要求工程中的防渗、排水具有重要的应用价值和现实意义。

（四）交通工具用纺织品的发展

纺织工业第十二个五年发展规划将交通工具用纺织品列为重点发展领域。目前，我国车用纺织品的销售量正以每年15% ~ 20%的速度递增，但我国车用纺织品却发展缓慢，大量车用纺织品，尤其是高档车用纺织品依靠进口，因而车用纺织品市场潜力巨大。

1. 车用座椅内饰面料

车用座椅内饰面料的研究重点：研究车用座椅面料的纤维选择、面料设计与织造、后整理技术等；研究新型功能性、环保性合成革加工技术，开发具有良好回弹性、柔软性、仿真性、透气性的生态型超细纤维合成革，满足中高档轿车配套要求。该领域有代表性的最新研究成果：

为配合吉林省汽车产业和轨道客车产业经济的迅猛发展，促进高档客车内装饰面料的高档化、舒适化和功能化，吉林洮南恒盛毛纺织有限公司、长春工业大学、吉林洮南富邦毛纺织有限公司共同开发了高档客车内饰功能化毛织物面料。项目采用优质64支澳毛加导电纤维混纺，羊毛染色后经特种阻燃剂处理，赋予织物阻燃和防静电功能。织物设计采用经纱50tex × 2和纬纱50tex × 3双层厚重设计。细纱、倍捻、蒸纱采取皮辊大压力、大隔距、低车速，蒸纱降低10℃；织造采取粗钢筘，布边4根平纹锁边，不用折边器；后整理采取加大煮呢和蒸呢压力等技术措施解决了诸多技术难点，成功生产出符合要求的高档车用座椅面料。

东华大学、上海申达川岛织物有限公司、上海融越纺织品科技有限公司共同研究了车用涤纶座椅面料的阻燃整理方法。项目通过多异氰酸酯（TDI）与聚醚多元醇预聚反应，制得阳离子水性聚氨酯乳液，然后与阳离子磷系阻燃剂、无机添加剂和增稠剂一起制得阻燃涂层胶。通过垂直燃烧法、极限氧指数、烟密度与烟毒性测试、热重分析和差热分析等，表征阻燃涂层胶用于涤纶织物的阻燃整理效果，并分析其阻燃机制。试验结果证实，阻燃涂层胶对涤纶织物促进成炭的凝聚相作用非常明显，阻燃效果、烟密度与烟毒性等指标均达到法国NFF16-101-1998标准。

闽江学院针对涤纶汽车座椅面料的拒水拒油整理，研究了有机氟整理剂FG-910的整理工艺对拒水拒油效果的影响，得到座椅面料拒水5级、拒油7级的最佳工艺参数；并对整理前后织物的透湿性、透气性、耐磨性等物理性能进行测试。结果表明，整理后织物的拒水拒油效果明显，透湿性、透气性、耐磨性在允许的范围内，通过优化工艺参数可赋予织物拒水5级、拒油7级的性能。

2. 其他车用纺织材料

其他车用纺织材料的研究重点：突破安全气囊的纤维、面料、制品加工产业化技术；提高安全带用纤维强力、耐磨以及耐气候性能；扩大非织造布在车内过滤材料、缓冲消音装置、隔热填充材料中的应用。

该领域有代表性的最新研究成果：上海日之升新技术发展有限公司将先进的复合材料改性技术及特殊的加工工艺相结合，最近成功研发了具有低VOC和综合性能优异的PP复合材料。该材料已成功用于低VOC值的汽车内饰件，如安全带护壳、耐刮控门板等。它具有优异的综合性能，同时易于大型制件的成型加工，满足汽车内饰件的力学性能及加工方面的要求。

上海七杰新材料公司整合数种先进工艺技术，最近开发出了一种圣纱复合型汽车吸音材料。该材料的作用原理为：当声波振动通过纤维间的孔隙时，在摩擦损耗等作用下导致声波的能量转化成热能，从而起到不同频率声波的有效屏蔽与隔离效果。除了用于中高级汽车外，还可以广泛用于高铁、游艇、邮轮甚至飞机等其他交通工具上。北京东纶科技实业有限公司的汽车内饰用水刺非织造布系列产品的开发获2013年香港桑麻纺织科技奖二等奖。

3. 多功能篷盖材料

多功能篷盖材料的研究重点：研究基布织造技术、宽幅涂层技术，开发具有紧密度大、轻质高强、自清洁、防水、耐气候、防辐射等特性的新型篷盖材料。

该领域有代表性的最新研究成果：天津工业大学选用阻燃涤纶和热塑性PP/PE复合纤维（ES纤维）为原料，经针刺工艺和轧光工艺制成了阻燃针刺非织造布，可广泛用于汽车顶篷、地板、行李箱等部位的装饰以及过滤材料等。研究结果表明，随着针刺非织造布面密度的增大，材料的硬挺度增大，力学性能、阻燃性能提高，而透气性下降；同时，轧光整理也使得材料的硬挺度增大，力学性能、阻燃性能提高，而透气性下降。

（五）安全与防护用纺织品的发展

目前安全与防护用纺织品已经越来越普遍地走入服饰领域，许多新兴产业的兴起和对健康、安全意识的加强、安全生产法规的健全，使人们对安全与防护用纺织品的性能要求越来越高。

1. 防弹防刺纺织品

防弹防刺纺织品研究重点：提升超高分子量聚乙烯、芳纶等高强纤维的应用技术，解决防弹防刺面料加工技术，实现柔性复合防刺防割面料的产业化。

该领域有代表性的最新研究成果：苏州兆达特纤科技有限公司于2008年1月在常熟市新材料产业园成立，占地面积超过10万m^2。2010年，公司在原有百吨规模对位芳纶工业化中试的基础上，组织实施“年产1000t对位芳纶纤维高技术产业化工程项目”，项目被列入国家“863”计划重点项目和国家高技术产业发展项目计划，并于2011年6月建成投产。2012年3月通过了中国纺织工业联合会的科技成果鉴定。该公司通过多年的自主研发，已成功地掌握并拥有了对位芳纶聚合、纺丝、溶剂回收等关键核心制造技术，拥有自主知识产权的发明专利和实用新型专利23项，总体技术达到了国际先进水平，也是迄今为止，国内第一家用国产原料、国产设备实现对位芳纶正常连续化生产、销售的千吨级产业化的企业。产品先后成功应用于军用搜爆、排爆服、新型装甲武器防弹材料的国产化，以及天宫一号与神舟飞船的发射对接等；同时大量应用于光缆、通讯、电子、橡胶制品、高性能复合材料、生命防护等领域。

2. 功能性防护服装

功能性防护服装的研究重点：开发具备耐超高 / 低温、隔热、阻燃、毒气分解、防辐射等多功能的防护面料；研制新型消防服、抢险救援服、矿工防护服、防生化服、电焊防护服等产品。

该领域有代表性的最新研究成果：3T面料是烟台泰和新材料股份有限公司最新开发的一种面料。公司利用其在间位芳纶、对位芳纶的技术优势，新近开发了全球独有的芳纶基导电纤维，并将这3种产品按照特定比例混纺做成了芳纶特种防护面料，即泰美达3T面料。该面料断裂强力突出，阴燃续燃时间更短，可低至0s，能够为穿着者提供更好的安全保障。由于该面料性能指标在国内外同类产品中杰出的性能，使得该产品正逐渐成为灭火防护服中应用最广泛的阻燃耐高温防护面料之一。

3. 消防救生用纺织品

消防救生用纺织品的研究重点：研发并推广消防专用灭火毯，高强、阻燃、轻质救生索、安全绳等产品。

该领域有代表性的最新研究成果：浙江石金玄武岩纤维有限公司一直致力于玄武岩纤维的研究与开发，其目标是建设国内乃至世界最大的玄武岩纤维及其复合材料生产基地。玄武岩纤维是高性能纤维中短板最小也是最少的品种，综合性能最优化，可与芳纶混纺，用于制作消防隔热服的里层面料。该公司一直坚持自主技术创新，从最初试验的200孔拉丝板，到第二代产品400孔翻一番，目前1200孔拉丝板已能稳定生产，能耗比原先降低了一半。2012年下半年至今，公司科研攻关团队拟实现2400孔数，为提高产能规模奠定基础。目前，公司拥有世界最先进的全电熔炉玄武岩熔融拉丝生产技术，可以控制生产单丝直径5.7μm的连续玄武岩纤维，先后承担完成9个国家级研究课题。

（六）结构增强用纺织品的发展

结构增强用纺织品主要应用在风力发电叶片、传输、航空航天等领域，原材料包括玻璃纤维、碳纤维、芳纶纤维和陶瓷纤维等。

1. 风力发电叶片用骨架材料

风力发电叶片用骨架材料的研究重点：采用碳纤维开发 2.5ΩW 以上规格的风力发电叶片用骨架材料，提升碳纤维预浸料技术、碳纤维 / 玻璃纤维混杂编织技术以及相关的真空导入工艺技术水平。

该领域有代表性的最新研究成果：常州市宏发纵横新材料科技股份有限公司是立足于新能源产业高性能纤维复合材料织物应用的专业制造商，引进世界最先进的双轴向与多轴向经编机，采用玻纤、碳纤、芳纶、高强 / 高模涤纶等高性能纤维生产增强织物、结构件、热塑板材。“十二五”期间，公司承担了国家“863”计划“碳纤维织物制备与应用关键技术研究”课题。该公司是中国风电叶片玻纤经编复合材料最大的制造供应商，成功研制出国内第 1 根 39m 长复合材料风力发电叶片大梁。公司从 2010 年开始研制连续纤维增强热塑板材，2012 年第 1 条生产线已经正式投产。

2. 航空、航天及电网传输用骨架材料

航空、航天及电网传输用骨架材料的研究重点：运用碳纤维、芳纶等高性能纤维，开发在航空航天、交通运输、海洋石油、智能电网、救生装备等高端市场应用的骨架材料。

该领域有代表性的最新研究成果：江南大学、南京海拓复合材料有限责任公司、南京航空航天大学共同承担并完成“三维机织多层增强材料的成套生产技术研发”项目。项目根据材料不同应用领域及应用要求，自主研发了可用于三维机织多层增强材料预制件的成套加工装备；开发了三维正交、2.5 维角连锁，以及中空夹芯等系列三维机织多层增强材料预制件；采用 RTM（树脂传递模塑）等成型工艺对预制件进行复合成型，得到系列三维机织多层增强复合材料。开发的系列增强结构复合材料具有优异的整体性能，克服了传统层合板，以及蜂窝 / 泡沫等夹芯材料易分层、不耐冲击的缺点，已成功应用于风力发电叶片、轨道交通等领域。

东华大学、中材科技股份有限公司、常州市武进五洋纺织机械有限公司、常州市第八纺织机械有限公司共同承担并完成“航天器用半刚性电池帆板玻璃纤维经编网格材料开发”项目。该项目突破了专用柔性高强玻璃纤维纱的制备技术；研制了专用增强型浸润剂；首创了玻纤纱可编织性能的表征、测试方法并创新设计制作了专用测试装置；研制了专用整经机磁粉张力罗拉，大张力液态阻尼张力器，突破了高强玻璃纤维整经技术难题；系统研究了玻璃纤维纱的经编理论、工艺及设备，采用全新成圈机构设计，攻克了高强玻璃纤维纱高密度编织技术难题；开发了专用树脂体系以及张紧技术和装置；开展了半刚性基板网格织物的力学建模和响应分析，解决了玻璃纤维网格织物性能模拟的难题。项目通过了材料级、组件级与整板级静动态力学、耐空间环境等测试，各种性能完全符合空间技术的要求。该项目研制的玻璃纤维经编网格材料作为半刚性电池帆板的关键创新材料已成功应用于“天宫一号”航天器，该技术不仅极大地提高了“天宫一号”的发电量，而且大大地降低了电池翼质量。项目填补了国内空白，打破了国外技术垄断，达到国际领先

水平。该项目2012年获中国纺织工业联合会科技进步二等奖及香港桑麻纺织科技奖二等奖。

三、产业用纺织品学科国内研究进展比较

（一）工艺技术与装备

纺织行业中机织、针织、非织造和各种后整理及复合加工技术不仅在产业用纺织品的加工生产中得到了充分应用，而且较之其他纺织品，无论是工艺技术还是生产装备，要求都更高。从世界范围来看，加工技术都在不断发展，我国也不例外，本文前述“产业用纺织品最新科技成果”即印证了这点。这些成果中有的已达国际先进水平。从生产装备上来看，无论是机织、针织、非织造以及涂层整理和复合加工设备我国都与欧美及日本等发达国家存在着一定差距，有的差距还较大。德国卡尔迈耶公司生产的新型拉舍尔经编机带有平行铺纬装置，成功解决了高速运转中铺纬的难题，这在我国还做不到。该公司现今制造的多轴向经编机转速可达2000r/min，而我国自行制造的高速经编机目前转速只有1000r/min。尽管近些年来我国自行制造的机织设备有了很大的进步，并得到充分的应用，但在很多厚重型产业用纺织品的加工方面还是大量采用进口多尼尔剑杆织机和苏尔寿片梭织机。

在非织造设备方面，欧洲各大生产商的核心产品仍然代表着目前的国际先进水平，以安德里兹集团为例，其门下的NSC干法针刺、Perfojet水刺、Andritzi湿法成网定型、Kosters纺粘热轧共同整合了非织造布领域所有的工艺路线。近年来我国生产企业也进步明显，如Nanoval纺粘新技术、宏大研究院自主开发的纺丝模头、华阳公司国产化宽幅油毡基布题论针刺纺粘、恒天重工的双组分橘瓣复合纺粘水刺、太平洋的双组分皮芯复合等。我国纺粘技术在消化和研发过程中，逐步掌握了一定的核心技术，但在纺丝速度方面部分核心技术仍掌握在国外厂商手中，如纺粘、熔喷喷丝板，国内许多成套提供商仍采用卡森等公司的产品，无论在精度、布孔密度、长径比等方面都有差距，机械速度、单机产量方面仍有不小的差距。欧洲形成了法国NCS、德国Truetzscher、德国Diro、瑞士Oerlikon和奥地利Andritz等5家大型非织造机械生产集团及诸多有特色的后整理专用设备制造商。多功能后整理或组合的功能后整理是我国发展的瓶颈。

（二）纤维材料开发与应用

产业用纺织品纤维材料囊括了所有高技术纤维，欧美日等国家从20世纪70年代末就先后开发出碳纤维、芳纶、聚酰亚胺纤维、高强高模聚乙烯纤维等一系列高技术纤维，都在产业用纺织品上得到充分应用。除个别品种外，我国高技术纤维研究开发整体上起步较

晚，但近些年来一些品种取得了突破性的进展。

碳纤维长期为日美等国垄断，日本占全球产能 78% 左右。我国近年来相继有 20 多家企业投入开发。已建成的和在建的产能累加有近 8 万 t，但无论在实际产量与质量上来看还有日可待，不过近两年也有可喜之处，T300 型碳纤维已可立足国内，江苏中复神鹰和常州中简科技等企业已具备生产 T800 和 T700 的能力，并有数百吨的年产量。

芳纶 1414 纤维主要为美国杜邦公司与日本帝人公司主打世界市场，年产能分别为 3.7 万 t 和 2.6 万 t。我国近些年相继有一批高校、科研院所和企业集团先后入围这一领域，并取得了重大进展，其中烟台泰和新材料股份公司、苏州兆达特纤科技有限公司、江苏仪征化纤股份有限公司和上海艾麦达纤维科技有限公司（与东华大学联合开发）等都在技术上和产能上有较大突破，国内已建和在建产能约为 300 t 左右，但距真正达到经济型大生产还有一定的路程。

芳纶 1313 过去主要为美日雄霸天下，前几年我国烟台泰和新材料股份公司成功投产并扩产改变了这一领域的世界格局。目前，美国杜邦公司的产能约 25000t/y，日本帝人约 2300t/y，而我国烟台泰和新材料股份公司已达 5600t/y，已成为世界上第二大芳纶 1313 产商。此外，广东新会彩艳股份有限公司也有 1000t/y 的产能。

高强高模聚乙烯纤维是继碳纤维和芳纶 1414 之后的第 3 大高性能纤维，过去主要是荷兰 DSM 公司和美国 Honeywell 公司生产，并供应全世界市场，我国 20 世纪 90 年代由中国纺织大学（现东华大学）的技术开花结果，陆续有湖南中泰特种装备有限公司、宁波大成特种纤维有限公司和北京同益中特种纤维技术开发有限公司建成投产。目前世界总产量约 1.45 万 t，荷兰 DSM、美国 Honywell 和日本 Toyobo 共约 8500t，湖南中泰特种装备有限公司、北京同益中特种纤维技术开发有限公司、宁波大成特种纤维有限公司、上海斯瑞高分子材料有限公司、山东爱迪高分子材料有限公司、慈溪中溢特种有限公司、常熟秀珀有限公司等合计约年产 6000t。

我国的 PPS（聚苯硫醚）纤维使用量占世界的 60%，PPS 纤维过去为日本东丽和东洋纺公司雄踞世界市场多年。近年来我国在这一领域已取得突破性进展，目前我国生产 PPS 纤维的企业有 8 家，产能达 2 万 t，2012 年实际产量 2500t 左右。比较有代表性的企业有四川德阳科技有限公司、锦竹安费尔高分子材料有限公司和江苏瑞泰科技有限公司，其技术支撑为中国纺织科学研究院和四川省纺织科学研究院。但我国 PPS 纤维存在生产不稳定、消耗比较大、不能有效降低成本等问题，且树脂纯化及溶液回收体系等方面的水平与发达国家仍存在很大差距。

发达国家 P84、Kemell、PBO 等纤维开发应用已有多年历史，并广泛应用于产业用纺织品领域。目前我国在 PBO、聚芳酯纤维、聚甲醛纤维等方面的研究开发取得了较大的进展。有的已接近工程化生产，但与国外还有较大差距。我国也有自己的东西，如芳砜纶纤维是我国完全具有知识产权的一个高技术纤维，上海纺织（集团）有限公司所属上海特安纶有限公司已具有千吨级生产规模，其产品在很多应用领域可与芳纶 1313、PPS 及聚酰亚胺类纤维发挥同等作用。

（三）产品市场与应用

欧、美、日等发达国家产业用纺织品与服饰纺织品、家用纺织品的比例大体相当，即各占1/3左右。我国近些年产业用纺织品虽在迅速发展，但纤维用量仍没超过20%，主要原因是我国的内需还有很大的市场份额没被渗透，另一原因即要全面提升各类产品的质量，增加出口份额。

近几年我国医疗与卫生纺织品出口增幅较大，主要对象是美国、欧盟和日本等国家，证实了这些国家对该领域的重视。反观我们是13亿人口的大国，医疗与卫生用纺织品的应用量还有很大的缺口，因而应加大在该领域普及应用的宣传与投入。

尽管受大环境影响，2012年我国过滤与分离用纺织品未现上升势头，但近年沙尘、雾霾的影响已促使各级部门对环保引起极大重视，冶金、发电、水泥等行业对袋式过滤要求迫切，这为高档过滤材料的应用带来了极好的机遇。

发达国家地基本建设的质量与基建过程中的环境保护非常重视，因此土工用纺织品用量大，质量要求高。我国这一领域还有较大差距，但随着铁路和高速公路投资的恢复性增长以及对基建过程中的环境保护的重视，土工用纺织品不论是量还是质（包括品种类别的增加）都有新的增长点。

交通工具用纺织品方面，我国与欧美日等国在产品质量及标准体系上还有一定差距，毕竟我国晚起步多年。但随着我国近年来高铁和商用飞机的发展，以及日、美、欧系汽车国产化，迫使我们在该领域给予了必要的重视并加大了研发和生产投入，也取得了系列成果，今后若干年都会在量和质的方面有较大的增长。

四、产业用纺织品学科发展趋势与展望

（一）医疗与卫生用纺织品

第一，加强人造皮肤、可吸收缝合线、疝气修复材料等组织器官替换材料，以及透析材料等生物医用纤维和制品的开发研究，突破特殊纺丝成形加工技术以及组织器官成型、功能涂覆技术，提高生物相容性，实现部分产品进口替代目标。

第二，开发生产基于非织造布材料的医用一次性手术衣、一次性防护口罩及手术铺单，提高病毒阻隔过滤效率、抗菌吸水或阻水性能，提高材料柔软、透湿、透气等服用性能，满足急性传染病、高感染几率手术防护要求；开发基于长丝织物的耐洗涤、抗静电重复用手术衣；开发实验室专用防护服，推广具有耐久抗菌、抗污功能的医用床单、病员服。

第三，采用生物可降解、抗菌、超吸水等功能性纤维原料，提升婴儿尿布、妇女卫生用品、成人失禁用品、功能湿巾和工业擦拭布等产品的技术性能指标。重点开发面层材料

和导流层材料，研究开发材料的可降解性能，提高面层材料的柔软性和功能性，以及导流层的蓬松性和复合化，增强可持续的差动导流性能。

（二）过滤与分离用纺织品

第一，研究耐高温、耐腐蚀、高吸附、长寿命袋式除尘材料，提高高性能纤维的可加工性能，减少加工过程对纤维功能的损伤，分别满足高温、高粉尘量、高酸性、高氧化性等气体的过滤需求，解决袋式除尘在钢铁、水泥、冶金等行业应用技术问题。

第二，加强中空纤维纺丝技术和膜技术研究，提高中空纤维膜通透量和抗污染性，扩大其在污水深度治理、水净化等领域的应用；研究生物材质中空纤维膜材料制备技术，突破中空纤维在血液净化器或膜式血液氧化器等体外过滤器中的应用。

第三，提高单丝高密织造技术水平，开发推广具有分离精度高、抗菌、高导湿等性能的滤料，扩大在医药、食品等领域的应用；研究微纳米复合纤维非织造超精细过滤材料，扩大在精细化工领域的应用。

（三）土工与建筑用纺织品

第一，开发高强定伸长土工布，提高高铁专用结构层土工布材料在不稳定工作温度下的持久耐磨性；加强防水卷材基布技术研究，提高防水卷材的强力、热稳定性及使用寿命。

第二，发展生物可降解天然纤维土工布、生态型垃圾填埋用复合土工布膜，提高土工用纺织品生态相容性，减少环境破坏。推广秸秆、树皮、椰壳等生物质天然纤维土工布在人工栽培、生态修复、沙漠化治理等工程中的应用。

第三，突破轻型建筑用永久性膜结构材料的产业化技术，提高膜结构材料强度、耐老化性能、自清洁性能；推进新型纤维增强防裂材料、内墙保温节能非织造布、隔声阻燃材料、建筑室外遮阳材料的产业化；提高防水防渗基材质量水平，扩大建筑难燃保温隔热材料的应用，提高建筑防火安全等级。

第四，探讨带有光纤传感器（地基工程用）和相关监控系统的智能土工织物开发，一体化提供土壤加固、结构安全监控和预警等功能；开发应用在地铁、隧道等高要求工程中的防渗、排水土工合成材料，提高非织造布、排水板、膜等多种材料的系统性复合加工工程技术。

（四）交通工具用纺织品

第一，研究车用座椅面料的纤维选择、面料设计织造及后整理技术，提高内饰制品的强吸附、防异味、抗菌、阻燃、防霉防蛀、自清洁等性能水平；研究新型功能性合成革加工技术和绿色环保加工技术，开发具有良好回弹性、柔软性、仿真性、透气性的生态型超细纤维合成革，满足中高档轿车配套要求。

第二，研究基布织造技术和宽幅涂层技术，开发具有紧密度大、轻质高强、自清洁、防水、耐气候、防辐射等特性的新型篷盖材料。

第三，突破安全气囊的纤维、面料、制品加工一条龙产业化技术，提高安全带用纤维强力、耐磨以及耐气候性能，扩大非织造布在车内过滤材料、缓冲消音装置、隔热填充材料中的应用。

（五）安全与防护用纺织品

第一，提升超高分子量聚乙烯纤维、芳纶纤维等高性能纤维的应用技术，解决防核辐射、防弹防刺、生化纺织面料加工技术，实现柔性复合防护面料的产业化。

第二，加强功能整理研究，开发同时具备耐超高 / 低温、隔热、阻燃、毒气分解、防辐射等多功能的防护面料；研制新型消防服、抢险救援服、矿工防护服、防生化服、电焊防护服等产品。

第三，研发并推广消防专用灭火毯，高强、阻燃、轻质救生索、安全绳。

（六）结构增强用纺织品

第一，采用高强低缩纤维，开发强力高、变形小的工业输送带、传动带用骨架材料，扩大在化工、食品、矿山、纺织机械等领域的应用。

第二，运用碳纤维、芳纶等高性能纤维，加强织物设计和织造成型技术开发，提高骨架与基材的结合性能，开发在航空航天、交通运输、海洋石油、智能电网、救生装备等高端市场的应用。

参 考 文 献

[1] 国家发展与改革委员会，工业与信息化部，国家质检总局．产业用纺织品“十二五”发展规划［R］．2011.

[2] 中国纺织工业联合会科学技术奖励办公室．中国纺织工业联合会科学技术奖主要成果及完成单位简介［S］．2012.

[3] 王虹，张哲．见证海斯摩尔的奇迹访北京华兴海慈生物科技有限公司总经理刘林［J］．纺织服装周刊，2013（32）：97.

[4] 韩竞．来自海洋的蔚蓝色涌动：海斯摩尔生物科技有限公司新纤维开发纪实［J］．非织造布，2012（5）：49-50.

[5] 王宁．长春高琦开发铁纶纤维多用途［J］．非织造布，2013（2）：71.

[6] 李黎．长春高琦顺利完成聚酰亚胺纤维技术鉴定［J］．非织造布，2012（4）：37-38.

[7] 陈泽芸，王荣武，张贤淼，等．熔喷材料超细纤维直径的测量方法探讨［J］．东华大学学报：自然科学版，

2012，38（3）：266–271.

［8］韩晓建，黄争鸣，黄晨，等. Nylon6–TiO_2杂化超细纤维的制备与表征［J］. 复合材料学报，2011，28（4）：156–161.

［9］李波. 功能吸附纤维：环保新卫士［J］. 纺织导报，2013（4）：100.

［10］马肖，徐乃库，肖长发，等. 反应挤出熔融纺丝法制备聚甲基丙烯酸酯吸附功能纤维及其性能研究［J］. 功能材料，2013（2）：177–181.

［11］项海，金丽霞，程向东，等. PVDF中空纤维膜紫外接枝表面改性研究［J］. 水处理技术，2013，39（7）：46–49.

［12］孙武，王泉，王能才，等. 国产PVDF中空纤维膜在炼油废水深度处理回用中的应用［J］. 石油炼制与化工，2013（3）：79–82.

［13］蒋岩岩，秦静雯，王鸿博. 壳聚糖/聚乳酸复合纳米纤维的制备及抗菌性能研究［J］. 材料导报，2012（18）：74–76.

［14］朱天戈，刘畅，丁金海，等. 高密度聚乙烯土工膜拉伸性能各试验方法标准的差异［J］. 塑料，2011，（5）：106–109.

［15］韩竞. 南水北调经验谈：访山东宏祥化纤集团有限公司董事长崔占明［J］. 非织造布，2012（5）：44–45.

［16］王建刚，严涛海，谢金美. 涤纶汽车座椅面料拒水拒油整理［J］. 轻纺工业与技术，2012，41（3）：24–27.

［17］上海日之升推环保机械类玻纤增强PP材料［J］. 塑料科技，2011（12）：66.

［18］金银山，任元林，董二莹. 汽车内饰用阻燃针刺非织造布的性能影响因素［J］. 纺织学报，2013，34（3）：55–58.

［19］刘兆峰，曹煜彤，胡盼盼，等. 对位芳纶产业化现状及其发展趋势［J］高科技纤维与应用，2012（3）：1–4.

［20］赵东瑾. 让芳纶“国造”扬起风帆：泰和新材芳纶项目打破国际垄断［J］. 非织造布，2012（5）：46–47.

［21］张曙光. 泰和新材联手兰精开发防护服市场［J］. 纺织服装周刊，2012（14）：27.

［22］胡显奇. 我国连续玄武岩纤维产业的特征及可持续发展［J］. 高科技纤维与应用，2012（6）：19–24.

［23］谈昆伦，刘黎明，刘千，等. 缝合对复合材料力学性能的影响［J］. 江苏纺织，2012（S1）：32–34.

［24］王梦远，曹海建，钱坤，等. 三维机织夹芯复合材料的制备与压缩性能研究［J］. 材料导报，2013（Z1）：252–255.

［25］曹海建，钱坤，魏取福，等. 三维整体中空复合材料压缩性能的有限元分析［J］. 复合材料学报，2011，28（1）：230–2234.

［26］王山山，邵蔚. 当航天再次邂逅纺织讲述“天宫一号”玻璃翅膀背后的故事［J］. 纺织服装周刊，2011（47）：16–18.

［27］韩竞. 陈南梁. 走过30年科研路：喜获2012年桑麻纺织科技奖一等奖、纺织之光科技进步奖三等奖［J］. 非织造布，2012（6）：24–25.

［28］冯学本，王宁. 国内外非织造布的新进展及趋势：二［J］. 技术纺织品，2013（2）：74–77.

撰稿人：陈旭炜　曹海建　钱　坤　胡京平

服装设计与工程学科的现状与发展

一、引言

近年来国际服装市场持续低迷，我国服装行业整体运行平稳，国内服装消费持续稳定增长。由于国际需求萎缩、国内市场增速放缓、生产成本上升等行业发展制约因素存在，并制约产能增长；同时随着产业集中度逐步提高，大型企业继续保持稳定增长，而中小企业将面临生存危机。服装内销市场竞争更加激烈，个性化、差异化消费得到更多关注，同时企业通过多品牌运作的方式使市场细分进一步加大。服装网上销售市场呈加速发展趋势，但是以价格优势吸引消费者带动的销售增长效应逐渐减弱，消费者网上购买服装的关注点更多转向服务方面。面对需求不旺、成本升高、订单转移、小企业生存困难等困局，我国服装行业走上了转型升级之路，从服装大国向服装强国转变。

作为我国“十二五”的开局之年，2011年服装行业整体运行平稳，经济指标基本正常。但上游企业开工率低，下游经销商库存量大，渠道的压力造成服装行业经营成本的上升和利润率的下降。国际市场持续低迷，服装出口增速明显放缓；2011年，我国服装出口呈现出“数量增长乏力”和“新兴市场增长强劲”两个特征。出口数量增幅明显回落，平均价格持续提升。国内服装消费持续稳定增长，根据国家统计局统计数据显示，2011年1～12月，服装类商品零售额7955亿元，同比增长24.2%。2012年1～11月，服装类商品零售额累计8611亿元，同比增长18.2%。但价格上涨对增长拉动作用明显。面对需求不旺、成本高企、订单转移、小企业生存困难等困局，我国服装行业自觉走上了转型升级之路。

二、服装设计与工程学科发展现状

（一）科技创新发展现状

当前，服装行业进行着以“产业结构调整、发展方式转变”为主题的新一轮产业升级，以此来加强核心竞争力、建立新的增长优势，从规模效应转化到价值增长。作为重要推动力，面对新的机遇和挑战，服装产业应立足于科技创新与产业创新两个方面，科技创新主要表现在服装新材料、服装技术与工程、服装制备、服装信息技术等方面，产业创新主要体现在服装品牌打造、市场营销与管理、服装业信息化数字化等方面。这两方面同时受到行业、企业的关注和重视，主要体现在以下方面。

1. 人体测量技术

三维人体测量技术具有准确、快速等优势，代表了现代人体测量技术的发展方向。该技术对基础人体数据库的建立、服装号型研究、虚拟服装展示、服装合体度、电子商务、大规模量身定制生产等方面有着重要作用，是未来服装企业提供合体服装、实现快速反应的重要技术方法和手段。

目前，国外发达国家的三维人体测量技术已经相对成熟，已有很多商品化的应用，市场上常见的三维人体扫描仪以欧美产品为主等。我国在该领域虽然有所突破，但较国外技术仍有较大差距，还不具备产业化广泛应用的条件。近年来，东华大学、苏州大学、江南大学、浙江理工大学等国内服装专业院校相继引进国外设备，并与企业合作开展了相关研究和应用，积累了一些切实有效的经验和方法。

2. 计算机辅助服装设计

计算机辅助设计（CAD）是服装设计技术的发展方向。我国的服装 CAD 系统多是在借鉴国外技术的基础上进行研发的，经过几十年的发展国内富怡、爱科、至尊宝纺等成为了服装 CAD 系统的开发商和供应商。2009 年发布实施的纺织行业标准《服装 CAD 电子数据交换格式》对服装 CAD 产品和市场进行了规范，推动了 CAD 技术在服装行业的普及。

目前，服装 CAD 技术在更加人性化、智能化、标准化的同时，正在由二维技术向三维、超维技术发展，以实现二维平面设计与三维立体设计之间的关联和转换，利用三维人体扫描仪得到的人体数据，进行三维人体建模与仿真，实现三维服装设计，三维服装向二维衣片的转化等。另外，CAD 技术与网络技术的结合，使得 CAD 技术向网络化、服务化、云端化发展。

3. 自动裁剪技术

服装企业可持续发展能力更多体现在生产自动化信息化程度和设计研发投入，如服装计算机辅助制造（CAM）系统等方面。目前，国产机电一体化自动裁剪技术已经较成熟、性能稳定，裁剪厚度可以适应单层面料和大厚度要求，服装 CAM 普及率快速提高。

4. 自动缝制技术

缝制设备技术逐步从单一的机械结构快速向着光、电、液、声、磁、激光、遥控、传感等多学科交叉的方向发展，自动化、智能化、专业化、高速化等是缝制设备产品的总体发展趋势。

2011 年，工业和信息化部发布了《产业关键共性技术发展指南》，将“纺织制成品智能吊挂流水线系统”列为八项纺织行业关键共性技术之一。服装吊挂流水线（FMS）在国内服装行业的应用加快，有效减少生产准备时间、提高缝制段劳动生产率，使生产管理透明、简易，适应小批量、多品种的服装生产需求。自动缝制单元可自动完成多道工序的缝制、降低缝制工位数量、减少缝制工操作人数。

5. 整烫技术

我国整烫设备技术发展较快，在整烫设备领域取得了跨越式发展，新产品的开发和机电一体化自主创新在不断增强。

6. 自动化立体仓储技术

自动化立体仓库是现代物流系统中迅速发展的一个重要部分，能够提高服装企业仓库的响应速度、配送效率。目前，雅戈尔、美特斯邦威、森马、爱慕、雅莹等国内大型服装骨干企业都已经利用自动化立体仓储技术建立了物流配送中心。

7. 信息管理技术

信息化建设是服装行业科技进步的重要内容，包括生产过程、物流过程、管理决策 3 个主要部分。无线射频技术（RFID）是物联网技术的核心，作为电子识别标签已经在一些大中型服装企业中得到应用。以 RFID 为信息载体，从服装裁片、缝制加工、熨烫管理、仓储配送一直到市场销售、洗涤维护均可实现信息化管理。未来 RFID 技术将大量应用于服装企业生产、仓储和物流配送等领域。未来服装行业企业信息化建设的重点和关键，是信息化系统的行业化开发应用、信息化技术集成应用和信息化建设与先进管理模式结合发展。

8. 服饰数字化虚拟技术

信息时代的虚拟与数字化技术对于服饰文化的存储、展示和传承创新具有不可替代的作用，多维度的数据采集（款式、材质、色彩、配饰）和多层次数据采集（纹饰、结构、材质的物理与化学信息），从 3 个维度（空间维度、时间维度和文化发展维度）来分析和探索服饰艺术、文化等方面的内涵，对于服饰产业创新与时尚的推动是非常行之有效的手段。

（二）学科建设现状

1. 服装专业人才培养

“卓越工程师教育培养计划”是我国在加速创新型人才培育与推进重点产业发展上推出的一项重要举措。2010 年，教育部启动“卓越工程师”培养计划，该计划是贯彻落实《国家中长期教育改革和发展规划纲要（2010—2020 年）》和《国家中长期人才发展规划纲要（2010—2020 年）》的重大改革项目，旨在培养造就创新能力强、适应经济社会发展需要的高质量各类型工程技术人才，为国家走新型工业化发展道路、建设创新型国家和人才强国战略服务。

全国高校纺织工程和服装设计与工程专业已经有多所高校进入国家级、省级“卓越计划”教育教学改革试点，为推动高校人才培养模式改革、培养更多的卓越工程师后备人才搭建了很好的平台。2012 年 12 月，由中国纺织服装教育学会主办、西安工程大学承办的全国高校服装设计与工程专业“卓越工程师教育培养计划”在西安召开。东华大学、西安工程大学、浙江理工大学、北京服装学院、上海工程技术大学等多所服装院校与服装企业共同参加了研讨会，就服装“卓越工程师”人才培养模式改革的探索进行了交流。

2. 国内的主要研究平台及研究团队

（1）现代服装设计与技术教育部重点实验室

依托于现代服装设计与技术教育部重点实验室的平台支撑，在功能防护服装、服装人体工效学、数字化服装技术等前沿领域开展了系统深入的研究。如功能防护服装研究中心致力于研究服装对人体的温度性舒适功能、运动舒适性功能、身体防护功能，以及功能服装研发。

2011 年 7 月，通过与美国公司合作利用国际先进技术建成了火场仿生假人服装热防护性能测评设施——“东华火人”系统，成为功能防护服装研发的重要技术支撑平台。包括模拟中国人体型构造、可在不同活动及姿势下精准感知高温热流、精确预报身体皮肤烧伤程度的燃烧假人，以及模拟火场高危环境的燃烧模拟环境实验室。燃烧假人系统属于服装科学与生物物理学等交叉的前沿科技，是客观全面评价服装整体热防护性能的主要手段。该平台的成功建立，对我国研发热防护新型服装材料，科学合理设计热防护装备，有效遏制火灾、战场和热辐射等危险环境对人体造成的热伤害具有重要的科学价值。另外，2011—2012 年，该团队在国外相关交叉学科 SCI 源刊发表了学术论文 20 余篇，报道了在功能防护服装的研发与性能评价方面的研究成果，在国际上产生了良好影响。如在织物小样实验方面研发了新型的测试装置用于评价服装衣下空气层厚度与微环境湿度、织物含湿量等对热防护性能的影响，同时构建了新型设备并阐明了人体着装后面料在受力变形下其防护性能的变化；在高低温防护服装、高空清洁防护服装、全天候可识别服装、残疾人服装等方面展开了研究。在服装舒适性研究方面，从实验和模型两方面探讨了衣下空气层的表征方法、衣下空气层对服装传热性能的影响、服装表面温度非接触测量与预测。基于藏袍的热调节作用，研究了着装方式对服装热阻的影响，并表征了人体面积因子。在运动服舒适性研究方面，客观评价了服装通风设计对人体生理舒适性的影响。基于CFD模拟了裸体暖体假人的热传递性能，并在假人躯干穿着圆柱形服装，预测了服装表面及人体周围的温度场和流场的分布。在服装的接触舒适性方面，基于脑电仪展开了探索性研究，初步建立了面料力学性能与脑波信号间的关系。客观测评了高温强辐射下相变降温背心的热调节作用。

服装人体工学研究中心，建立了适合于中国人体型特征的东华原型，完成了上海市项目中欧合作电子化量身定做关键技术研究，教育部服装MTM快速反应系统等项目研究，与国内知名服装企业如恒源祥集团、忘不了集团、雅戈尔等合作开发服装版型工艺及进行快速反应系统的联合攻关。近两年，主要研究了服装三维衣领结构模型，建立了女装圆装袖袖窿的三维形态虚拟模型，并对男西装样板结构关键成型技术进行了探讨；分析了服装结构与服装压力之间的关系；基于东华原型研究了服装胸部放松量与人体活动之间的关系，整合了三维人体扫描仪和CAD技术，自动生成服装样板。

（2）现代丝绸国家工程实验室

现代丝绸国家工程实验室开展产业关键技术攻关和新产品开发，凝聚和培养产业技术创新人才，推动丝绸行业的发展。该实验室围绕“数字化丝绸加工技术”、“丝绸产品的生态加工技术”和“功能性蚕丝及其产品的加工技术”等三个研究方向开展研究工作。

近两年，该中心在非接触式三维人体测量系统、人体测量与男裤样板生成一体化系统、男裤样板自动生成系统、服装色彩与图案的视觉认知能力等方面进行了一定的探讨，建立了三维人体扫描与青年男女体特征参数的提取与样板生成系统，并借助于脑电波技术客观地表征对图案和色彩的认知和反应。在防电磁辐射服装、阻燃蚕丝纤维在服装中的应用方面进行深入研究。并对着装压迫对人体生理和运功机能的影响，调查了女性紧身束裤在臀部的压力分布及其对皮肤血流的影响，并进一步研究了绷带对下肢皮肤血流的影响，包括压力大小、加压部位、加压姿势、剪切作用等对下肢皮肤血流的影响，通过Matlab小波进行频谱分析，阐明了压迫对人体皮肤血流影响的作用机制。另外，研究了紧身裤袜对跑步、跳跃等运动机能的影响，分析了下肢着装压力分布对人体运动性能的促进作用。

（3）生态纺织教育部重点实验室

该实验室着重于服装文化与技术、针织服装、经编服装的研究与设计。在生态色素材料与数码印花技术方面形成了鲜明的特色与研究优势，开发出具有自主知识产权的颜料型数字喷墨印花墨水，为数字喷墨印花技术的推广应用奠定了技术基础，为服饰、纺织品色彩研究以及复原等提供了良好的研究基础，并承担了一批国家及省部级重要研究项目。

（4）教育部经编工程中心

经编技术教育部工程研究中心是研究、推广针织新技术的工程研究中心。在服装蕾丝面料、花边、针织无缝服装、针织毛衫的艺术设计与工艺研究领域取得了拓展性的研究成果。目前已成为国际一流、国内最大的针织技术科研创新、交流服务平台，先后承担国家科技支撑项目、江苏省科技成果转化项目、江苏省产学研项目等数十项国家和省部级科研项目和数百项横向合作项目。

（5）服装与家纺研究所

服装与家纺研究所与中国针织工业协会、电脑横机应用中心合作，连续进行针织毛衫流行趋势研究及发布，推动了服装产业的发展。同时，研究所建有民间服饰传习馆，以汉族民间服饰为收藏研究对象，抢救和保护我国汉族民间服饰艺术、传承和发扬汉族民间服饰文化，具有“民族文化”与“时尚艺术”特色，融合科技、工程、美学、市场学、心理学等学科，集科学研究、人才培养、社会服务、开发创新与产业为一体。承担了国家社科基金项目“汉族民间服饰文化遗产保护及其数字化传承创新研究”、国家新闻出版总署“经典中国国际出版工程”等国家级项目 3 项，及教育部社科基金规划项目“近代民间服饰文化遗产中传统工艺复原与传承”等省部级 8 项重大课题，出版了专著及相关学术论文。

（6）北服·爱慕人体工学研究所

北服·爱慕人体工学研究所侧重于人体计测、体型数据库建立与分析、企业定制尺码研究、服装结构理论与应用、创新功能产品设计等研究工作，先后完成了北京市科委、北京市教委及企业的一些项目。其自主研制开发的 Shapeline 外轮廓人体计测分析系统获得国家发明专利授权。致力于传统和民族服饰文化的抢救性研究，承担了全国艺术科学规划课题《中国传统纺织绊丝技艺的抢救性研究》，收集、整理近现代中国服装的发展历史。与广州状态服装设计有限公司建立了北服例外·传统服饰应用研究所，在传统服饰研究方面与服装企业开展广泛的研究和设计合作项目。

（7）服装产品营销研究

香港理工大学主要研究服装产品供应链的管理（协调、风险分析和优化）、销售预测和快速反应服装供应链信息系统、零售定价和服装品牌模型（对策论分析和消费者驱动模型）。T.M. Choi 近期研究成果包括供应链管理中的议价与折扣，高风险系数产品在供应链中的管理整合，VMI 供应链中的风险分析与 REID 技术等。此外，在奢侈品品牌的广告与定价策略方面、时尚领域的色彩趋势预测方面，以及个性化定制背景下的定价与退货政策研究方面此机构学者也有研究成果。

3. 产学研合作

近年来，服装学科产学研合作日趋活跃，形式多样。高校或科研院所与地方企业建立合作基地，浙江纺织服装职业技术学院与宁波市纺织服装龙头企业等联合成立“宁波市纺织服装产学研技术创新联盟”；北京服装学院与爱慕内衣公司、南山纺织服饰有限公司共建的人体工学研究所和职业装研究院；东华大学与诺奇男装建立的快速时尚研究中心；西安工程大学与深圳汇洁集团合作建立内衣研究院；柒牌（中国）有限公司在清华大学美术学院成立“柒牌中华立领男装系列产品研究设计中心”、福建劲霸经编有限公司、宜兴华富针织有限公司与江南大学合作成立江南大学经编休闲男装设计以及无缝内衣设计中心等。

（三）研究进展及产业应用

1. 功能防护服装研究

防护服装是指在特定工作环境中穿着，能够对作业人员提供特定保护的一种功能服装。目前从防护服装热阻、湿阻等物理性能角度已有大量研究，并已取得丰富的研究成果。符合人体工效学的功能应急响应评价是防护服性能评价的重要方面。防护服工效性能评价主要包括服装整体和零部件的操作灵活性、运动范围等方面。但目前防护服工效性能评价并未得到广泛运用，也未建立起统一的评价方法。ASTM F1154 和 BS 8469 是包含防护服工效性能测试的标准化方法。ASTM F1154 为定性评价化学防护服的舒适、合体、功能和完整性测试的方法。BS 8469 为定量评价消防用个人防护设备的工效性能和兼容性的方法。

目前，国内外学者主要从防护服的衣下间隙、通风设计、冷却系统、局部结构设计和整体结构设计等面对防护服的结构设计进行研究。防护服在为作业人员提供安全保障的同时，也降低了作业人员的活动效率，从而增加了作业人员的生理负荷，甚至对他们的生命安全构成严重威胁。因此，近年来研究学者对防护服操作灵活性、运动范围等方面的工效性能评价研究更为关注。其中的热点有工效性评价实验设计、工效性评价方法、数值模拟评价等。未来需要优化防护服装的结构设计以有效促进人体的热湿平衡，满足着装人员作业要求，建立服装工效性的评价体系，设计更加符合人体工效学的防护性服装，提供着装舒适性和作业运动机能性。

2. 服装的快速反应系统

进入 21 世纪以来，服装的快速反应，包括在人体测量、计算机辅助设计制造以及服装快时尚先进制造技术等领域更加依赖科技的支持。服装结构设计是服装生产制造过程中的关键步骤，包括人体立体形态的测量、服装立体形态与平面展开之间的对应关系、服装装饰性与功能性的优化组合、结构的分解和构成规律等。

非接触式三维人体扫描设备对人体体型的数据采集高效准确。东华大学张文斌教授在基于大量三维人体测量的基础上，在服装的三维结构到二维样板的计算机自动生成领域进行了探索研究，阐述了服装领形轮廓和人体颈部之间的模型关系。香港理工大学余咏文在使用非接触式三维人体扫描搜集大量女性胸围数据研究后，于 2010 年提出准确胸围算法 DWR（Depth Width Ratio）概念。

在服装的设计和制造过程中，纸样设计、样板缩放、排料等都采用的 CAD 计算机辅助设计系统、自动排料系统等，缩短服装制版和制作准备过程。北京服装学院刘瑞璞教授在服装纸样设计系统（PDS）智能化研究领域开发了西装智能 CAD 系统，以缩短企业生产中对西装样板的开发周期。

3. 碳足迹研究

纺织服装行业的资源消耗和污染物排放已受到广泛关注。纺织品及服装的碳足迹是指纺织品及服装从原材料获取、生产、运输、使用和废弃的全过程中温室气体的排放量。目前国内外纺织服装行业关于碳足迹的研究主要集中于碳排放、碳标签、碳关税和低碳认证四个方面。

东华大学王来力等运用 LMDI 方法建立了我国纺织服装行业的碳排放因素模型，并对影响行业碳排放量的产业规模、产业结构、能源结构等因素进行了实证分析。结果表明，在 1991—2009 年间，产业规模的扩大是纺织服装全行业、纺织业及纺织服装、鞋、帽制造业碳排放量增加的最主要拉动因素，能源结构因素的提高对于减少碳排放量具有重要意义。

碳标签是指用量化的指标，以标签的形式，将产品生命周期的温室气体排放量表示出来，引导消费者进行低碳消费。制定统一的碳标签使用规范、进一步探讨碳关税的统一征收办法、完善低碳认证法规和纺织服装行业低碳认证规范和标准、建立纺织服装行业碳排放数据库，进行碳足迹认证试点工作是未来纺织服装行业进行碳足迹研究的趋势。

4. 智能服装研究

智能服装通常是指模拟生命系统，具有感知和反应双重功能的服装。感知、反馈和反应是智能服装的三大要素。智能服装需要结合电子信息技术、传感器技术、纺织科学及材料科学等相关领域的前沿技术，通过两大类方法来实现服装的智能化。第一类是运用智能服装材料，包括形状记忆材料、相变材料等。第二类是将信息技术和微电子技术引入人们日常穿着的服装中，包括应用导电材料、柔性传感器、无线通讯技术和电源等。

智能服装最初主要应用在航空、航天及国防军工等特殊领域，现在正逐渐渗入民用。近年来，国外市场上不断有新型的智能服装产品出现，涵盖了健康监控、智能娱乐、安全防护等各个方面。对于老年人或特殊疾病患者的健康监控和可穿戴技术是国外研究的热点。具有健康监控功能的智能服装，其设计模式和需求研究同样受到重视。

我国目前对于智能服装的研究尚不成熟，缺少成熟的市场产品，但在面向智能服装的技术方面取得一定进展。东华大学信息科学与技术学院丁永生教授科研团队致力于面向医学监护和健康护理的智能服装的研究开发。2011 年，北京服装学院参与健康保暖裤的设计与研究，开发了基于无线数据通讯的智能保暖裤温度控制系统。江南大学刘渊教授等在 2011 年进行了基于交互技术的学龄前儿童智能服饰设计的研究。2012 年，天津工业大学电子信息工程学院研发了一种应用于智能服装中人体温度测量的阵列波导光栅解调系统，适用于智能服装中人体温度的测量。

无论是智能服装还是智能材料，在未来的发展中均有以下趋势：多功能化、低成本化、洗可穿性、时尚与技术相结合及绿色环保等。而对于智能服装产品，则会朝向更加专业化或商业化的方向发展。针对军队的专业化战斗装备的智能服装要求智能技术的多功能集成；另一方面，针对大众消费者的商业化产品，则要根据不同的消费者群体细分，对产品功能进行专一或多样化设计，以符合潮流并使产品具有较长的生命周期。

三、服装设计与工程学科国内外研究进展比较

（一）产业技术现状

为了更好满足并刺激消费者对特殊和高性能纺织品的需求，加拿大纺织业开始走多元化发展的道路，在产业链各环节上重视高科技和高附加值纺织品，如科技纺织品（TUTs）和其他高附加值纺织品（OVATs）。加拿大政府加大对新材料研发的投入，建立国家纳米实验室和研究中心。2010 年加拿大纺织和服装工业生产自 2000 年以来首次增长，2011 年再次增长。

纺织服装工业是韩国重要的产业之一，正实现由内需转为出口导向、发展创新、高附加价值及自我品牌产品生产，这也是韩国纺织产业在面对来自以中国为代表的亚洲等国竞争后的产业调整。通过强化高附加价值产品，实施差异化策略，以质量、技术及价格取胜。韩国的服装产业高端技术发展劲头强劲，以服装 CAD 系统技术为例，其典型代表 CNI 技术开发研究所、韩国产业资源部的生产技术研究所、韩国梨花女子大学、首尔国立大学等共同研发的 TexPro 纺织及服装工业设计软件系统。韩国军方利用 3D 虚拟形象系统技术，为士兵量身定做军装。韩军方利用该技术在网络空间设定与士兵同样身体尺寸的虚拟分身，给其试穿军装。

英国社会关注服装再利用和循环，近年来“快时尚”风潮让消费者以更便宜的价格追赶时尚潮流，同时消费者比以往更快的速度淘汰便宜的服装，由此加剧了废旧纺织品服装对环境的压力。英国大约有 2650 万个家庭，每年英国家庭废弃的纺织品服装总量高达 53.99 万 t。一些机构和组织着眼于对废旧纺织品服装再利用和循环利用的研究。同时中国的经济发展对英国市场起到重要的刺激作用，对英国服装市场形成未来发展契机。

（二）服装学科的国际研究热点

1. 功能防护服装

加拿大阿尔伯特大学防护装备研究中心（PCERF）长期从事高性能纺织材料的开发与测评、国际标准及测试方法的制定、防护机理研究和数字模型的建立、防护服装热应激研究。从性能测评、防护机理和新材料开发等方面展开了一些国际领先的原创性研究。在各种灾害环境下，研究热防护织物的防护性能的差异。美国北卡罗来纳州立大学 B. Roger 教授领导的纺织服装舒适及防护研究中心（T-PACC），从纤维到服装层面全面地研究防护服装的性能，着力于防护服装性能检测技术和设备的开发。在化学防护服装的

防护性能研究方面，建立实验室，真实地模拟实际的灾害环境，评价该类服装的化学防护性能。

美国康奈尔大学 S.K.Obendorf 教授着力于研究防护服装用于减少农药对农业、园艺和草地护理工人皮肤的损伤。研发了新型的带有特殊设计孔隙结构和自我清洁功能的膜，并广泛应用于防护服装。J.T. Fan 教授研究团队通过设备测量、计算机模拟、仿生学、纳米技术和神经心理学等手段着力于探索“服装 - 人体 - 环境”间的相互作用。在服装的热湿舒适性能研究方面，主要研究运动装、植物仿生结构的针织面料的液体传递性能，以及低温条件下多层面料系统的湿传递性能。

2. 服装人体工效学及服装结构设计

美国康奈尔大学，S.P.Ashdown 团队主要研究服装的号型和合体性。在服装行业广泛使用三维人体扫描仪，基于人体测量数据建立目标消费群体的服装号型系统。建立客户合体性样板自动化生成系统，通过三维数据可视化和服装合体性判断，实现了虚拟的消费者服装合体性判断。密苏里大学 Sohn 博士致力于提高服装的合体性和尺码系统，运用视觉分析法提高服装合体性，基于 3D 技术研发人体测量方法和制版技术，目前集中在基于人体动作捕捉系统的服装产品研发。北卡罗来纳大学——格林斯博罗分校 Carrico 教授运用创造性的思维集中解决悬垂性和制版方面的问题。

韩国在人体测量及服装版型方面的研究涉及 3D 版型制作技术、3D 人体扫描分析、功能性服装版型制作、国际化服装号型系统等。

英国拉夫堡大学环境工效学研究中心研究人体全身出汗分布，为运动服研发提供依据。2012 年该中心与 Adidas 公司合作研制了自行车用热裤，以提高运动机能。

3. 智能服装研发

明尼苏达大学 L.E. Dunne 博士研究智能服装和可穿着传感器技术，探索从设计到商业化中的障碍，在服装某些部位安装传感器用于监控人体移动特征，同时，对这类服装的样式和合体性进行研究。

韩国在智能服装、人性化服装、感性服装等方面的相关成果有：自然彩色有机棉服装机械性能、触感及其颜色改变对人体感知的影响；智能服装的纺织品基电极和运动传感器的性能评价等。

4. 可持续发展服装

可持续发展服装，注重生态、社会和文化平衡。服装行业中的可持续发展概念也逐渐受到重视。英国伦敦时装学院设计师 S.Helen 以及谢菲尔德大学化学家 R. Tony 探索如何使服装或者织物成为催化表面，从而使服装美观，还能净化空气，体现环保价值。

伦敦中央圣马丁设计学院的 P.Kay 教授研究团队使用废弃的或者可重复使用的面料，搭建建筑体，既有防护功能，同时又能重复使用。

5. 服装市场营销与产品开发

美国爱荷华州立大学（Iowa State University）M. Damhorst 教授近期主要研究消费者行为学与生活仪态的关系。消费者对大码服装与大码模特的态度、对人体扫描的态度，以及自身认知对理想广告形象的理解评价等。F.Ann 主要致力于研究“体验型消费”（Experiential Marketing）在服装零售和旅游业中对消费者的影响，美学与品牌运营。

北卡罗来纳州立大学（NC State University）的 L. C.Nancy 近期主要研究纺织服装产业从生产、分销、销售等环节的市场营销策略，包括其他相关库存管理问题等。Trevor J. Little 近期主要研究如何能开发出一个新产品不断被研发的“设计流”（design stream）。M.W. Suh 近期主要的研究重点是量化方法对纺织品生产和管理的贡献，数据与概率学模型在纺织品生产和制造领域的运用等。

奥本大学（Alburn Univeristy）主要集中在服装消费心理以及服装快速反应研究。S.E.Byun 重点研究消费者对于“限量营销策略”的反应，对于销售员引导消费欲望的研究，“快时尚”在销售管理，库存管理与调配方面决定因素等。

堪萨斯州立大学（Kansas State University）的 K.Y. H.Connell 主要研究成果是探索消费者的环保意识与服装购买；运用舆论手段和社会环境营造可持续性服装购买动机；建立了一个用于研究消费者社会责任感与消费行为的理论框架模型。

俄勒冈大学（Oregon University）的 Burns，L.Davis 的研究重心在于消费者在纺织和服装消费行为中的社会责任感研究，以及与多国学者合作的跨国消费者行为研究等。M.Kim 致力于研究服装网络营销与多渠道营销、线上线下的服务质量测评等。近期研究成果包括外部环境与消费者行为：橱窗设计对消费者行为的影响；网上商城模特选择研究；美国多渠道营销中品牌形象的不一致性研究；网购环境与消费者购买意图的关系等。

密苏里大学（University of Missouri）的 J.M. Hawley 运用文化学科的理论以及定量研究方法，近期致力于研究服装领域的可持续发展问题与全球化创新。近期研究成果包括如何拓展多渠道营销、营销渠道转移、服装广告如何反应消费者的价值结构等。

综上，以美国大学为主进行的研究表明：服装营销方向的发展前景在于运用多学科的知识背景以及交叉学科，如消费心理学、社会学、统计学、市场营销学等领域的研究方法和理论，开展更加系统而全面的实践性研究，用于指导未来服装产业的发展。

四、服装设计与工程学科发展趋势及展望

（一）服装产业的发展趋势与对策

1. 标准建设与市场规范

服装领域标准体系对于市场规范有不可替代的作用。服装标准化对应的国际标准化组

织/服装尺码体系和设计委员会为ISO/TC133，通过人体测量获得的尺寸系统来设计服装尺码体系。2011年中国正式成立ISO/TC133联合秘书处，推动该技术委员会标准化工作。近期将修订ISO 8559《服装结构和人体测量——人体尺寸》；制订《数字化试衣——虚拟人体的定义》；制订《数字化试衣——虚拟服装的定义》；制订《服装号型—主要尺寸和次要尺寸》。

到目前为止，国际上美国材料与试验协会（ASTM）制订的服装标准有10项；与服装有关的欧洲标准（EN）共有13项；与服装有关的英国标准学会（BS）标准化共有8项；日本工业标准（JIS）制订与服装相关的有9项。

未来将加强男、女、儿童服装号型及服装人体测量等方法标准、基础系列标准的研究工作，以及行业关键性基础标准、方法标准以及标准体系和标准战略等方面的标准研究工作。为促进生态安全标准的应用和发展，提高服装消费安全总体水平，需建设服装生态及安全标准体系。特别是制订儿童服装附件等安全方面的强制性标准，完善儿童服装安全标准体系。加快功能性服装检测及评价方法标准的研制，进一步完善功能性服装标准体系。服装CAD、物品编码等相关交叉领域的标准化工作将得到更多关注和改善。

2. 品牌构建与产业升级

近年来，我国服装本土品牌快速发展。企业品牌创新意识不断加强，在设计研发、品牌管理、营销渠道建设和商业模式创新等方面取得了成效。整体来看，亟待通过文化创新、资本创新、体制创新、盈利模式创新、产业链集成创新等创新手段，提升服装品牌软实力。

欧、美、日等发达国家正逐步退出或减少服装低端产品的制造生产，强化服装创意设计与研发、品牌运作与市场拓展、时尚快速反应技术、民族文化传承与创新等。

在品牌建设与品牌创新方面，服装行业整合国际化资源，以市场为导向，提升品牌的核心竞争力。以科技创新提升劳动生产率、快速反应能力。开发中国特色的服装服饰文化，提升产业软实力。加强服装创意设计基础研究，推进工业制造与创意设计的融合。提高院校和企业对高级创意人才的培养能力，推动服装设计与文化创意产业结合。开展流行趋势的研究和发布工作，创造具有中国文化和社会特色的流行趋势研究体系，加深品牌文化形象，展现中国文化特色。

3. 科技创新发展战略

（1）服装产业的科技创新战略

随着全球信息技术、生物技术、材料技术、环境技术等高新科技带来的机遇，服装产业变革走向高科技、高品质、高附加值的发展之路。现代服装产业体系通过工业化与信息化结合，提高企业快速反应能力和产品质量；通过科技创新与文化创意的结合，提高文化软实力。

云制造与云服务是服装生产加工未来转型发展的抓手。通过利用先进网络技术，完成服装产品的制造和服务。

服装电子商务未来将保持快速增长。同时服装品类将进一步细分，线上与线下渠道将逐渐融合。互联网将成为各类服装的重要销售渠道，同时也将为服装原创设计品牌创立及成长提供空间。

（2）服饰文化的虚拟展示与数字化创新

通过显微和高分辨率摄像等数字媒体新技术对服饰的织物结构、织造方法、色彩涂层、装饰与纹样等技艺进行数字化记录，并通过虚拟现实手段进行再造复现，形成相关的专业数据库，为服饰品牌文化内涵塑造和文化产业开发提供资源。

（二）科学研究发展趋势

服装设计与工程专业是一门交叉学科，涉及纺织、材料、计算机、生物、生理学、信息等学科的知识，其未来的发展趋势也势必受到相关学科的发展的影响。

服装产业向高级定制和功能性服装的开发两个不同的方向发展。高级定制因人而异、量体裁衣，对设计师的时尚敏感度和技术人员的专业要求越来越高；功能性服装的开发除了对面料的研究以外，功能结构设计已经成为研究的重点。

随着信息技术的发展，将高科技产品运用到服装上，研究更多的可穿着技术并设计高性能服装捕捉人体的动作、生理指标、环境参数，并预判着装者的生理极限；同时对该类服装的合体性展开研究；从静态测试到动态模拟，不断逼真地模拟测试环境，实现真实环境下“人体 - 服装 - 环境”系统的交互作用预测，计算流体力学的应用不断加强；仿生物学服装材料的织造和功能服装研发将发挥更大价值、智能服装将使可穿戴技术更多应用于日常生活；随着灾害环境的多样化发展，多功能防护服装的研究以及服装动作灵活性、舒适性和防护性的平衡仍将是防护服装研究的热点问题；服装作为人体的第二皮肤，生物医学和动力学在功能服装中的应用愈发明显；可持续服装设计与产品研发、绿色服装、零浪费服装将进一步得到推动、逐渐走入市场。

服装产业的科技发展、品牌创建和基础研究不仅是改善民生，为我国现代服装产业提供关键应用技术支撑，使人们生活得更安全，还将传播中国特色文化，塑造文化软实力。

参考文献

［1］陈大鹏. 2011—2012 中国服装行业发展报告［M］. 北京：中国纺织出版社，2012：66-78.

［2］辛丽莎，李俊，王云仪，防护服装功能设计模式研究［J］. 纺织学报，2011，32（11）：119-125.

［3］王云仪，张雪，李小辉，等. 基于 Geomagic 软件的燃烧假人衣下空气层特征提取［J］. 纺织学报，2012，33（11）：102-106.

［4］Wang Y，Lu Y，Li Jun，Pan J. Effects of air gap entrapped in multilayer fabrics and moisture on thermal protective performance［J］. Fibers and Polymers，2012，13（5）：647-652.

[5] Li X, Lu Y, Li J, et al. A new approach to evaluate the effect of moisture on heat transfer of thermal protective clothing under flashover [J]. Fibers and Polymers, 2012, 13 (4): 549-554.

[6] Li J, Lu Y, Li X. Effect of relative humidity coupled with air gap on heat transfer of flame-resistant fabrics exposed to flash fire [J]. Textile Research Journal, 2012, 82 (12): 1235-1243.

[7] Li J, Li X, Lu Y, Wang Y. A new approach to characterize the effect of fabric deformation on thermal protective performance [J]. Measurement Science and Technology, 2012, 23: 045601-045606.

[8] Lu Y, Li J, Li X, Song G. The effect of air gaps in moist protective clothing on protection from heat and flame [J]. Journal of Fire Sciences, 2012 (9): 1-13.

[9] Dai X, Lu Y, Lin H, Bai L. Mechanisms of control of human skin blood flow under external pressure [J]. Biological Rhythm Research, 2012, 43 (3): 267-278.

[10] Lu Y, Dai X, Bai L. Effect of garment pressure on peripheral skin blood flow (SBF) [J]. Journal of Donghua University, 2011, 28 (5): 465-469.

[11] Li Y, Lu A, Dai X. Effect of garment pressure on lower limb muscle activity during running [J]. Advanced Materials Research, 2010, 175-176: 832-836.

[12] Choi, T. Coordination and risk analysis of VMI supply chains with RFID technology [J]. IEEE Transactions on Industrial Informatics, 2011, 7: 497-504.

[13] Constance L, Janet J. Design feature analysis and pilot ergonomic evaluation for protective fire gear [J]. Procedia Engineering, 2012 (43): 374 -378.

[14] Xianxue L, Li D, Alan H, et al.An experimental study on the ergonomics indices of partial pressure suits [J]. Applied Ergonomics, 2013 (44): 393-403.

[15] Tang S L P, Stylios G K.An overview of smart technologies for clothing design and engineering [J].International Journal of Clothing Science and Technology, 2006, 18 (2): 108-128.

[16] Mccann J, Hurford R, Martin A. A design process for the development of innovative smart clothing that addresses end-user needs from technical, functional, aesthetic and cultural viewpoints [J]. Wearable Computers, 2005, 10: 70-77.

[17] Ariyatum B, Holland R, Harrison D, Kazi T. The future design direction of smart clothing development [J]. Journal of the Textile Institute, 2005, 96 (4): 199-210.

[18] Li L, Au W M, Li Y, Wan K M, et al. A novel design method for an intelligent clothing based on garment design and knitting technology [J]. Textile Research Journal, 2009, 79 (12): 1670-1679.

[19] Goworek H, Fisher T, Cooper T, et al. The sustainable clothing market: an evaluation of potential strategies for UK retailers [J]. International Journal of Retail & Distribution Management, 2012, 40 (12): 935 - 955.

[20] Gaımstera J. The changing landscape of fashion forecasting [J]. International Journal of Fashion Design, Technology and Education, 2012, 5 (3): 169-178.

[21] Mah T, Song G, An investigation of the contribution of garment design to thermal protection. Part Ⅰ: Characterizing air gaps using 3-D body scanning for women's protective clothing [J]. Textile Research Journal, 2010, 80 (13): 1317-1329.

[22] Mah T, Song G. An investigation of the contribution of garment design to thermal protection. Part Ⅱ: Instrumented female mannequin flash fire evaluation system [J]. Textile Research Journal, 2010, 80 (14): 1473-1487.

[23] Song G, Cao W, Gholamreza F. Analyzing thermal stored energy and effect on protective performance [J]. Textile Research Journal, 2011, 81 (11): 1124 -1138.

[24] Ormond R, Barker R, Beck K, et al. Development of a manikin skin simulant for use in the man-in-simulant-test: assessment of methyl salicylate uptake rate of fabrics [C] //DTRA Chemical and Biological Defense Science and Technology Conference. Publisher: Las Vegas, NV. 2011.

[25] Chen Q, Fan J, Sarkar M, et al. Biomimetics of plant structure in knitted fabrics to improve the liquid water transport properties [J]. Textile Research Journal, 2010, 80 (6): 568-576.

[26] Wu Y S, Fan J T, Yu W M. Effect of posture positions on the evaporative resistance and thermal insulation of clothing

[J]. Ergonomics, 2011, 54 (3): 301-313.

[27] Nam J, Branson D H, Ashdown S P, et al. Analysis of cross sectional ease values for fit analysis from 3D body scan data taken in working position [J]. International Journal of Human Ecology, 2011, 12 (1): 87-99.

[28] Smith C J, Havenith G. Body mapping of sweating patterns in male athletes in mild exercise-induced hyperthermia [J]. European Journal of Applied Physiology, 2011, 111 (7): 1391-1404.

[29] Faulkne S, Ferguson N, R A, Gerrett N, et al. Insulated athletic pants do not prevent muscle temperature decline following warm up nor benefit performance [J]. Medicine and Science in Sports and Exercise, 2012, 44: 685-685.

[30] Dunne L E. Beyond the second skin: an experimental approach to addressing garment style and fit variables in the design of sensing garments [J]. International Journal of Fashion Design, Technology, and Education, 2010, 3(3): 109-117.

[31] Lee H, Damhorst M, Campbell J, et al. Consumer satisfaction with a mass customized Internet apparel shopping site [J]. International Journal of Consumer Studies, 2011, 35 (3): 316-329.

撰稿人：李　俊　谢　琴　梁惠娥　张昭华　李小辉
卢业虎　辛丽莎　赵蒙蒙　于　森

ABSTRACTS IN ENGLISH

Comprehensive Report

Advances in Textile Science and Technology

As one of the traditional pillar industry, textile industry in China plays an important role in Chinese economic system, and it contributes to the flourishing market, expanding export, absorbing employees, enhancing rural income and promoting urbanization. Textile industry of China ranks the first in the world in production scale and export trade with the world's most complete industrial chain, the highest level of processing facilities.

1 Advances of Textile Science and Technology in Recent Two Years

1.1 Scientific and Technological Achievements of Textile Industry

1.1.1 Significant Achievements in Fiber Materials

The high performance fibers and some biomass fibers were industrialized, such as carbon fibers, aramid fibers, bamboo pulp fibers, PLA fibers, PTEE fibers, glass fibers etc. The devices and the technologies for manufacturing the equipments were improved significantly with the characteristic of large package, high quality, energy saving, low investing. The technology for large package and superfine PA 6 was applied in a large scale, while the overall manufacture process of carbon fibers reached the international advanced level.

1.1.2 Obvious Advances in Textile Preparation and Product Development

The manufacture of textiles was improved significantly with the great development of the corresponding technologies and equipments, while the degree of automation, as well as the productivity of labor, were increased by the renew of all the devices. High quality yarn were spun with the new developed spinning process, and the yarn with lower linear density and high comprehensive quality can be acquired with the aid of some technologies, such as the low-torque spinning, compact spinning, embedded composite spinning etc. The fabric quality was also improved with the development of weaving and dying process, especially for the nonwoven industrial fabrics.

1.1.3 Great Development of Energy Saving and Environmentally Friendly Technology

The pollutant emission was reduced greatly and some environmentally friendly technologies achieved significant improvement. Treatment capacity of wastewater raised 52.2% with the increase of the amount of the corresponding equipment; Desulphurization facilities increased about 26.1%, and led a 14.4% decrease in the discharge amount of SO_2; Water conservation during the dyeing and finishing process was popularized for the actual manufacture, and the average water consumption for 100 meter cloth dyeing decreased from 4.0 t to 2.5 t; Small bath ratio dyeing, air flow dyeing for knitted fabric, bio-chemical degumming for bast fiber, substitute for the PVA sizing, and resource recovery technologies obtained great improvement for the industrialized application.

1.1.4 Great Prospect of Industrial Textiles

Industrial textiles manufacture has been greatly enhanced due to the increase of the consumption of industrial textiles. The economic benefits of industrial textiles steadily increased with higher profit rate, and broad domestic market is realized due to the national policy. The medical textiles, the filtration textiles, the geotextiles, as well as the protective textiles will be developed greatly with the significant increase of the corresponding demands.

1.1.5 Rapid Development of Industrial Structure Adjustment and Technology Upgrade for Textile Machine

Great improvement has been achieved in the textile machine industry in the recent two years. The industrial structure is integrated, the manufacture scale is expanding, the technology level is increasing, and the international competitiveness is developed significantly. The textile machine industry in China has become one of the best manufacturers in the world with the most scale, the highest yield and the most product categories. The improvement of textile machine provides excellent opportunities to promote the textile industry, and the new application field of textile product should be exploited with the research and development of it. The textile machine market will focus on the equipment with advanced technology in the near future, and some of the textile machine manufacturers have realized to satisfy the demands of the new industry, while the quantity and the categories of this kind of textile machine will emerge a great gap between supply and demand.

1.1.6 Great Energy Source from Technological Innovation

Enterprises became the subject of technological innovation, and the innovation system improved significantly with 38 enterprise-supported innovation centers affirmed by national textile industry. Information technology plays a vital role in the technological innovation in textile industry, and informatization for manufacture, logistics and management are the three main categories of the information technology applications in enterprises. The garment CAD system was processed in 100% standard-sized enterprises, and the CAM is one of the most important parts of the upgrade process and technological innovation for garment enterprises. FMS was popularized for the sewing process, and there are about 2000 FMS assembly lines in China, which are mainly imported from

ETON (Swiss) , GERBER (USA) , and JUKI (Japan) etc, and only 5% FMS are produced by domestic manufacturers. Automatic 3D storehouse is a base for the modern logistic technology, and it plays an important role in the CLMS for garment manufacturers. The key garment enterprises in China, such as YOUNGOR, Metersbonwe, Semir, have constructed the logistic center with aid of their own Automatic 3D storehouse.

1.2 Achievements of Sci-Tech in Recent two years

In recent 2 years, the scientific and technological achievements are plentiful and the subject develops rapidly. Of over 300 excellent project achievements, 2 projects have been bestowed the second-class awards of national technological invention, while 6 projects have been bestowed second-class awards of national science and technology advance. All the projects are wide coverage, high content of science and technology, and have excellent economic effectivieness, indicating great advances of textile industry in implementing scientific outlook on development and building innovative country.

2 Comparison between Overseas and Domestic Textile Sci-technology

2.1 Fiber Material Industry

The domestic fiber industry has established an integrated system for the synthetic fibers, and the functional fiber as well as the differential fiber has been improved greatly with years of efforts. However, high quality fibers, high quality decorative and industrial fibers research and development are in a slow rhythm, and some categories of fibers with high technology are still in the laboratory stage.

2.2 Spinning Engineering

The spinning quality of the domestic spinning machine is coming closer to that of overseas with years of efforts, and the yarn quality is in the lead of the world over ten years. The domestic spinning innovation, such as Low torque spinning, Novel complete condensing spinning, was provided in the actual production to increase the yarn quality. The difference between domestic and overseas yarn standard is a problem for the yarn export, and the domestic yarn standard should be in the line with the global one.

2.3 Weaving Engineering

The domestic weaving machine achieved great-leap-forward development recent years, but the production ratio, the professional level and some key technologies are still behind the imported machines. Some primary theory researches for the weaving process should be carriedout, such as the energy-saving sizing process, air flow distribution for air-jet loom. The domestic CAD for weaving fabric design is improved a lot, but the properties of the fabric, such as the mechanical and thermal properties, are not considered during the CAD process.

2.4 Knitting Technology

High efficiency and quality is the permanent demands of knitting process, and the domestic knitting machine is much closer to the imported one in these aspects, but the key technologies, such as the manufacture of pins with high number, the loop-forming elements with carbon fibers, need more intensively research. Intelligent and environmental friendly technologies are the tide for knitting engineering development, and the information technology, the natural material, as well as the energy-saving process should be provided for the knitting industry.

2.5 Finishing and Dyeing Science

The domestic finishing and dyeing research is on the same direction with the global tide. Low temperature pre-processing should be integrated with the improvement of enzyme research, Hydrogen Peroxide bleaching, and the application of supersonic wave, plasma, laser and ultraviolet on the pre-processing. Dyeing and printing is energy consuming and high polluting process, thus the environmental friendly researches should be provided, especially for the reactive dyeing process. The paint dyeing and eco-printing process can be popularized to reduce environment influence from dyeing and printing.

2.6 Textile Chemicals

The domestic research on sizing material is very actively, and the substitute for PVA, especially the modified starch is the most valuable sizing material with the environmental friendly characteristics. The reactive dyes and the disperse dyes are the current global research focus; furthermore, the dyeing and printing ability is the most important parameter for different fibers. The global research on auxiliary is to improve the environmental friendly and high efficient features of the dyeing and printing process, while the functional finishing agent is to provide different mechanical and chemical properties to fabrics. Anyway, there are a certain gap between the domestic and overseas research and development on textile mechanicals.

2.7 Nonwoven Textile Engineering

The domestic nonwoven machines simulated the imported ones with high speed and high efficient characteristics, but the stability was not in the same level. The application of function fiber materials on nonwoven textiles are the research focus, and the high quality fibers, such as PLA, PTT, and PET etc will be widely proposed to extend the nonwoven textiles application.

2.8 Industrial Textiles

There are obvious gap between the domestic and oversea research on industrial textiles, and the industrial textiles with high technology are mainly depended on the importing. The fiber materials, the process, as well as the industrial capacity for industrial textiles fall behind the oversea enterprises, and there is a great deal of work to improve this industry.

2.9 Garment Science

Brand building for garment is a very important process, and the domestic garment manufacturer paid more attention to that part than before with a lot of brands exported. Oversea scholars focused on the functional garment research, and the protective garment from mechanical and chemical damage is very popular in western country. Another research focus is the 3D body measurement for the plate making, and the 3D scanning technology is provided to make the plate making more accurate and convenient.

3 Advices on Textile Science and Technology

In recent years, enormous transformation and upgrading have taken place in the textile industry of China. Science and technology, as well as the innovative capability are greatly enhanced with the efforts of all the researchers and enterprises. Plenty of achievements are derived from the original innovation and the deep researches, and a large number of the achievements are industrialized after years of experiment. Science and technology has become the most important support to promote industry increase and enhance productivity in new time. In the new phase of China economic society, textile industry has further seen the urgency of changing development mode and speeding up industry upgrading.

Advices:

1) Increase sci-tech investment and support technology innovation and advance;

2) Focus on the key technology research for environmental friendly processes;

3) Strengthen research and development capability on textile fiber materials;

4) Promote manufacture ability on high-grade Textile machines.

Written by Gao Weidong, Wang Hongbo,
Pan Ruru, Fu Jiajia, Liu Jianli, Lu Yuzheng

Reports on Special Topics

Current Situation and Development in Fibers and Materials

Fiber materials are the industrial basis of new material technology which is related to people's life, economic development and social progress. In this report, the recent development of fiber materials has been summarized from the aspects of natural fiber, synthetic fiber, regenerated fiber and high-tech fiber. Especially, bio-based polyester is an important kind of eco-friendly polyester products, and it hasattracted more and more attention in some developed regions including EU, US and Japan. Some enduesbrands also join the team to drive the development of bio-based polyester, such as the top soft drink brands. However, there is a consensus that bio-based polyester can hardly totallyreplace the petroleum-based polyester in a long time, due to its economy and technology bottlenecks.Secondly, the research progress in comparison of fiber materials between China and the other developed countries during the period of the 11th Five-Year Plan has been analyzed. Facing new competitions and severe competition environment, China textile fiber industry including high-tech fiber materials industry steps into key period of transformation and upgrading from large producer to technology power, thus further breaking the bottleneck of high-tech fibers, accelerating structural adjustment, strengthening energy saving and emission reduction, environment-friendly circular economy, and speeding up the industrial three-dimensional upgrading of science, industry and business become to be the key to promote scientific, efficient and sustainable development of chemical fiber industry, and the contents of current and the 12th Five-Year Plan medium and long term development plan as well.Finally, the development trend and prospect of fiber materials in the 12th Five-Year Plan were stated. In the 12th Five-Year Plan, high-tech fibers are the key materials to support the development of national high-tech industries, and the material basis to promote all kinds of high-tech functional textiles and advanced synthesis of new materials. They are also concentrated reflections of a country's high-tech level, the weak link of the development of our chemical fiber industry, and also significant tasks to promote the independent innovation capacity. China has made a great progress in the fiber materials in the aspect of basic research and industrialization progress. The key point in the period of 12th Five-Year Plan should be paid more attention on the following aspects: ① Researches on the fibers produced from the materials that is recycled, biodegradable and environment friendly. ② Recycling of the waste textile. ③ Pay more attention on the development of differential fiber and functional fiber. ④ Research and development of the high performance fiber. 5. Improve the capability of independent innovation and the engineering level.

Written by Xiao Changfa, Wang Wenyu, Jin Xin, Xu Naiku, Shu Wei

Current Situation and Development in Spinning Engineering

Spinning of staple fiber is the upstream and key processing in the chain of textiles processing, spinning has significant effect on the whole chain of textile processing and the end products. At present, the production of staple yarn in China is more than 50% of the total world's production. In this review, the progresses and achievements in staple fiber spinning are reviewed and summarized.

The development in spun yarn processing is focused on the new spinning technology and the traditional ring spinning technology, with the characteristics of: decreasing of labor with the increasing of automation, high productivity with high efficiency, and improving of yarn quality.

In recent 2 years, more and more attentions were paid to the theoretic research, for example, many works have been published focused on the theory and the application of roller draft and carding. Meanwhile, the base the theoretic research were taken, such as fiber motion in high speed air flow, the characterization and description of fiber length distribution, the effect of fiber length and fineness on the spinning processing and the performance of resultant yarn.

The new machine of Murata vortex spinning (MVS 870) is characterized with its Spinning Tension Stabilizing, which is benefit to improve the yarn quality and decrease the waste of fiber.

The vortex spinning machine of Rieter co., J20, is also appeared with the characterization of spinning units in double sides of machine, and motor driver for each unit, which is benefit to decrease of land area of the machine, the more flexible for production of yarn.

New rotor spinning machines, such as Autocoro 8, BD448, and R 60 were developed with high productivity and high quality of resultant yarn. The common advantage of these machines is that each unit is driven by motor directly.

The Self-twist spinning machine is now produced in China, which means that this spinning technology hopes to be revival to yarn processing.

Full condense spinning, soften spinning, condense draft are all the creation of China in ring spinning field. All of these new techniques were applied in some textile mills, and the results showed that they improved the yarn quality significantly.

Written by Yu Chongwen, Xie Chunping, Guo Jianwei,
Pei Zeguang, Wang Xinhou, Zhang Yuanming

Current Situation and Development in Weaving Engineering

On the basis of extensive research, present situation, developing trends of the weaving engineering during the last two years in China and foreign countries were analyzed. Through the comparison of the weaving technology between China and developed countries, suggestions about the development direction of weaving engineering in the future were put forward in this report.

With the development of fiber materials and the progress of weaving technology, there are many changes in weaving area, such as the product structure, application and performance. In China, the producing ability of woven fabrics has been exceeded 70 billion meters, in which, 70% of the fabrics were woven on shuttleless looms. In terms of weaving equipment, air-jet weaving machine has gradually become the most important weaving machines from originally three important kinds of weaving machines, rapier, air-jet and water-jet weaving machines, because of its high velocity and wider product versatility. At the same time, weaving industry has been made a notable progress in science and technology. Many universities, research institutions and enterprises have invested funds and technical resources into the research and development to innovate the weaving processes and technology.

In recent two years, there are great progresses in weaving engineering. Automatic cone winding machines is commonly equipped with tension control systems in different forms including continuous online tension detection with constant winding tension control in high accuracy and adjustable tension control range to fit the low-tension requirement of the dye-package. The developing direction of the warping machine is the high running velocity and the broader width. In addition, to enhance the efficiency and decrease the costs, factories have equipped with single-yarn warping machine for sampling. Development for yarn sizing is focused on the research and development of environment-friendly sizes to replace PVA. For the sizing technology, it is mainly focusing on the research and development of pre-wetting sizing, thread-dragging sizing, wet-splitting and accuracy sizing technology, etc. Technical development of rapier looms is mainly focused on the improvements on modularization, intelligentization, numeralization, automation, high-velocity and versatility, etc. The developing direction of air-jet loom is intelligentization, high-speed, high-efficiency and low energy consumption. Technological development of the water-jet loom is mainly on the improvement of operation velocity, product versatility and shedding mechanism. As for the fabric design CAD technology, it is mainly focused on the development of analog simulation, integration and networking systems.

In order to enhance the competitive capability of the weaving engineering in China and realize the sustainable development of the industry, we should make great efforts, to reduce the gap of weaving equipment between China and abroad, further research on the advanced weaving theory and technology, develop the weaving technology for special fabrics and improve the fabric design CAD technology.

Written by Zhu Chengyan, Tian Wei, Li Yanqing,
Li Qizheng, Zhang Hongxia, Liu Jun

Current Situation and Development in Knitting Engineering

The recent development for knitting technology has been reviewed in this report. Production technology, Jacquard technology, forming technology and CAD technology are the main contents of the knitting technology. For the production technology, the speed of knitting machines can be improved obviously via the light weight and high strength materials, the careful design of each run parts and the innovate of motion modes. The knitting productions can be manufactured with high quality via the tension controlling of yarns, effective transmission of yarns and real-time monitoring of defects. The super-fine pitch technology is achieved via different Knitting Elements design and advanced needle manufactured technology. Furthermore, the production management system (PMS) is employed widely in the knitting production due to the increased labor cost and modern high efficient production technology. For the Jacquard technology, digital jacquard knitting products become colorful and fashion via the piezoelectric ceramics jacquard technology and lateral movement of servo drive technology. The multi-speed electrical let off, electronic guide bar, electronic draw off and take-up, electronic lay weft yarns technologies are employed widely in the warp-knitting equipments, which improves the development and quality control of warp-knitting productions. Several jacquard technologies employed in the knitting equipment can achieve the multi-jacquard effect and multi-fancy knitted fabric, expanding the knitting area of fabrics. For the forming technology, computerized flat knitting machine can knit special shape and structure fabrics more easily with the applications of single needle selection technology, presserfoot and web holder. All fashion clothes can be manufactured via the knit and wear technology. The seamless forming technology can make the clothes comfortable and fashion. The three-dimensional knitting forming technology includes multi axial circular technology, multi-pass pipe and thick three-dimensional knitting structure. For the CAD technology, the functions such as process design, pattern design, fabric simulation, virtual scene simulation and data processing are improved obviously.

In comparison with overseas knitting technology, the circular knitting machine, flat knitting machine and warp-knitting machine made in China are close to levels in the developed countries, the price has certain advantages, and the manufacturing enterprises adapt to the needs of industry. However, most of domestic manufacturing enterprises are still simulate the overseas' productions and technologies due to the limited research and development ability.

Intelligent knitting production technology is absolutely developing tendency. Improve the level of intelligent knitting production, reduce labor and management cost is the route that take knitting enterprise modernization. To create the conditions, the digital jacquard knitting and monitoring technology and production management system for the intelligent must be applied in enterprises.

In the future, knitting industry faces not only the challenges, but also the opportunities. Chinese knitting industry should adhere to technological innovation, the production of high-speed, intelligent and environmental development, and focus on independent intellectual property rights, promotes industrial upgrading in knitting independent innovation. In doing so, technological progress of knitting industry will be promoted, the added value of Chinese knitting products will be increased, and the international competitiveness of the knitting industry will be enhanced. All of these contribute to the achievement of textile industry.

Written by Jiang Gaoming, Miao Xuhong, Liu Jun

Current Situation and Development in Textile Chemicals

The performance of textile chemicals directly influences the quality, efficiency and cost of textile processes as well as the energy and water consumption, environmental pollution and ecological problem of textile. In recent year, the innovations on textile chemicals still focus on energy-saving and emission-reduction, eco-environmental protection and convenience and high efficiency with the developments of new technologies of textile and textile chemistry, application of new textile fiber materials, development of new textiles as well as increasingly strict implement of governmental environmental protection policies and consumers' requirements on eco-textiles. For instance, the main research on textile sizes is developing high-performance products with the characteristics of natural resource, low cost and biodegradation. These size products, especially modified starches, could decrease or even replace nonbiodegradable polyvinyl alcohol (PVA) sizes which have excellent sizing properties and poor desizing performance. In addition, there are some studies on improving the brittleness of starch sizes. For textile dyestuffs, the researches mainly focus on multi-reactive group reactive dyes with high percentages of up-take and fixation, decreasing the dosages of salts during dyeing and improving utilization of dyes. There are also many concerns on the dyes used in low-liquor ratio dyeing, low-temperature dyeing, short-stage dyeing and one-bath one step dyeing of blend textiles with multi-component fibers. More reactive dyes are used in protein fibers such as wool because the application of metal complex dyes which contain chromium ions, and acidic mordant dyes for wool which use chromium ions as mordants in dyeing, were gradually inhibited. In the area of dyeing and finishing auxiliaries, the main research includes: ① economical high-performance auxiliaries, such as low-temperature bleaching activators, low-temperature dyeing auxiliaries and low-temperature scouring agents. ② eco-friendly auxiliaries such as enzymes, eco-friendly antibacterial agents, preparation auxiliaries without formaldehyde, alkylphenol polyoxyethylene (APEO) and low Volatile Organic Compounds (VOCs) and finishing agents without Perfluorooctanesulfonate (PFOS) and Perfluorooctanoic acid (PFOA). ③ auxiliaries used in new dyeing and finishing processes of textiles such as high-efficient cold pad-batch fixation agents, one-bath one-step dyeing auxiliary agents for blend fabrics, pigment dyeing binders, agents used for inkjet printing. ④ functional finishes which mainly developing multi-functional, high-efficient, eco-friendly and durable finishes.

Written by Fan Xuerong, Wang Shugen, Wang Chaoxia, Fu Shaohai, Wang Qiang

Current Situation and Development in Dyeing and Finishing Engineering

In recent years, scientific and technological progress of printing and dyeing industry is very significant and relevant research and development work has achieved good results through the introduction of information technology, bio–technology, automation technology and other high technology to upgrade traditional industries. The research of dyeing and finishing technology is mainly to improve the ability of independent innovation, and to increase the functional new products and high value–added products by exploiting and popularizing dyeing and finishing techniques with high efficiency, short procedures, less water consumption or without water consumption.

The research of pre–treatment processes is mostly concentrated on the cleaner production processes of high efficiency, low consumption and short procedures. Study focused on low–temperature hydrogen peroxide bleaching technology and bio–enzymatic pre–treatment processing technology. Relevant research of biological enzyme pre–treatment processing technology combined with atmospheric plasma, ultrasound, low–temperature hydrogen peroxide bleaching techniques has increased.

Textile dyeing processing technology development is reflected in the energy saving, clean production and processing technology research and application areas. There are low temperature dyeing technology, low–alkali and low–salt reactive dyes dyeing technology, foam dyeing technology, pigment dyeing technology and one bath dyeing process technology of multi–component fibers. Application of natural dyes in textile dyeing has become a hot research.

Textile printing technology, printing process of low–urea or urea–free has become a hot research, in order to reduce ammonia content of printing washing wastewater. Digital inkjet printing, cold transfer printing and other new printing technology has become a mature technology into practical application. Study focused on improving printing speed and accuracy, reduce processing costs.

The application of nanotechnology, foam finishing technology has been widely studied. Reforming the automatic level of dyeing and finishing processes by using advanced technology, improving the efficiency, and energy conservation are the developing direction of dyeing and finishing industry in recent years.

Research and development of wastewater treatment technology is mainly focused on the photo-catalytic degradation and membrane separation technology. Reusing technology of dyeing and finishing wastewater has made significant development, and reuse rate has improved significantly.

Generally speaking, the developing direction abroad mostly accords with that of our country. The research is mostly concentrated on low energy consumption, low pollution and ecological processing technology. High technology such as electronic digital technology, intelligent technology and multi-functional technology has been introduced in the textile field, especially in cooperative development of different areas, the introduction of high-tech and the development of complete set technology, which is worthy of our learning and reference.

The development of dyeing and finishing engineering rely on strengthening technical cooperation in various fields such as materials, chemical, biological, electronic, mechanical, enhance the technological level of the whole subject, absorbing the new achievements of scientific and technological development, including efforts to develop and promote new technology of energy conservation and eco-friendly processing, to strengthen new fiber products dyeing processing technology research, to accelerate the development of green dyes and finishing agents and its application technologies, and to promote various aspects of textile processing of hazardous chemicals to achieve zero emissions.

Written by Wang Xiangrong, Zhang Hongling

Current Situation and Development in Nonwoven Materials Engineering

China is currently one of the countries that active in global scientific research of nonwoven fields. In recent five years, the number of ISTP, EI and SCI indexed papers in nonwoven fields and published by the authors from mainland China, account for the percentages of 24.22%.

The researches in nonwoven technologies inside and outside China have been focused on the aspects such as fibers, composites, electrospinning, spunbond, meltblowing, spunlace, needle punching and coating, among them the researches in spunbond, spunlace and meltblowing dominated inside China, while the researches in fibers, electrospinning, composites and coating technology became hotspots outside China.

The researches in the applied nonwoven materials fields inside and outside China have been mainly focused on fields such as medical hygiene, filtration, geotextiles, building materials, car materials, wipers, sound absorbing, and so on, with the researches in filter media, geotextiles, building materials, packing materials, asphalt felt, domestic decoration, lining cloth, acoustic absorbing and thermal insulating materials have been more active outside China.

The current advancement in the discipline of nonwoven materials and engineering inside China has found expression in the following aspects: ① more attentions have been paid to the researches in nonwoven process principles and materials structure and properties; ② considerable development has gained in domestic production of high performance fibers, and fast progress has occurred in the development of fiber materials and bonding materials specially for nonwoven series; ③ the nonwoven process technologies are advancing continuously. Carding machines are developing towards long width, high speed, high productivity and high uniformity, capable of effectively carding fibers with the size less than 1. 1dtex. The needle punching nonwoven technology in China is approaching mature, and the progress has achieved in whole line design and manufacturing, some products from the domestic nonwoven machines could be compared favorably with those from imported nonwoven machines. Domestic spunbond and meltblow machine designers and manufacturers have made great progress in bico technology, composite technology and production line upsizing; ④ breakthrough has occurred in mico-nano meter spinning technology and method. Presently, electrospun fiber making technology is still in the phase of laboratory research, mainly focusing on raw materials, electrospinning methods, massive production and applications etc.

To outlook the development trends of nonwoven materials and engineering discipline for the future years, the main research directions in nonwoven discipline include: ① nonwoven forming process theory vs. materials structure and property, focusing on polymer extrusion, dry-laid, wet-laid forming theories, as well as the relations between structure and properties; ② key nonwoven technologies and equipment, focusing on nonwoven forming, bonding, and key post processing technology and equipment; ③ nonwoven product design and applications, focusing on nonwoven product design principle and methods, applications and evaluations for efficiency and energy.

The future important research fields in nonwoven discipline include medical hygiene nonwovens, filtration and separation nonwovens, geotextiles and building nonwoven materials, transportation nonwoven materials, security and protection nonwoven materials, and so forth.

Written by Qian Xiaoming, Deng Bingyao, Feng Yan, Liu Yanbo,
Liu Jianli, Liu Qingsheng, Liu Ya, Deng Hui, Liu Yong

Current Situation and Development in Industrial Textile

Industrial textiles refer to those who are specially designed and have special function, which are used in many fields, including industry, medical treatment and public health, environmental protection, geotechnique and building, traffic, aerospace, new energy, agriculture and forestry, fishery, and so on. Industrial textiles have high technical content, wide applied range, and large market potential. The developmental level of industrial textile is important for representing one country's textile industrial comprehensive strength.

In the 11th Five-year Plan, industrial textile in our country developed rapidly, and industry scale amplified continually, and technical progress effected obviously, and application area widened constantly, which has become new economic growth point in textile industries. In the year of 2009, the State Council established "Plan of Textile Industrial Adjustment and Promotion" , which powerfully accelerated industrial textile development.

In the 12th Five-Year Plan, our country are faced with critical period on economic structural adjustment and transformation in development mode, and on textile industry realizing development from big to strong, and on realizing science development. Some aim and task establishment, including strategic emerging industry development, green development, and people living quality improvement, will provide more broad market for industrial textiles. In order to develop domestic industrial textile industry continually and healthily, strengthen textile industry comprehensive capability, and better meet demand of national economy and society development, NDRC (National Development and Reform Commission), IID (Industrial and Information Department), and AQSIQ (General Administration of Quality Supervision) issued "Development Planning of Industrial Textile in 12th Five-Year Plan " in 2011, and planning period was from 2011 to 2015.

Taking foreign industrial textile development experience as for example, especially aiming at domestic present situation and development of industrial textile subject, "Development Planning of Industrial Textile in 12th Five-Year Plan" picked six aspects as prioritizing fields, including medical and health textile, filtration and separation textile, geotechnique and building textile, vehicle textile, safety and protection textile, and construction enhancing textile, which will point out orientation for domestic industrial textile in the period of 12th Five-Year Plan.

The report aimed at summarizing development state of new theory, new technology, new method and new achievement on industrial textile subject in recent two years, including medical and health textile, filtration and separation textile, geotechnique and building textile, vehicle textile, safety and protection textile, and construction enhancing textile. What' s more, foreign new achievement and development trend are provided and compared with domestic ones, and development direction of the subject in future are put forward too.

Written by Chen Xuwei, Cao Haijian, Qian Kun, Hu Jingping

Current Situation and Development in Clothing Design and Engineering

This research report is based on the background of the clothing science and apparel industry. Through literature research and interview investigation, this paper reviewed the operation conditions and developing trends in the fields of apparel; technological innovation achievements and service platform; the construction status and research hotspots of domestic clothing disciplines; the research progress of abroad clothing disciplines. Furthermore, the future developing trends of clothing discipline and industry are discussed and the suggestions are also given on how to grasp the opportunity of apparel Industry transformation development to promote the better development of Chinese clothing discipline.

This research report firstly introduces the development status of apparel industry and the research progress of clothing discipline. Technological innovation is theoretical factor for our country to change from big country of apparel to strong country of apparel. In recent years, the innovations in apparel industry mainly concentrate on anthropometric measuring technique; computer aided fashion design; automatic cutting technique; automatic sewing technique; ironing technique and automated storage technique, etc. In addition, considerable progresses have been achieved in the service system of technological innovation, including the R&D center within the enterprise; public service platforms; research cooperation between industry and university. These service systems promote the development of industrial clusters in China. The Ministry of Education launched a plan for educating and training outstanding engineers, which provides a good guide for domestic clothing colleges to cultivate clothing professionals with strong innovation ability. The main domestic research institutes, such as Donghua University, Suzhou University, Jiangnan University, Beijing Institute of Clothing Technology and the Hong Kong Polytechnic University, etc. have made great achievements on research frontiers of apparel discipline, including function protective clothing; garment quick response system; innovative knitwear clothing; recovery and heritage of traditional clothing digitization; carbon footprint and smart clothing.

The report discussed the research progress of abroad clothing disciplines and industry, including the industrial technology situation in Canada, South Korea and United Kingdom, and the international research hot spots in clothing disciplines. By introducing the newest research achievements of abroad research centers and scholars on functional protective clothing; clothing-human ergonomics; smart clothing; sustainable clothing; clothing marketing and product development, the similarities and differences between domestic and abroad institutes can be analyzed to make our clothing discipline be internationally compatible. At the end of the report, the future developing trends of clothing industry and relevant strategies were suggested, and the development direction of future clothing discipline were analyzed from standard establishment and market normalization; national brand construction and innovation development and industry updating; technology innovation and improvement; and clothing scientific research.

Written by Li Jun, Xie Qin, Liang hui'e, Zhang Zhaohua, Li Xiaohui, Lu Yehu, Xin Lisha, Zhao Mengmeng, Yu Miao

索 引